后非洲猪瘟时代

猪场经营与管理

赵鸿璋　曹广芝　编著

猪场经营的挫败是养猪人征途上凸凹的表白，没有冰骨的晶化，没有痛心的疗伤，难以在下一段行程中走得稳、走得直！倘若我们不想离开这个行业，就还得收拾心情，团结一切可以团结的力量，利用一切可以利用的资源往前走！请再一次相信我们养猪人的智慧和能力——征服非洲猪瘟指日可待！

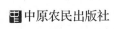

中原农民出版社

·郑州·

图书在版编目（CIP）数据

后非洲猪瘟时代猪场经营与管理 / 赵鸿璋，曹广芝
编著. — 郑州：中原农民出版社，2020.10
ISBN 978-7-5542-2335-2

Ⅰ.①后… Ⅱ.①赵… ②曹… Ⅲ.①养猪场—经营
管理 Ⅳ.①S828

中国版本图书馆CIP数据核字（2020）第166818号

后非洲猪瘟时代猪场经营与管理

赵鸿璋　曹广芝　编著

出版发行　中原出版传媒集团　中原农民出版社
　　　　　（河南省郑州市郑东新区祥盛街27号　邮编：450016）

电　　话　0371-65788655
印　　刷　辉县市伟业印务有限公司
开　　本　710mm×1010mm　1/16
印　　张　24.5
字　　数　411千字
版　　次　2020年10月第1版
印　　次　2020年10月第1次印刷

书　　号　ISBN 978-7-5542-2335-2
定　　价　88.00元

后非洲猪瘟时代猪场经营与管理

编委会

编　著：赵鸿璋　曹广芝

副主编：孙芳芳　邢栖森　范俊涛　张路峰　张春丰　何爱丽

　　　　张　涛　赵波涛

参　编：卢供有　李强强　吴智慧　武　强　罗志恩　赵　平

前言

我国是全球猪肉消费和生猪养殖第一大国，生猪养殖业产值占农业总产值的 18%，猪肉消费占总肉类消费的 62%。非洲猪瘟的传入给我国生猪产业造成极其严重的威胁，对我国畜牧行业造成的影响是巨大而深远的，行业格局和态势由此发生了全新的改变。为应对环境的不确定性，行业生态的新思维和新模式急需路径设计。这就要求行业从业人员尤其是广大企业家面对新情况、新问题时，寻求突破自身发展的瓶颈，提升格局。为此，编者撰写了《后非洲猪瘟时代猪场经营与管理》一书，旨在重新构建后非洲猪瘟时期的行业发展新模式、新理念、新技术、新标准和新经验，使其进入一个崭新的、倍增的、广阔的发展空间。

本书分为四篇，共二十章。第一篇：认识非洲猪瘟。一是从非洲猪瘟的流行特点、主要感染源与传播途径、病毒结构特性、临床症状及病理变化、诊断与防控进行了全面的解析，旨在让从业者更进一步地认识其危害；二是较为详细地分析了非洲猪瘟对行业造成的影响，阐述了未来养猪业的发展思路——生态可行的规模，多元化的品种和品牌，因地制宜的饲养工艺，动物福利的管理，宏观高雅的营销。第二篇：养猪生产的问题与纠偏。当前在我国的养猪生产体系中，无论是大规模的公司或是中、小规模的猪场及专业养殖户，都对养猪存在着一些误区，有的是由于养猪从业人员盲目迷信国外技术造成的，有些是由于知识掌握不全面在认识上造成的，而有些是由于受了某些误导造成，其结果导致养猪生产水平低下。因此，本篇较为全面深刻地剖析了养猪生产中存在的问题及症结，并提出了切实可行的改进措施。第三篇：后非洲猪瘟时代高效养猪解决方案。尽管非洲猪瘟已渐趋常态化，但养猪产业仍然要发展，这是当前养猪产业的硬道理，也是摆在行业从业者面前的艰巨任务，因此，后非洲猪瘟时代要以科技为先导，从精细化管理做起，以提升产业抗击风险能力。本篇以养猪的最新关键技术为切入点，简述了高效养猪的品种繁育，特别是非洲猪瘟背景下三元商品母猪的选择与培育、饲料配方设计、目标管理等；阐释了福利化、智能化高效养猪及猪场废弃物的利用等新理念及发展趋势。第四篇：猪场精细化经营与管理。多年来，让编者感受最深的是：猪场盈利的前提是有一套与养殖生产规范相适应的管理模式。针对猪场面临的困局，本篇分析了猪场经营管理不善的原因及重点介绍了猪场的人力资源、生产、财务及绩效考核等管理策略。如果猪场投资人对企业自身存在的问题没有清醒的认识，要想推行一些成功的标准化经验，可能会成为水中花镜中月。

面对非洲猪瘟的来势汹汹，生猪行情变幻莫测及环保压力重于泰山的形势，养猪人正在经历一场寒冬。没有退路的养猪人，无须掩耳盗铃，应该静下心来思考，总结经验，立足当下，展望未来。非洲猪瘟会改变养猪业的格局，但是大的变动也意味着大的机遇，相信大家都可以成为非常时期的赢家。为此，编者竭尽所能编撰此书，若能为行业解难纾困，便已足矣！

人生挫败是路途上缺陷凸凹的表白，没有冰骨的晶化，没有痛心的疗伤，难以在下一段行程中走得稳、走得直，倘若我们不想离开这个行业，就还得收拾心情，团结一切可以团结的力量，利用一切可以利用的资源往前走。请再一次相信我们养猪人的智慧和能力——征服非洲猪瘟指日可待！

赵鸿璋

2020 年 8 月

目录 /CONTENTS

第一篇

认识非洲猪瘟

　　搭乘 40 多年改革开放的东风，养猪业从农村副业发展为重要的民生产业，在规模化、集约化、现代化的道路上突飞猛进，昂首阔步迎接养猪业的工厂化、智能化。养猪业逐渐甩掉"穷、脏、乱"的帽子，以全新的产业姿态展示在世人面前。虽然我国养猪业在迈向工业化的道路上与目标逐渐接近，但一场外来猪病让我们不得不感叹农业的"脆弱"——可控性仍较差。从 2018 年 8 月初，人们发现非洲猪瘟潜入我国，到 2019 年 5 月，整个中国养猪业"一片红"——造成的损失数以千亿元计。我国政府启动了一系列应对措施，虽然疫情防控态势逐步向好，但迄今为止，非洲猪瘟就像一个无法阻挡的幽灵，扩散的脚步依旧没有停下。做好非洲猪瘟的防控工作，是现在和未来很长一段时间里艰巨的任务。

第一章
全面解析非洲猪瘟

非洲猪瘟（African swine fever，ASF）是由非洲猪瘟病毒引起的一种猪的病毒性疾病，发病时间短，传播快，死亡率高（90%～100%）。以皮肤变红、坏死性皮炎和内脏器官严重出血为特征，在病程上表现为急性、亚急性、慢性及隐形感染。ASF 是对养猪业危害最为严重的疫病，被世界动物卫生组织（OIE）列为法定报告疫病。我国将其列为一类动物疫病，是《国家中长期动物疫病防治规划（2012—2020年）》中明确规定须重点防范的 13 种外来疫病之一。

第一节
非洲猪瘟的流行概况

非洲猪瘟的发病国家主要集中在非洲、欧洲、美洲加勒比海地区、欧亚接壤地区以及亚洲地区。1957 年以前，非洲猪瘟疫情仅存在于非洲地区。1957 ~ 2007 年，非洲猪瘟首次传入欧洲并在非洲内部进行传播扩散。2007 年之后，非洲猪瘟进入东欧和高加索地区，并传入亚洲地区。通过大致 3 个阶段的划分，可以看出非洲猪瘟疫情从非洲到欧洲、高加索地区的传播路径。

一、1921 年非洲猪瘟被首次确认，并在非洲地区蔓延

非洲猪瘟于 1921 年在肯尼亚首次被报道，随后在南非也被发现。自该病公开报道以来，其在非洲大陆迅速蔓延，大多数撒哈拉以南的非洲国家均有非洲猪瘟疫情的报道。在非洲，森林患病动物循环比较常见，野猪非洲猪瘟感染率较高，野猪和软蜱病毒循环长期稳定存在。最初的非洲猪瘟疫情多发于东部和南部非洲国家，可能和该地区存在感染非洲猪瘟病毒的野生动物宿主有关。非洲猪瘟病毒分离株在非洲的中部和西部地区只有基因 I 型在流行，而东部和南部非洲的非洲猪瘟病毒分离株变异较大。流行毒株的高度多样性与这些地区的蜱和野猪循环模式密切相关。

二、1957 年非洲猪瘟传出非洲，进入欧洲地区

在 1957 年通过航班食品垃圾 I 型非洲猪瘟病毒从安哥拉首次传入欧洲的葡萄牙，随后西班牙（1960 年）、法国（1964 年）、意大利（1967 年）、比利时（1985 年）、荷兰（1986 年）等均有非洲猪瘟疫情报道，但均很快被控制或根除。1971 年，非洲猪瘟侵入西半球，并首先在古巴暴发，1978 年传到巴西，1979 年出现在多米尼加和海地。随后多个国家和地区暴发非洲猪瘟疫情，如西非地区，科特迪瓦（1996 年）、尼日利亚（1997 年）、多哥（1997 年）、加纳（1999 年）、布基纳法索（2003 年）。非洲猪瘟病毒也传播到了马达加斯加（1998 年）和毛里求斯（2007 年）两个之前未发生过非洲猪瘟疫情的印度洋国家。

三、2007 年非洲猪瘟传入高加索地区和亚洲地区

进入 2000 年之后，非洲猪瘟仍在全球肆虐。2007 年 5 月，黑海港口城市波季出现了第 1 例非洲猪瘟，病原属于 II 型非洲猪瘟病毒。疫情在高加索地区迅速蔓延，2007 年进入亚美尼亚。随后进入俄罗斯联邦（2007 年），2008 年传入了阿塞拜疆和伊朗，疫情逐渐向西蔓延，进入乌克兰（2012 年）、白俄罗斯

（2013年）、欧盟（立陶宛、波兰、拉脱维亚和爱沙尼亚，2014年）等。2015年，非洲猪瘟在拉脱维亚、爱沙尼亚、乌克兰、立陶宛等国家继续发生和流行，严重影响该地区及其周边国家养猪业的发展。根据OIE官网统计，截至2018年9月17日，世界范围内共有12个国家发生非洲猪瘟疫情，非洲猪瘟疫情覆盖地域分布扩大。12个国家分布在亚洲、欧洲和非洲三大洲，其中中国、保加利亚、罗马尼亚等的疫情大多是本国内首次发生。

四、非洲猪瘟在我国流行的现状

1.我国暴发非洲猪瘟的原因

通常非洲猪瘟跨境传播的途径主要有四类（图1-1）：一是生猪及其产品国际贸易和走私；二是国际旅客携带的猪肉及其产品；三是国际运输工具上的餐厨剩余物；四是野猪迁徙，边境地区野猪数量和种群密度持续增加，传入风险较高。

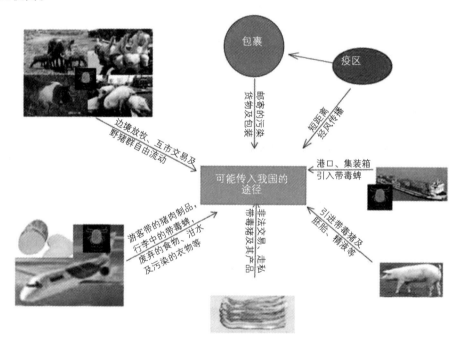

图1-1　非洲猪瘟传入我国的途径

2.非洲猪瘟在我国的扩散现状

自2018年8月初"首例"非洲猪瘟在我国沈阳被确诊以来，这一无药可救、无疫苗可防的恶疾横行肆虐，养猪业面临着生死存亡考验。经过一年的非洲猪瘟疫情折磨,养猪人身心俱疲,给行业造成的损失难以估算。早期遭受重创的以散户为主,现在基本以中大规模猪场为主,已严重冲击全国养猪业和威胁到食品安全。

第二节
非洲猪瘟病毒主要传染源与传播途径

非洲猪瘟发生或流行,都必须同时具备传染源、传染途径和易感动物,充分了解这三个基本环节才能找到预防、控制甚至消灭非洲猪瘟的突破口。

一、传染源

传染源主要包括感染和携带非洲猪瘟病毒的软蜱(钝缘蜱)、发病猪和带毒猪(包括家猪、野猪)。受到污染的泔水、饲料、猪肉制品、垫料、设施设备及工具、各种相关车辆、人员及其装备(如衣服、靴子)、器具(如注射器、手术器械)等均可传播非洲猪瘟病毒。耐过和康复猪可长时间带毒。

非洲猪瘟属于虫媒病毒病,非洲野猪(如疣猪、非洲河猪、巨林猪等)和钝缘蜱是非洲猪瘟病毒的自然宿主。感染非洲猪瘟病毒的非洲野猪无临床表现,呈现低病毒血症,形成长期的持续性感染和隐性带毒,对家猪构成威胁。欧亚野猪、北美野猪比较容易被非洲猪瘟病毒感染,表现出的症状与家猪相似。钝缘蜱是主要的生物传播媒介。因此,在非洲,非洲猪瘟病毒在蜱和野猪感染圈中长期存在,难以根除,并在一定条件下感染家猪,导致疫情暴发。

二、传播途径

非洲猪瘟的传播途径较为广泛。可通过直接接触、采食、叮咬、注射、近距离的气溶胶等多个途径传播。消化道和呼吸道是非洲猪瘟病毒的主要感染途径。

非洲猪瘟的流行可在生猪生产养殖系统中传播,也可通过野生动物(野猪)及生物媒介(钝缘蜱)扩散传播。传播的循环方式包括:

1. 野外森林循环传播

在非洲早已证明可在疣猪和蜱之间通过叮咬循环传播;带毒的蜱之间也可通过雌雄交配或经卵垂直传播。

2. 蜱与家猪之间的循环传播

在非洲和伊比利亚半岛等地区,猪圈中常可发现带毒的蜱叮咬家猪直接传播。同时蜱可作为宿主长时间携带非洲猪瘟病毒。

3. 家猪之间传播

发病和带毒猪的各种组织器官、体液、分泌物、排泄物中含有高滴度的病毒，因此非洲猪瘟病毒可经病猪的唾液、泪液、鼻腔分泌物、尿液、粪便、生殖道分泌物以及破溃的皮肤、病猪血液等进行传播。非洲猪瘟病毒还可通过各种污染物在家猪之间传播。通过污染的猪产品、泔水、饲料、各种物品或接触污染的粪便、垫料等可间接传播。

4. 野猪与家猪间的传播

其传播机制有多种不同的假说，但主要还是接触传播。此外，引种时引入了隐性感染非洲猪瘟病毒的猪也可传播。通过带毒或污染的精液传播同样是一种传播途径。已有研究表明，非洲猪瘟病毒可在精液中长期存活，随人工授精传播给母猪，导致疫情暴发。非洲猪瘟病毒的长距离传播与感染动物（家猪、野猪）的移动、贸易以及污染猪肉制品的流通有关。

三、易感动物

家猪、野猪是易感动物，不同品种、性别、日龄的猪均可感染。非洲猪瘟病毒可感染钝缘蜱。目前未见有非洲猪瘟病毒感染禽类、反刍动物、犬、猫等其他动物的报道。非洲猪瘟病毒不感染人。

第三节
非洲猪瘟病毒的特性

非洲猪瘟病毒是非洲猪瘟病毒科非洲猪瘟病毒属的重要成员，具有介于痘病毒和虹彩病毒之间的特征，2000 年病毒分类委员会第 7 次报告中将其归属于非洲猪瘟病毒科非洲猪瘟病毒属，非洲猪瘟病毒是其唯一成员，而且是唯一的虫媒 DNA 病毒，且具有多样性。

一、非洲猪瘟的病原学

非洲猪瘟病毒属于双链 DNA 病毒目非洲猪瘟病毒科非洲猪瘟病毒属。该属目前仅有一个非洲猪瘟病毒种。非洲猪瘟病毒的基因组为单分子线状 DNA，长度为 170 ～ 190 kb。非洲猪瘟病毒个体较大，直径可达 200 纳米，表面为二十面体结构和一层含类脂的囊膜，从内到外依次由病毒基因组、内核心壳、内膜、衣壳和囊膜五部分组成。而非洲猪瘟病毒基因组包含很多宿主范围以及毒力的相关基因，这些基因都是非洲猪瘟病毒所专有的，且它们都是位于非洲猪瘟病毒基因组末端的不同位置上，这也使得非洲猪瘟病毒具有基因组长度多样性这个极为重要的特点。

二、特点及特性

1. 非洲猪瘟的抵抗力

非洲猪瘟病毒对温度并没有较强的抵抗力，一般情况下，只要其在50～60℃的温度下停滞10～30分，便可将该病毒杀死。而在猪的血液之中，该病毒在温度为4℃的条件下可存活一年半。在冷鲜肉之中，可存活4个月左右。要想将该病毒灭活，只要将其放置在一定浓度的福尔马林之中，并经过6天的时间便可将其杀死，而将其放置在一定浓度的氢氧化钠中，经过一整天的时间也可以起到灭活的作用。

2. 非洲猪瘟的致病特性

作为强毒株的非洲猪瘟病毒，不但会使宿主出现高热、没有食欲的情况，严重时还会直接导致宿主皮肤及内脏出现损伤，随着时间的增长，其宿主便会死亡，而且死亡率可达100%。而当宿主感染了弱毒株的非洲猪瘟病毒时，会出现轻微发热、精神阴郁且食欲不振的情况。对于非洲猪瘟病毒而言，其感染初期是死亡率最高的时期，但只要对其进行科学处理，该病的致死性会发生一定的变化，其死亡率会下降，康复的猪也会更多。

第四节
非洲猪瘟的临床症状及病理变化

非洲野猪对非洲猪瘟有很强的抵抗力，一般不表现出临床症状，但家猪和欧洲野猪一旦感染，则表现出明显的临床症状。可表现为最急性、急性、亚急性、慢性型或亚临床型。引起的临床表现非常多，比较典型的症状是涉及多器官的出血热，其临床症状及病理变化如下：

一、临床症状

非洲猪瘟感染潜伏期通常为3～15天，也可长达28天，非洲猪瘟病毒经由带毒软蜱传于家猪的潜伏期一般不超过5天，5～7天即可出现典型的急性型症状。

1. 最急性型

由强毒力株引起，感染猪在没有任何症状的时候突然死亡，死亡率高达

100％，有的猪死前体温升高至 41.0 ～ 42.0 ℃，呼吸急促，皮肤充血，见图 1-2、图 1-3。

图 1-2　倒地抽搐

图 1-3　呼吸困难、不愿运动、扎堆

2. 急性型

感染后潜伏期为 4 ～ 6 天，表现为高热，体温升高至 40.0 ～ 42.2℃，咳嗽，口鼻流出浆液性、黏液性或黏脓性分泌物，厌食，耳、四肢和腹部皮肤发红至发绀，走路摇晃，共济失调，呼吸困难，肺水肿；呕吐、便秘或腹泻交替；眼结膜充血严重，有黏液性或黏脓性分泌物，孕猪流产。死亡率高达100％，肺水肿通常是猪死亡的最直接原因。

3. 亚急性型

症状与急性型相似，区别在于症状的严重程度和持续时间。感染后潜伏期6 ～ 12 天，发热起伏不定，行走困难，关节肿胀，部分猪表现出肺炎症状。

耳、鼻、腹部皮肤发绀，有出血斑，孕猪流产，死亡率为 60%～90%。

4. 慢性型

急性或亚急性感染猪耐过后会转为慢性感染。偶尔发热，温度至 39.5～40.5 ℃，皮毛暗淡、生长减慢、发育迟缓或瘦弱，怀孕母猪流产、产出死胎，无其他明显症状。

5. 亚临床型

可能是家猪感染了低毒力的野生毒株，病程进展缓慢，无明显症状。有的可能出现低热，食欲不振，康复后成为病毒携带者。

二、剖检病理变化

1. 最急性型

最急性型病例，结膜充血、发绀，并有少量出血点。耳、鼻、股部、阴户、尾部、四肢末端和下腹部等处皮肤常显著发绀，皮下和可视黏膜出血。正常皮肤与发绀部位界限分明，其中耳部常伴有肿胀。

2. 急性型

非洲猪瘟特征性病变。尸体通常出现皮肤黄染、皮下脂肪黄染、血液凝固不良。剖检可见胸腔、腹腔与心包积液，呈淡黄色或血红色，病死猪脾脏肿大，大小为正常脾脏的 4～5 倍，呈紫褐色；胆囊水肿。大部分脏器均充血、出血，特别是淋巴结出血最为明显。

3. 慢性型

慢性型病变，一般表现为消瘦、淋巴结肿大，部分脏器出现纤维素性炎。如发生流产，流产胎儿皮肤和胎盘有出血现象。

各型剖检病理症状如图 1-4 至图 1-15。

图 1-4　病死猪脾脏异常肿大　　　　图 1-5　肺器官充满肺泡液

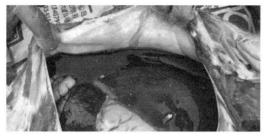

图1-6 腹腔充满深褐色渗出液

图1-7 胃基底膜出血

图1-8 肾脏及肾乳头肿大

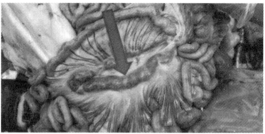

图1-9 肠系膜淋巴结肿大、出血

图1-10 肠道出血

图1-11 肠壁出血

图1-12 下颌淋巴结肿大、出血

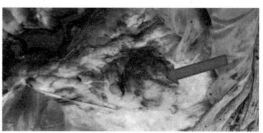

图1-13 腹股沟淋巴结肿大、出血

图1-14　淋巴结纵切面严重出血

图1-15　心包出血

第五节
非洲猪瘟的诊断

由于非洲猪瘟并不总是表现出完整的临床症状，所以在该病发生的早期阶段或当少数猪受到感染时，可能很难实现临床诊断；同时，非洲猪瘟临床症状容易与其他疾病混淆，正确诊断，准确鉴别，对有效控制非洲猪瘟疫情，尤显重要。

一、鉴别诊断

在实验室确诊前，任何诊断都不具有结论性，故临床诊断非洲猪瘟通常是推测性的。非洲猪瘟与其他疾病鉴别诊断见表1-1。

表1-1　非洲猪瘟与其他疾病鉴别诊断

临床体征	非洲猪瘟	猪瘟	高致病性猪繁殖与呼吸综合征	丹毒	沙门菌（猪霍乱沙门菌）病	巴氏杆菌病	伪狂犬病	猪圆环病毒病
发热	√	√	√	√	√	√	√	
食欲不振	√	√	√		√		√	
沉郁	√	√	√	√	√	√		
红色至紫色皮肤病变	√	√	√	√	√			√
呼吸困难	√	√	√		√	√	√	
呕吐	√	√	√					
腹泻	√	√			√			
腹泻带血	√				√			
高死亡率	√	√	√					√
突然死亡	√	√						
流产	√	√	√	√			√	

二、实验室诊断

本病临床症状和病理变化与猪瘟、猪丹毒和败血性沙门细菌病很难鉴别，确诊本病必须采用实验室检测方法。

1. 样品采集要求

对发病死亡猪尸检时，主要采集病变明显的脾、淋巴结、肝、肾脏、血液和血清。病变组织可用于病毒的分离、检测。血清主要做抗体检测，也可以用来检测病毒。

2. 病原学诊断

该病毒最常用的实验室检测方法有直接免疫荧光试验、血细胞吸附试验和聚合酶链式反应（PCR）。

（1）直接免疫荧光试验 主要用于检测脾脏、肺、淋巴结和肾脏等组织触片或冷冻切片中的抗原。该方法快速、经济和敏感性高。但对于亚急性或者慢性性病例，由于组织中形成抗原—抗体复合物，该方法敏感性仅 40%。

（2）血细胞吸附试验 即利用红细胞能吸附在体外培养的感染非洲猪瘟病毒的巨噬细胞膜表面的特性而进行检测。非洲猪瘟病毒诱导的细胞病变出现前，红细胞能在巨噬细胞周围形成典型的玫瑰花环。该方法特异性和敏感性均较高，但有些分离毒株能诱导巨噬细胞的病变，而不能出现血细胞吸附现象。

（3）PCR PCR 方法主要有普通 PCR 和荧光定量 PCR。PCR 引物一般都是靶向病毒基因组高度保守区域 p72 基因设计，具有较高特异性和敏感性，适合各类病毒毒株的检测，包括无血细胞吸附现象和致病性较低毒株的检测。

3. 血清学诊断

目前，本病尚无疫苗使用。因此，非洲猪瘟病毒抗体阳性即可证明该猪被病毒感染。急性病例死亡率高，通常血清抗体转阳前即会死亡。亚急性病猪恢复后可产生高水平的特异性抗体。一般病毒感染后 4 天产生 IgM，感染后 6～8 天产生 IgG。病毒感染后抗体与病毒可同时存在，大约持续 6 个月，有时病毒可存在数年。

第六节
非洲猪瘟防控措施

非洲猪瘟虽然对猪具有高度致病性，但是该病不是人兽共患传染病，而目前还没有有效的非洲猪瘟疫苗和治疗方法，只能通过扑杀和无害化处理及严格的生物安全措施来防控和根除该病，因此做好养殖场生物安全防护是防控非洲猪瘟的关键。

一、从战略层面做到宏观有效的防控

1. 密切关注疫情动态

提高疫情监测、报告系统的敏感性和有效性。

2. 强化进口贸易与入境检疫

对来自发病国家的过境车辆、飞机和船舶上需要在港口处理的食物和泔水等要进行无害化处理。严禁进口疫区猪肉、副产品；加大打击走私肉的力度。

3. 建立流动现场兽医团队网络体系

这些团队参与养殖场的卫生监督、动物识别、流行病学调查、样品采集、屠宰场的监测，更好地服务指导养猪生产企业。

4. 建立对养殖企业定期监测制度

建立基于国家农业研究部门的参考实验室，负责协调地方实验室检测且给予技术支持，并及时分析疫病流行的动态。特别是对边境县的生猪及家养野猪养殖情况的监控，做到每月必检，上级部门季度定检。

5. 迅速拔除所有疫点

一旦国家参考实验室确认发生非洲猪瘟疫情，疫情发生所在地的县级以上人民政府兽医主管部门应按照程序和要求依法及时组织扑杀和销毁疫点内的所有猪，并对所有病死猪、被扑杀猪及其产品进行无害化处理。对排泄物、餐余垃圾、被污染或可能被污染的饲料和垫料、污水等进行无害化处理。对被污染以及可能被污染的物品、交通工具、用具、猪舍、场地进行严格彻底消毒。出入人员、车辆和相关设施要按规定进行消毒。禁止易感动物出入和相关产品调出。

6. 严格执行解锁令

疫点和疫区应扑杀范围内所有猪死亡或扑杀完毕，应按规定进行消毒和无害化处理 6 周后，经疫情发生所在地的上一级兽医主管部门组织验收合格后，由所在地县级以上兽医主管部门向原发布封锁令的人民政府申请解除封锁，由该人民政府发布解除封锁令，并通报毗邻地区和有关部门。解除封锁后，疫点和疫区应扑杀范围内至少空栏 6 个月。

二、养殖企业应对非洲猪瘟的措施

1.管控好人和猪吃的东西

（1）人吃的东西 不能从猪场外部购进猪肉及肉制品，果蔬类及其他食品进场前需要进行严格的消毒处理。

（2）猪吃的东西 不能让猪接触到泔水及肉制品，同时猪的饮水和饲料也不能受到非洲猪瘟病原的污染，很多猪场关注到饲料运输车辆的洗消工作，往往容易忽略鸟及鼠类对病原的传播。

2.管好人和猪用的物品

（1）外围入场道路区位划分 要形成区位意识，首先思考排查猪场周边道路情况，统筹定义通向猪场各干道的功能。简单在场外划分出售（非洲猪瘟病毒高密度污染区）干道，进场车辆及物料干道（非洲猪瘟病毒可能危害区），饲料运输干道（非洲猪瘟病毒可能危害区）。如图1-16。

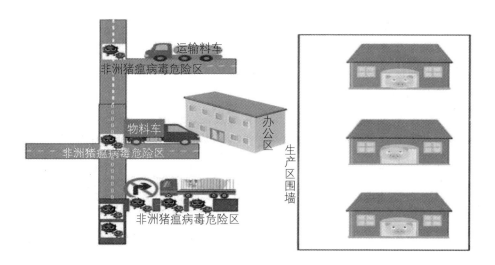

图1-16 猪场生物安全理想化的区位划分

如果条件不具备，最起码区分为非洲猪瘟病毒高危险区和危险区，如图1-17。

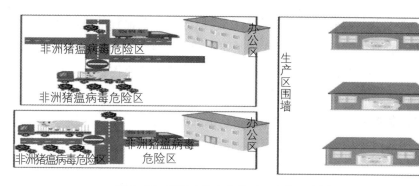

图 1-17　猪场生物安全接近现实的区位划分

猪场工作人员严禁进入非洲猪瘟病毒高度危险区。后非洲猪瘟时代的新建猪场尤其要考虑道路的分区设置。

（2）采用切实有效的洗消设施和措施　切实有效的洗消是生物安全的根基所在，但科学合理地使用消毒药物是前提，使用消毒药物消毒时更要注意喷洒消毒液的量，确保被消毒对象喷洒药物后 20 ～ 30 分才能干燥。如图 1-18、图 1-19。

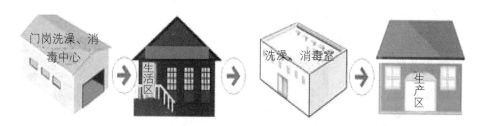

图 1-18　规范的洗消设施

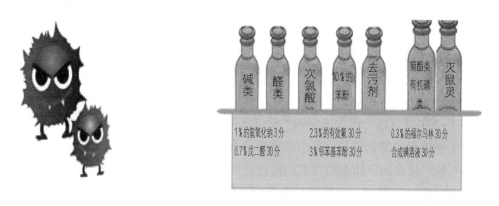

图 1-19　常用消毒液杀灭非洲猪瘟病毒的浓度及时间

（3）严格执行养猪工艺流程及人员管理　养猪工艺流程的科学性决定着猪场的抗风险能力，后非洲猪瘟时代的新建猪场最好能够采用多点式分布饲养。老猪场要以"全进全出"为原则，依据当初设计的工艺流程实现猪、运输设施由净区向污区单向流动。

加强对猪场人员的生物安全培训，规范定岗、定员、定器具作业，定期开展生物安全风险评估，不断改进完善。禁止非本场人员入场；禁止猪场人员接触屠宰场、养殖场、外围运猪车及人员；严格执行归场人员洗消隔离程序。

（4）严格把控入场物料消毒关　备品备件及兽药疫苗类物资，除严格执行洗消程序外，兽药和疫苗要在进入生活区前去除外包装。

猪场一定要保证饲料原料的品质，而且在饲料储存的过程中也要控制好它的品质，以免因储存不当而降低其品质；防止使用未经处理或加工的饲料原料。

3. 管好人和猪的运输工具

（1）洗消点的设置　最好做二级洗消处理，可以根据猪场的实际情况在距离场区500～1 000米的位置设置第一洗消点。车辆洗消后方可进入入场干道。

（2）车辆行驶路径　按照前文所述的生物安全区位划分路径，外界拉猪车严禁驶入低污染路径。如图1-20。

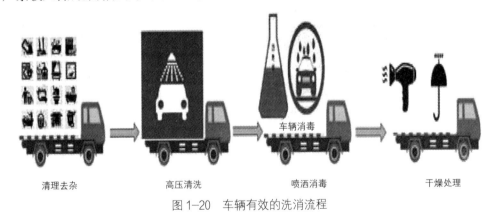

| 清理去杂 | 高压清洗 | 喷洒消毒 | 干燥处理 |

图1-20　车辆有效的洗消流程

（3）车辆管理　代步类车辆严禁进入生活区；物资类车辆能做到干燥处理就做干燥处理，如条件达不到可考虑物资在第二次洗消后做短盘处理；生产区内部车辆严禁出场，作业后按洗消流程处理。

（4）拉猪车管理　出售任何猪都建议采用二次转运作业。如果使用带磅秤的可移动式升降装猪台，能够降低卖猪时第一个洗消中心的投资，并且能够省去很多麻烦。出售猪时磅秤可以灵活移动，同时磅秤和装载平台一体，猪称重结束后平台能够自动升高至运输车辆同等高度，方便猪从平台（磅秤）转移到运输车辆。如图 1-21。

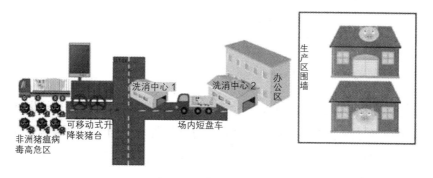

图 1-21　出售猪短盘示意图

4. 管好人的进出场洗消

对于进出场人员来说，最有效的生物安全措施是洗澡更衣。有效的洗消流程如图 1-22。

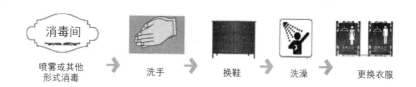

图 1-22　人员有效的洗消流程

5. 引种管理

因猪场疾病情况不同，引种的风险巨大，因此在引种方面要制订合理的引种计划，建议每年引种不超过 3 次，在引种前对猪群进行采样检测非洲猪瘟、猪蓝耳病、猪伪狂犬病、猪瘟、口蹄疫等病原和抗体水平，检测结果合格方能引种。

同时，必须按照全进全出模式运营，所有引进种猪都应与大群隔离不少于 8 周，其中 4 周完全隔离，在第四周时由兽医对猪进行采血检测，检测结果出来之前猪不得从隔离舍转出。如图 1-23。

检测　　　　　　隔离　　　　　　检测合格　　　　　　混群

图 1-23　新猪群引进流程

6. 空气净化

除了在猪场选址及规划设计时考虑周边地理及生态环境，还可以为猪场设计安装空气过滤系统，尤其是公猪站、母猪场等对生物安全要求严格的原种猪场。通过多重空气过滤装置，能过滤掉外界空气中 99.5％以上的 0.3 微米的微粒，有效阻止猪蓝耳病、猪瘟、猪伪狂犬病、口蹄疫、猪支原体肺炎等病原微生物感染，确保公猪站内公猪的健康，降低保育猪、育肥猪的死亡率，提升猪场效益。

第二章
后非洲猪瘟时代养猪业发展的思考

在社会发展进程中，一次金融危机、一场技术革命都可能对一个行业造成灾难性影响，或者令众多企业濒临倒闭。当前，经济结构调整与非洲猪瘟就对我国畜牧行业造成了巨大而深远的影响。畜牧业落后产业体系的"旧船票"能否登上新旧动能转换、农业供给侧结构性改革、乡村振兴的"大船"？有没有让行业或企业迎难而上保持长盛不衰的奥秘呢？如何重构畜牧业生态新思维和新模式，从而做好畜牧业永续经营的路径设计？这是考验农牧企业家智慧的时刻！智是做加法，慧是做减法；智是拿得起，慧是放得下！人不能踏进同一条河流，在天时地利人和巨变的情况下，转变观念抢抓机遇，创新变革迎接挑战。业态重构，创新精神永不过时！

第一节
非洲猪瘟对行业的影响分析

非洲猪瘟属于严重毁灭性动物烈性传染病，对于养猪业来说是个大范围毁灭性杀手，对我国猪业的影响是全方位的。非洲猪瘟给我们的养殖格局、养猪布局、养猪模式、经营方式、消费习惯、上下游产业甚至每个家庭都带来巨大的影响，特别是对从事养猪相关产业的人的影响更大，已成为阻碍我国养猪产业高质量发展的绊脚石。

一、非洲猪瘟疫情严重危害生猪养殖及相关产业的发展

1. 对养殖业秩序的影响

（1）引起猪肉价格的波动　在非洲猪瘟暴发期间，疫情发生地区的安全猪肉无法向外输出，供给其他地区，会使一些集中养殖生猪的地区猪肉价格下降，而未发生疫情的地区市场供应的猪肉量减少，造成猪肉价格上升。这时区域生猪供需关系发生显著变化，生猪市场价格出现两极分化的现象，即疫情主产区价格较低、主销区价格高。而大部分非疫情区价格上涨的局面，不同省份之间最大价差可达 5.6 元 / 千克。随着疫情发生省份暂停跨省调运措施的施行，作为发生疫情主要生产区且为调出大省的辽宁、河南、安徽和黑龙江 4 个省的生猪价格缺乏上涨动力支撑，价格走低；作为发生疫情省份且为调入大省的浙江和江苏两个省，生猪价格上涨明显；非疫情区且非疫情省相邻的生猪调出省份，生猪调出增加，本地猪源减少，与生猪调入省份行情一同受到支撑，生猪价格明显上涨。

（2）避免疫情传播，限制种猪交易　生猪在调运期间可能产生病毒感染的风险，比如在紧密车笼内个体间进行交叉感染，也可能将疫病传播到途经路段，因为生猪产生的粪便可能携带病毒。另外生猪在运输过程中，由于路途遥远、外界环境变化等对生猪产生刺激，使生猪发生应激反应，甚至导致死亡，这就加大了生猪发生疫情的可能性。政府为了控制疫情而不允许种猪在全国各省间进行自由流动，则会阻断一些种猪企业的交易，迫使企业发展新的种猪销售渠道，且种猪交易只能在省内或者周围地区进行。从长期来看，由于交易地区的限制，将会使种猪交易市场脱离市场经济规律，造成的影响是深远的，良好的生猪产业秩序将长时间难以恢复。

（3）可能使得我国主要养猪地区发生迁移　根据全国生猪发展规划

（2016～2020年），南方除了西南地区以外，华中、华南、华东等地均被划为约束发展区。而华北、西南、东北等地，则被划为潜力增长区及重点发展区。随着禁限养区环保关停工作的开展，环保压力巨大的华中、华南、华东一代的生猪养殖，则加速向具备饲料原料成本优势的华北、东北转移，尤其是东北，更是成为各大养殖集团重点布局的方向，进一步加速了国内"南猪北养"的趋势。

随着当前非洲猪瘟疫情的出现，政府采取了活猪跨省禁运的严厉措施，市场将只能在区域范围内竞争配置资源。首先，产销分离的模式不利于疫情防控。国内本身就存在产销区的差别，因而需要大范围地进行生猪调运。环保限产之后，养殖产能加速向北方转移，更是加剧了南北产销区生猪调运的需求。而车辆运输，正是非洲猪瘟疫情传播的重要途径之一。这也是为何非洲猪瘟发生之后，农业农村部迅速叫停国内生猪调运的主要原因。但单纯叫停生猪调运，打破了国内生猪流通市场的均衡，产销区之间出现极大的供求扭曲，即产区生猪卖不出去，价格大幅下跌，而销区生猪调不进来，造成养殖暴利的尴尬局面。由此看来，非洲猪瘟的发生可能会使得我国的主要养猪地区发生迁移。

（4）养殖模式需要全面升级　一是在现有养殖模式上，不论是"公司＋农户"还是自繁自养，都需要通过封闭化及分散化养殖降低疫情感染风险。一方面，公司需要将合作农户纳入整体疫病防控体系，通过不断提高合作农户的规模来降低管理成本和出现管理疏漏概率；另一方面，自繁自养的大规模养殖场，需要适度降低一体化养殖场规模，降低人流、物流、车流频率，降低感染风险。二是在管理水平上，非洲猪瘟防控是持久战，不仅需要强化一线员工激励，将防控体系长期坚持下去，还需要通过改进养殖场设计，加强信息化、智能化设备的应用，实现查缺补漏，由此带来产业技术、管理水平的全面升级。

2. 对养猪从业者的压力影响

非洲猪瘟的流行传播，造成养猪从业者巨大的经济压力和心理压力。虽然国家财政在疫情处置上有一定补贴政策，但是疫区的生猪大量宰杀无害化处理和长时间生猪的禁运封锁，造成疫区养猪从业者养殖的生猪或者被宰杀无害化处理，或者存栏期延长，致使成本上的投入加大。再加上疫情发生后消费者对猪肉需求的谨慎态度，导致猪肉价格大幅度下降，造成生猪养殖微利或亏本。非洲猪瘟疫情从发生到解除封锁需要一定时间，养猪从业者一定时间内处于悲观态度，而且疫情带来的心理压力和经济压力使部分养猪从业者补栏意愿和信心降低，难以及时恢复正常养殖状态。

3. 对养猪业上游饲料产业的影响

非洲猪瘟造成生猪存栏量减少、养猪从业者补栏意愿降低，生猪养殖产业低迷，直接影响上游饲料行业的经济效益。以大豆进口贸易为例，太平洋航运（02343-HK）2019年7月31日公布2019年中期业绩，股东应占利润同比大跌73.3%。管理层解释，这是受到一些负面因素影响所致，上半年的负面因素包括中美贸易摩擦、非洲猪瘟影响中国大豆进口量等，对集团的业绩带来不利影响。2018～2019年，对专门从事猪饲料生产和经营的企业来说，是举步维艰的时期，或者濒临破产或者转做其他动物饲料；对于饲料生产加工与生猪养殖一体化的企业来说，也面临微利或者亏损的局面。

4. 对消费者的消费信心影响

近年来随着生活水平和消费能力的提高，人们对食品安全重视程度逐年增加，消费者对任何可能影响食品安全的事件都异常敏感。非洲猪瘟疫情灾区的生猪采取扑杀处置、限制出栏、禁限运等措施，给消费心理带来了负面影响，致使消费者对猪肉及其制品的安全性产生怀疑，对消费猪肉及其制品给身体健康带来的影响产生担忧。

我国是生猪养殖和产品消费大国，正常情况下生猪的养殖量和存栏量占全球总量一半以上，非洲猪瘟的此次流行传播造成生猪养殖上下游全产业链的巨大损害，严重影响了生猪养殖全产业链的正常生产经营秩序。

二、非洲猪瘟的流行蔓延将可能造成人们对食品安全的恐慌

有关专家及官方也一再强调"非洲猪瘟只在猪与猪之间传染、不传染人；人类不会感染非洲猪瘟病毒"，但是人们对感染非洲猪瘟的猪肉质量安全和对不影响人体健康的论调还存在严重忧虑，人们对非洲猪瘟是否存在对食品安全和人体健康潜在的威胁还缺乏确切有力的证据。但非洲猪瘟呈快速蔓延趋势，会引起人们的恐慌情绪。

三、非洲猪瘟疫情暴发影响经济发展

我国是农业大国，农业人口占总人口的70%～80%，畜牧业收入占整个农业收入的30%，同时我国也是生猪养殖及猪肉消费大国，生猪出栏量、存栏量以及猪肉消费量均位于全球首位，每年种猪及猪肉制品进出口总量巨大，非洲猪瘟的传入和流行对我国畜牧业经济带来的损失将不可估量，非洲猪瘟究竟对我国的生猪养殖业影响有多大呢？

1. 直接损失

（1）生猪产能大幅下滑　2020 年 1 月 17 日，国家统计局发布数据显示，2019 年猪肉产量 4 255 万吨，较 2018 年的 5 404 万吨减少 1 149 万吨，降幅 21.3%。从生猪存栏和出栏的情况来看，也出现了明显减少。2019 年，生猪存栏 31 041 万头，较 2018 年的 42 817 万头减少 11 776 万头，同比下降 27.5%；生猪出栏 54 419 万头，较 2018 年的 69 382 万头减少 14 963 万头，同比下降 21.6%。猪肉产量、生猪存栏和出栏同比降幅，均为近 40 年来历史最大降幅。农业农村部对 400 个县的月度监测数据显示，2019 年前三个季度，生猪存栏及能繁母猪存栏均持续减少。其中，7 月和 8 月环比降幅较大，生猪存栏分别下降 9.4% 和 9.8%，能繁母猪存栏分别下降 8.9% 和 9.1%，直到 9 月环比降幅才开始收窄。

（2）活猪及猪肉价格均创历史新高　农业农村部 500 个县集贸市场价格监测数据显示，在 2019 年 6 月第 2 周，全国活猪和猪肉价格分别达到 20.8 元 / 千克和 31.6 元 / 千克，为历史最高纪录。中国养猪网价格数据显示，2019 年 8 月中旬，活猪价格突破 21.0 元 / 千克，并于 10 月 30 日达到 41.0 元 / 千克，创下新的历史纪录。农业农村部 500 个县集贸市场价格监测数据显示，10 月第 5 周活猪价格达到 38.7 元 / 千克，同比涨幅 175.9%；11 月第 1 周猪肉价格达到 58.7 元 / 千克，同比涨幅 149.2%，均创历史同比最大涨幅纪录。2019 年活猪平均价格为 21.1 元 / 千克，较 2018 年同期的 13.0 元 / 千克上涨 62.1%；猪肉平均价格 33.6 元 / 千克，较 2018 年同期的 22.5 元 / 千克上涨 49.3%。其中，2019 年下半年活猪平均价格 26.2 元 /kg，同比涨幅达到 97.38%；猪肉平均价格 40.8 元 / 千克，同比涨幅为 82.5%。

（3）猪肉进口大幅增长而出口明显下降　据海关数据，2009 年我国猪肉进口量首次突破 10 万吨，之后总体增长，2016 年达到 162 万吨的历史最高纪录，2017 年和 2018 年有所下降，大约为 120 万吨。2019 年前 11 个月我国冷鲜冻猪肉进口总量为 173.3 万吨，猪杂碎进口总量约为 103.5 万吨，总计 276.8 万吨。其中，冷鲜冻猪肉进口总量同比增长 57.9%，猪杂碎进口总量同比增长 15.5%，二者累计进口量同比增长 38.8%。海关总署发布数据显示，2019 全年进口猪肉 210.8 万吨，增长 75.0%。从不同月份进口量来看，一季度各月进口量均在 13.0 万吨以下，二、三季度有所增长，但保持在 20.0 万吨以下；四季度进口量明显增加，其中 11 月为 23.0 万吨，12 月高达 37.5 万吨。近几年，我国生猪产品出口主要面向港澳市场，数量稳定在 5 万～10 万吨。受非洲猪瘟疫情影响，2019 年前 11 个月鲜冷冻猪肉出口总量 2.5 万吨，同比下降 35.3％。

2. 对产业链的影响

生猪养殖，上连种猪繁育、饲料生产经营，下连生猪屠宰、产品深加工销售。2018 年非洲猪瘟在我国的扩散和蔓延，使养猪产业链受到巨大冲击，畜牧业经济受到重创，给我国国民经济平稳运行带来不利影响。生猪养殖业直接关乎饲料原料贸易、猪饲料的生产和经营、生猪屠宰和产品深加工，非洲猪瘟给我国畜牧业及其深加工产业带来的损失难以估算。此次非洲猪瘟除了给生猪养殖全产业链造成严重的直接经济损失外，解除疫情封锁后的再发风险和疫情再次传入的风险也不可低估，后续疫情发展存在许多不确定性，在针对性疫苗和药物研发上的投入也会加大。也就是说今后防控和根除非洲猪瘟会耗资巨大，这将给国民经济平衡运行带来不利影响。

四、非洲猪瘟疫情对生态环境具有潜在的影响

非洲猪瘟的发生与处置不当将会影响生态环境。针对非洲猪瘟疫情的处置通常按照《病死及病害动物无害化处理技术规范》规定处理，深埋法是常用的方法。非洲猪瘟病毒因对环境耐受力强，如果无害化处理对病毒消灭得不彻底，常常会使病毒潜伏于环境中，将会影响土壤和地下水安全，进而影响公共卫生安全，加之有野猪等自然宿主存在，再发疫情的可能性不容忽视。

第二节
非洲猪瘟改变了人们对养猪业的认知

虽然非洲猪瘟病毒不是通过空气传播的，但它流行的速度还是远远超出人们的想象。由于非洲猪瘟病毒超强的杀伤力和"防不胜防"的攻击力，不到一年，就彻底攻陷了我们众志成城筑起的一道道防线。非洲猪瘟不但彻底颠覆了养猪业原有的铁律和模式，还根本性地改变行业的发展轨迹，加快行业进步和整合，客观上极大促进了整个产业链的发展，并且影响到与之相关的畜牧养殖和食品加工业的格局与进程。

一、非洲猪瘟的暴发彻底改变了人们对待疫病防控的态度

残酷的现实让人们警醒，非洲猪瘟大小通吃，毫不留情，清场无数，并且复养成功艰难。这让人们真正体会到疫病防控才是从事养猪业的第一要务！传统那种"有免疫，无防疫"的养殖户，在非洲猪瘟面前少有幸免，除非猪场具有良好的天然屏障，否则必然是防不胜防。

非洲猪瘟背景下，防疫第一的理念必将深刻根植于每一位养殖者的心中，无须说教，都是心领神会，自然而然。

同时，由于人们对非洲猪瘟防控工作的高度重视，必然会实现对其他疫病更加有效的控制，中国猪病的防控水平会得到一个根本性的提高。随着非洲猪瘟有效的控制，许多疫病已经无足轻重了，长期来看，我们有可能是因祸得福了。

二、非洲猪瘟彻底改变了养猪业的布局和结构

借鉴禽流感（H7N9高致病性型）发生后蛋禽业变化的经验，在中国非洲猪瘟的流行会像禽流感一样难以根除，必然会使养猪业的结构发生两个重大调整：

1. 由集中趋于分散，适度规模发展

非洲猪瘟的发生也会使养猪业分布相对分散化和猪场规模化，传统养殖密集区由于成了疫病重灾区，在疫苗免疫没有研制成功之前，大规模复养基本上不大可能，恢复正常生产量是不现实的，养殖量大幅度下降在所难免。尤其是总量大、个体规模小、猪舍条件差的地区，大批散户退出是理智和明智的选择。

建在疫病防控能力弱的地区，并且不具备改造成符合新的养殖条件的种猪场，至少应该考虑能否继续饲养种猪和自繁自养；超大型原种场为了保种，有必要进行分开饲养；超大型养殖场，有必要分区隔断，化整为零，调整为批次化生产；大集团密集化大规模的小区放养模式，是否应该适度控制规模？过去养猪多的地区养殖量必然下降，养猪少的地区会成为新产能优先的选择。

非洲猪瘟改变了前两年过热的"效率第一，成本为王"的经营管理理念，回归到了生产管理"安全第一"的原点之上，这是一种进步。

2. 专业化分工，产业化运营

基于"防非"和经营管理统筹兼顾的需要，分段式、专业化、规模化饲养将成为新的趋势。这样既切断了种猪场被传染的机会，又使得每一个阶段的管理变得专业、简单，从而高效、低成本，并且风险控制难度降低。今后，养猪

人也会在趋利避害的心理引导下，走向专业化分工、产业化运营的方向。

三、育种工作优胜劣汰，趋于简单明了

非洲猪瘟的流行，客观上会促进养猪品种的整合。对于大型养猪集团，它们是不会允许内部长期"百花齐放"的。当中国的养猪业"从运猪进化到运肉，从杀白条到分割肉"，意味着里程碑式的变革开始了，消费者对安全美味及可追溯性肉品的需求会主导育种工作的方向。标准有了，一切都会变得简单！

未来 10 年，将是猪品种整合的 10 年。养猪业鱼龙混杂的局面将会得到很大的改善，育肥猪、仔猪质量之间的差异将会大大缩小。

四、猪舍建设被充分重视，走向专业化

猪场的设计与建造应该是战略性的问题，但是在粗放饲养管理时代却被普遍忽略了，人们关心的重点根本就不在这里。当生产水平越来越成为能否赚钱的关键点时，并且环保和疫病防控越来越被高度重视之后，猪场的设计与建造成为养好猪的先决条件。人们越来越发现饲养不同品种猪之间差异化的需求，以及猪不同生长阶段对设备的要求。当养猪进入信息化、数据化乃至智能化管理时代之后，这个问题更加成为必须重视和优先解决的问题。

非洲猪瘟使得养猪业成为高风险高回报的行业。为了控制风险，在硬件方面的投资自然是越来越多，随着精益化管理和消费者引导养猪业方向的逐渐实现，专业化的设计和建造成为必然。另外，养猪规模会得到有效控制，工业化生产、自动化设备、智能化管理成为趋势。尽量减少人的使用数量，提高人的专业水平，彻底告别养殖场员工严重老龄化、低学历化的现状，使疫病防控的难点从"人员的流动和接触点的传染"转变为"小环境的营造"。

五、建立养殖场内部的化验室，对疫病进行检测与针对性防控和治疗

目前绝大多数养猪场没有规范化的化验室，无法开展针对性的抗体检测、细菌培养和药敏试验，难以做出切实有效的免疫程序，也无法及时准确地发现疫病，将之消灭在初期阶段，这会给养殖场造成巨大的损失。随着养猪规模的不断扩大以及疫病危害的加大，成立自己的化验室必将成为防控疫病最重要的手段之一。

有了化验室才能及时有效监控猪场内外可能存在的风险，对消毒和防治效

果有一个准确的评价，对猪场疫病的净化和根除有根本性的指导作用，对疫苗的选择、使用及结果做到真正的把控。化验室的建设投资成本并不高，维护费用也不高，只是必须由专业的技术人员进行操作。

六、物流环节被高度重视，专业化的运输车被广泛应用

非洲猪瘟的传播方式使人们的经营方式由各自为战转变为必须为自己和客户的安全负责。而集团化的发展和产业化的运营，使得运输环节成为普遍关注的热点和关键点。不论是饲料运输车、仔猪运输车，还是收猪车、猪肉冷链运输车，都必然走向规范化和专业化。人们不敢为了节约成本而玩火自焚，没有人敢于铤而走险。政府相关部门也会加大监管整治力度，由此使得非洲猪瘟的控制进一步朝着可控的状态发展。

七、屠宰加工业迎来巨大挑战，转型升级和上下游结合成为新趋势

在非洲猪瘟发生之前，生猪屠宰加工业有小作坊式的工厂，不但私屠乱宰严重，而且注水肉、死猪肉不能得到有效控制，环保条件绝大多数比较差，规模化的企业由于成本原因难以生存，使得整个产业链难以被打通，形成了猪产业相对来说各自为战的局面，严重影响了行业的整合提高和健康持续发展。

环保的升温，加上非洲猪瘟的出现，政府重拳出击，大力整治这一顽疾，因为屠宰加工和运输环节对我国非洲猪瘟流行造成的冲击和影响甚于其他任何一个因素。冷库里的猪肉如果含有病毒，就好比一个个"定时炸弹"，随时可以引爆一个地区疫病的流行，并且防不胜防。现在政府出台屠宰场的检疫方案是及时雨，必将成为投机倒把没有道德底线的人头上的"达摩克利斯之剑"！希望从此拉开彻底规范和整治屠宰加工业的大幕。

非洲猪瘟的出现，也使大力发展养猪业的大集团深刻认识到自己没有屠宰场的弊端，都跃跃欲试进军屠宰加工业，但是个个都是谈"非洲猪瘟"色变。所以，此时政府的态度必将左右屠宰加工业的走势，并且真正打通从养殖端到消费端的"任督二脉"，使产业链的发展回到健康可持续发展的道路上来。

让我们拭目以待行业的变革！从运猪到送肉，从批发白条到卖分割肉，从冷鲜肉到调理品再到熟食品，一场由屠宰加工业引发的消费革命正蓬勃而来，由此带动的整个养猪业的升级呼之欲出，不可阻挡！

八、非洲猪瘟会成为阶段性常态，人们将逐渐懂得如何应对

非洲猪瘟在全国普遍存在恐怕会逐渐成为事实，非洲猪瘟防控的重点从

"众志成城，拒敌于防区之外"转变为"化整为零，坚壁清野"。养猪业系统防控能力的缺失，使得"控瘟"难以快速生效。但是非洲猪瘟的传播特点还是给了我们重新构建防御体系的时间，再加上我国幅员辽阔，地貌差异化显著，也给了我们操作的空间。非洲猪瘟在"攻城拔寨"之后受阻于湖南、四川一带，可是非洲猪瘟不会主动"投降"，只会主动变种来适应变化的环境。所以，我们需要有打持久战的思想，更需要具有弹性与韧性的防控策略，随机应变。笔者坚信非洲猪瘟是可以被控制住的，只要我们不失去信心，它会像禽流感病毒一样，病毒弱化，风险降低，危害减轻，完全可控。

非洲猪瘟不期而至，打乱了养猪业的发展格局和步伐，让我们付出了几乎难以承受的代价去打一场"艰难的战役"。非洲猪瘟的发生促使行业不得不做出许多重大改变，不过被改变的都是节点与节奏，没有改变主旋律。养猪业的发展方向和基本规律仍然按照它应有的方式存在和演变。

第三节
适应新常态 共筑养猪梦

回首 2018 年，是养猪人并不舒心的一年。上半年的猪价下跌、中美贸易摩擦，下半年的非洲猪瘟、禁止跨省调运，这一切都显得突然而残酷。在经过 2016 年的"金猪年"和 2017 年的"银猪年"后，2018 年后的生猪价直线下跌，至 5 月中旬虽触底反弹，然而好景不长，在 8 月后又突遇非洲猪瘟来袭，全国跨省调运基本暂停，局部地区供需严重失衡，南北猪价"冰火两重天"；中美贸易战的开打，大豆成为中国的反制筹码，在对美国大豆加收 25% 的关税后，国内豆粕大幅度上涨，饲料企业纷纷提价，对于低迷的养猪行业更是雪上加霜；肆虐百年的非洲猪瘟突然天降，不到半年传遍全国 25 个省市，扑杀近百万头生猪，超大规模的养殖场和种猪场也难免厄运，一次又一次地挑战行业的底线。在这一年，养猪人在茫然、在观望。2016 年连续的环保高压政策、2018 年突如其来的非洲猪瘟疫情及近年来琢磨不透的"猪周期"，让养猪这个行业充满前所未有的风险与变数，也促使从业者重新审视和深刻反思如今的生猪结构、发展途径、区域布局、流通方式。

一、办猪场：改贪大盲目为限量理性——顺天意

生态平衡的养殖规模是今后的发展方向。盲目养猪、投机养猪、急功近利

是造成猪群规模超过土地承受能力和市场需求的主要原因。要扭转目前养猪困境，必须从根本上认识养猪是围绕着我们赖以生存的土地上的农业经济中的一环。猪的数量必须与农田消化能力、饲料来源、肉食消耗匹配。不足是难，过多是灾。从养猪战略层面上要借鉴西方国家的准入制度，重新确定各养猪地区的极限数量，设定规模极限标杆，超者必罚。

二、定方向：改品种趋同为品牌求异——合民心

全国猪肉市场仅靠"杜长大"瘦肉猪来支撑已被认为是单调乏味的无奈选择。很多猪场生产的瘦肉型猪都是"杜长大"杂种肉猪，而老百姓需要的是适合中国口感的传统肉质特点的猪肉，供需矛盾越演越烈。猪肉分等级树品牌，以质量口感标新立异，以个性特色创立品牌的时代已经到来。目前市场已出现分档次的雏形：其一是普通肉，即大众型，满足基本群众吃肉的问题，构成大众型猪肉产品的品种基本上是"杜长大"杂种猪或者外来的瘦肉型配套系杂种猪，瘦肉率在60%以上。其二是精品型，满足小康人群对高端肉的需求，此型是由外来品种与中国地方猪杂交，瘦肉率51%左右，对国人的饮食习俗来说，其口感明显优于大众型。其三是极品型，一般由纯种国产地方猪构成，也有不含外来血统的地方猪杂交的商品猪。其瘦肉率为33%～48%，口感极具个性化，此型是猪肉消费的塔尖，仅用于高端场合。从业者要看准形势，针对市场和自家条件不失时机地选对生产档次和相应的品种资源。如图2-1、图2-2。

图2-1 含有外来血统的优质黑猪

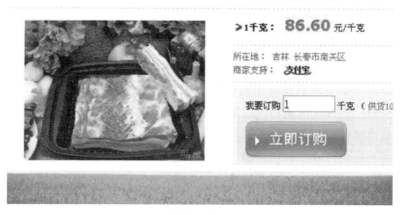

图 2-2　网络销售的高档品牌猪肉

三、摆布局：改生搬欧美模式为因地制宜——接地气

　　猪场布局生搬硬套欧洲大屋顶和美国限位栏猪舍系统，导致全国猪场百场同檐的僵化模式，从而失去了个性特色，是近年来养猪业的又一大败笔。因地制宜的战略转移已刻不容缓，全国大区布局应各有侧重：东北地区的松嫩平原可以发挥欧美模式集约化猪场的规模优势，利用"杜长大"杂种组合，快速经济地开发瘦肉型商品猪。松嫩平原以外的丘陵和小块农田可以开发以"民猪"为代表的极品肉，以及巴克夏 × 民猪的精品肉，杂种猪肉的口感是日、韩、朝、俄东北亚各族消费者的最爱。宁夏银川平原的河套地区，新疆玛纳斯垦区和陕西八百里秦川，这些日照足、温差大、粮食产量富集地区可以发展"杜长大"集约化商品猪。在西北五省区，大部分半干旱草原可种紫花苜蓿，玉米、杂粮、苜蓿加1%的预混料可构成养猪全价饲料，不受国际豆粕期货的制约，可选养八眉猪，也可用巴克夏杂交成二元精品，通过农村散养形式形成品牌，西北地区的猪产品除了本土消费之外，还可以通过霍尔果斯口岸向东欧地区开拓市场。华北地区虽然有河套平原、华北平原，但人口稠密，城市毗邻，尤以京津唐为甚，其城市消费能力极大，所以仍然要有适度发达的集约化猪场。天津渤海湾湿地是一个不可多得的极品、精品猪放养牧场，在严格控制载畜量的养殖模式下，可以创出名优品牌，供应京津唐市场。

　　华中地区与华北地区是中国养猪的腹地，品种资源极为丰富，从肉质角度看可以达到要什么有什么的程度，可以满足市场各种肉质品位的需求。华东地区人口稠密，土地资源紧张，发展"杜长大"集约化模式的空间较为有限。但大城市多，屠宰企业条件先进，尤以沪宁杭地区为典型，市场对各种档次猪肉的品质需求都有较为严苛的商品质量控制标杆，不仅对猪肉的总体需求量较大，而且对精品、极品猪肉的市场需求量也较大。工薪阶层对普通肉的需求量极大，所以集约化的"杜长大"也不可缺少，但土地十分紧张，玉米豆粕资源并不富裕，所以养殖要适量，不能搞过头，可以把高端肉市场做起来。此外，该地区对于西式高端肉的需求量较大，尤以上海为甚。巴克夏猪和地方猪种的二元杂种猪的肉质具有中西两用的特点，可以打个正着。华南地方猪是全世界华人粤菜必备食材，叉烧烤乳猪非华南猪种不行。华南地方猪提供的极品肉及二元杂交精品肉具有近攻港澳台、东南亚市场，远攻泛太平洋市场的肉质优势。华南地区同时也存在大量普通肉消费市场，"杜长大"依然重要，而且当下依然是主流，但是已经过了巅峰时代。西南地区可以分为两块，其一是四川盆地天府之国，人口稠密，普通、精品、极品3个档次猪肉都需要。因此，要土洋并举，适度规模，其中荣昌猪最具有国际意义，很多高档理发店都青睐荣昌猪的猪鬃制成的刷子，川菜馆的大厨都希望用荣昌猪的肉做回锅肉。其二是四川盆地周边和大西南云贵川山区是云腿（宣威火腿）产区，也是黑松露产区。云贵高原有众多的高原品种，如保山猪、撒坝猪、柯乐猪等，将云贵川的地方猪和黑松露配套，可以和法国黑松露、西班牙伊比利亚火腿媲美。此外，高原型藏猪对高海拔（3 000～4 000米）、低氧、高紫外线强度独一无二的适应性，使藏猪成为不容混血的天然纯种。因为没有外来猪种的冲击，藏猪的种群依然庞大如故。藏猪特有的短胴体特征和高肌红蛋白的肉质特征是独一无二的。藏猪的净土生态环境和胴体肉质特色的不可替代性造就它在未来国际市场的潜在竞争力。

四、做销售：改微观低俗为宏观高雅——显水平

　　猪贩子收猪、抓膘、称重、估肉的做法是最原始的农村作坊杀猪卖肉形式。比如，吃饱的猪称重的折扣怎么算？过节前后肉价怎么调？割猪头的手法可以使屠宰率差2个百分点。这些小聪明在产业时代就要消失了，猪肉和生猪的销售是要放到全球猪市来加以战略布局和销售策略评估的。销售人员要根据动态的猪肉市场信息反馈来决定其销售对策。现代和未来猪肉销售经理必须是高素质人才，实行以宏观大局推销为主，以高雅手段和客商沟通。

第二篇 🐷

养猪生产的问题与纠偏

向失败者取经，比向成功者学习更高效；我们都知道"失败是成功之母"，总结失败的经验教训可以避免下次失败。盈利的猪场没有一个是仅做对一件事就顺利盈利的，他们都是在时代大潮中，不断做出正确选择，科学管理，妥善经营，最后成为盈利的胜者。与其在这么多次选择里找出"哪个是使其盈利的关键因素"，不如认真研究那些被淘汰的猪场做了哪些普遍性的错误决定。

第三章
生物安全——高效健康养猪的天盾

　　生物安全一直是健康养殖的核心问题和重头戏，它作为一项系统工程贯穿于养殖生产全过程，紧扣疫病综合防治的每个环节。但这出戏一直以来都没有唱好，在多数养殖企业具有普遍性。长期以来养殖业的低门槛的扩张、非专业化的经营、管理上自由和散漫，再加上受传统养殖习惯的影响，还有懒惰和侥幸心理作祟，这都会让很多生物安全措施形同虚设。既没有严格的专业标准，也没有翔实的执行方案，当然也就看不到任何具体的效果。非洲猪瘟的突袭，充分暴露了现有的生物安全措施不堪一击，种种漏洞可以说是防控失败的"祸根"。因此，养殖企业只有严格执行各项生物安全措施，才能在非洲猪瘟等疫病防控中立于不败之地，从而获得长足发展。

第一节
切断猪疫病传播的途径

非洲猪瘟作为高度接触性传染病，传播途径复杂多样，除可通过猪、人、物品间的接触来进行传播外，当空气中的病毒载量足够高时，空气也能成为传播的次要途径，因此，做好人员流动、物流、车流、动物流、气流的控制是防控非洲猪瘟的关键措施。

一、控制人员流动

猪场人员的管理主要分为本场人员和外来人员的管理，而本场人员又应注重场内人员和外出人员的管理。

1. 本场人员的管理

（1）场内人员的管理 ①饲养员或技术员应坚守自己的岗位，不允许随意串舍、串岗、串区，尤其是在疫病暴发期间，以避免不同栏舍或不同类群的猪交叉感染。②生产区和生活区人员最好住在各自区域，不可交叉住宿。吃饭时，大餐厅分2个小餐厅，生产区和生活区人员分点就餐。③驻场兽医不准到场外出诊。④配种员不准到其他猪场进行配种工作。⑤参加转群、卖猪人员，在工作结束后，要进行更衣、洗澡，鞋子洗刷消毒。

（2）外出人员的管理 ①猪场人员外出或休假时，不得到其他养殖场户串门，也不要到生猪交易市场、生猪屠宰场等地方走动，回场后必须经过48小时的隔离，并经过洗澡、换衣、消毒后才准许进入生产区工作，严禁场内衣物与外界衣物混杂。②即时了解周边动物疫情，对居住在疫病高度防控状态地区的工作人员，尽可能错开休假时间，避免外界疫病的传入。③如遇紧急疫情，所有工作人员都必须服从安排，取消休假或进行必要的隔离封锁。

2. 外来人员的管理

原则上非本场人员是禁止进入猪场的，尤其是生产区，如必须进入时，需场长同意后，经过消毒后方可进入。目前，很多猪场对于外来人员进入前进行蒸汽消毒或紫外线消毒，看似严格消毒，其实只是杀灭衣物的表面细菌，消毒并不彻底，而紫外线对人体存在一定的伤害，因此进场前最有效的进场流程应为登记、淋浴、消毒、更衣换鞋。进场后需严格遵守生产区内一切防疫管理制度，不得超出规定活动范围随意走动。运输饲料的司机进入生产辅助区后不准下车。外聘人员进入生产区，按程序严格隔离后才可进入。

二、控制物流

物流可分为引进物资流和内部物资流，引进物资流包括设备、物资、水、饲料等，内部物资流包括清洁用具、生产用具、粪污、胎衣和病死猪等。物流也是病原微生物传播的一个重要途径，控制好物流能有效地切断病原微生物的传播途径。

1.控制引进物资流

猪场所用设备（包括产床、限位栏、料槽等）原则上必须使用新的，不可使用二手设备，但如果因某种原因不得已使用二手设备，必须严格熏蒸消毒后才能进入生产区，且各个区设备不可交叉使用。禁止食用本场以外的猪肉，其他家禽或牲畜禁止在场内宰杀食用，食堂所用的蔬菜等，在食用前须经高锰酸钾或洗洁精等洗涤消毒。猪场可用自来水或深井水，水井最好建在猪场外且井深一般要求30米以上，不用场外的河塘水做饮用水和冲洗栏舍，定期检查水质。同时注意对水管的清洗，可有效地减少疾病的发生。雨、污水管道要进行分流，雨水走明沟，污水走暗道。饲料必须进行检测，排除污染物，不用污染的饲料。饲料原料和配合饲料在加工调制、运输过程中，防止遭受动物及动物产品的污染；饲料中慎用或不用动物源性原料，如骨肉粉、血粉、血浆蛋白粉、肠膜蛋白粉等。

2.控制内部物资流

清洁用具，即与粪污接触的器具，包括扫把、拖把、铁铲、水管等，做到定点定位，用后清洗，有条件的可消毒处理，特别注意隔离舍的清洁用具严禁带入其他猪舍，用后进行浸泡消毒最佳。出猪台冲洗设备只在出猪台使用，严禁带回猪舍。

生产用具，包括注射用具（注射器、止血钳、输液管等）、接产用具（剪刀、毛巾、麻布袋等）、采精和配种用具（采精杯、输精管、输精瓶等）等，多数直接与猪体接触，严禁未经消毒交叉使用。注射用具用完后须清洗，蒸煮消毒后备用；接产用具使用完后须清洗，浸泡消毒后备用；采精和配种多是一次性用品，使用完后注意集中收集和销毁。

污水、粪尿须经发酵、沉淀后方可作为液体肥使用，或直接进入沼气池生产沼气，粪尿池和沼气池应设在围墙外的下风向。药品和食品包装袋、包装瓶、废弃或未使用的生物制品、生活垃圾，要集中收集后销毁。胎衣、病死猪和扑杀猪以及被污染的垫料、剩料、粪尿、垃圾等，要挖坑并撒上消毒剂深埋或无害化处理。深埋或无害化处理要在隔离区下风向较远的地方。

三、控制车流

猪场车辆应做到专车专用，不同用途的车辆禁止拉运其他物品，外来车辆不能进入生活区，只能停放在场外停车处。本场乘用车（轿车、购物车、摩托车、自行车等）不准进入生产区，经严格消毒后停放在办公区专用停车场；运输原料或饲料的车需消毒后进入仓库门口卸货；卖生猪车辆消毒、晾干后停放在围墙外装猪台；引种车不要选用运送商品猪的车辆，运输前严格消毒，尤其是车厢、底盘、轮胎等隐蔽处。生产区所用的送料车和转猪车禁止离开生产区，转猪车使用后要进行彻底的冲洗、消毒。拉粪和废弃物的车沿污道运行，保持车厢密封，不准沿途撒漏粪尿和污物。

四、控制动物流

猪场动物可分为猪群和其他动物。猪群流动应按照公猪舍—配种舍—妊娠舍—产房—保育舍—育肥舍—出售的方向，并执行"优进全出"制度。

"优进全出"是指猪舍清空后彻底清洗、消毒、干燥、空栏至少 1 周，只将健康猪放入新的猪群，将病弱猪转入隔离舍，避免病弱猪携带的病原微生物感染其他猪。转猪时避免逆向返回，赶完猪的道路应进行清洗消毒。引种时应考察拟引种猪场猪群的健康状况，必须从比自身猪场健康度高的猪场引种，然后必须经过一定时间的隔离驯化，最大限度减少引种带来疾病的风险。猪舍病弱猪经过治疗未见好转时应转入隔离舍，需要解剖诊断时应在专门解剖室或隔离区。病死猪禁止出售和食用，用转猪车及时移走并进行无害化处理。

许多动物（猫、狗、老鼠、鸟、蚊蝇等）是病原的携带与传播者，猪场应杜绝除猪以外的其他动物进入厂区或在厂区活动，禁止饲养猫、狗、鸡、鸭等动物，尽可能消灭老鼠和蚊蝇等有害动物，并对野鸟进行控制。猪舍之间一般种植草坪即可，并定期修剪，防止杂草丛生和滋生昆虫。

五、控制气流

空气是病原微生物传播的主要途径之一，而气流具有全球性，病原微生物随着空气的流动将被迅速传播，如一个猪场暴发一种疫病，同一地区的其他猪场也可能发病；一个猪场内一栋猪舍发病，其他猪舍所有的猪群都可能被感染。因此，在建造猪舍时朝向应兼顾通风与采光，舍间距应大于 8 米，加大舍间距离可降低感染的风险，猪场四周设围墙，围墙外可种植防护林，可一定程度上减少气源性疾病的传播。

第二节
把好"门口"关

消毒的意义在于杀灭降低环境中存在的病原体，使猪生活在一个相对干净良好的生长环境中。"门口"是猪场防止病原微生物传入最重要的一道关卡，同时也是最容易带入病原微生物的地方。要加强每一道门禁的管理和消毒，守住猪场门口，做好门口的消毒管理工作。猪场门卫必须经过培训，熟悉猪场生物安全制度，并能按照要求严格执行。每周对大门口消毒池消毒水更换，如果外来车辆较多，2～3天更换1次。大门口更衣室要开紫外线消毒或臭氧熏蒸，定期用消毒药物对更衣室与通道进行消毒，减少病原微生物含量，降低交叉污染的风险。

一、进入猪场人员的消毒

进入猪场的人员，因其在场外可能到过其他猪场或接触过其他猪群、病原污物，就可能成为疾病的传播因素，应严格控制。

1. 所有人员进场必须严格执行隔离、消毒规定

①来访者未经场长或兽医许可不得进入场区。②休假或者离开生活区的本场员工进入生产区之前，必须经过48小时的隔离净化期。③任何非本场员工进入生产区之前必须经过96小时的隔离净化期。④任何带进猪场的物品必须经过紫外线照射30分方可入场。⑤人员进入场区前必须经过喷雾消毒后方可进入。

2. 所有进场人员的消毒程序

（1）进入生活区的消毒程序　脚踩鞋底消毒盆进入门卫室脏区；用消毒液洗手消毒；更换场内的防疫鞋，将场外的鞋子放到指定鞋柜内；进入门卫室净区，填写到场相关记录；随身携带物品放入消毒间内紫外线/喷雾消毒30分；进入生活区应先进行喷雾消毒并隔离48小时，经允许后进入生产区。

（2）进入生产区的消毒程序　将随身携带物品放入紫外线消毒柜消毒；到洗澡间门口脱下在生活区穿的防疫鞋，更换拖鞋进入洗澡间；将生活区内穿的衣服脱下，放入对应编号的柜子中；洗澡10分，用生产区备用的毛巾擦干身体后，穿上生产区统一配置的工作服；在洗澡间门口更换在生产区内穿的白色防疫鞋，从消毒柜中取出自己的手机、电脑、记录本等物品。上述程序完成后，方可进入生产区。

（3）进入猪舍的消毒程序　进入猪舍前，要将在生产区内穿的白色防疫鞋更换成在猪舍内穿的黑色工作雨鞋；踩踏猪舍门口盛有消毒液的消毒盆，对黑色雨鞋进行消毒；消毒液要坚持每天进行更换。

白色防疫鞋及黑色雨鞋分别是在生产区及猪舍内穿的，不能混穿。

二、进入猪场的车辆管理

因车辆在不同的猪群间、猪场间及其他地方来回行驶，从而成为很危险的疾病传播因素，必须进行严格消毒和控制。

1. 猪场内部的车辆管理

仅供生产区内使用的车辆，不能出生产区，每次使用后均应严格冲洗、消毒、晾干后再用；系统内猪场间转运猪的车辆，使用后应消毒烘干，在指定地点停放 24 小时；转运猪到客户猪场的场内部车辆，使用后应消毒烘干，在指定地点停放 48 小时；每次冲洗、消毒完毕，应填写使用、消毒记录。

2. 猪场外来车辆的管理

禁止外来的运猪车进入生产区；外来拉猪车辆应在指定的洗消中心，在猪场消毒人员的监督下，经彻底清洗、消毒后，才能用于猪转运；外来送料车需进入生产区料房时，司机和车辆均需按要求在门卫的监督下经严格消毒后（含驾驶室）方可进入。

3. 所有车辆进入猪场的消毒程序

司机在门口登记并换穿猪场备用的工作服和鞋，门卫用清洗机对车体和车轮进行清洗和消毒；驾驶室中的脚踏垫应拿出来冲洗消毒，驾驶室用臭氧消毒30 分；需进入生产区的车辆，应在生产区门口专用汽车消毒通道喷雾消毒 1 分以上，司机经洗消毒、换穿生产区备用的衣服和鞋后方能上车。

二、生产区内的消毒管理

只有对生产区严格按规定程序开展消毒管理，才能确保安全生产。

1. 场区消毒

场区内道路，猪舍外的赶猪道、装猪台、生物坑为消毒重点，每周三集中消毒 1 次。

2. 空舍消毒

猪舍腾空后，应先用高压消毒机将圈栏、猪床、地面、地板漏缝、墙壁和食槽等处冲洗干净，微干后用洗衣粉溶液浸泡 4 小时，之后再用消毒液进行全面消毒；间隔 1 天再重复消毒 1 次，第二次消毒结束后 12 小时，再用高锰酸钾或福尔马林熏蒸消毒2天，空圈1周后方可进猪。

3. 带猪消毒

每周用消毒液对猪体及猪舍喷雾消毒1～2次，每立方米空间用消毒液1～2升，喷雾颗粒直径40～80微米。有疫情或有疫情压力时，可适当增加消毒次数；母猪转入分娩舍前，先用温水洗净后，再用消毒液进行体表消毒；初生仔猪剪耳号、去势，伤口用碘酊消毒，断尾的创口，通过灼烧方式消毒；做手术前，先用消毒液清洗术部，手术后用碘酊消毒；母猪临产时，用消毒液喷洒乳房和阴部，产仔完毕后，再对母猪后躯、乳房和阴部进行消毒处理，对产房地面应清扫、消毒干净；注射部位通常用2%～5%碘酊溶液消毒，干燥后再注射，对猪乙型脑炎免疫时，用75%乙醇消毒。

4. 剖检室消毒

每次使用后，除将尸体装入带有内膜的塑料袋送无害化处理场处理外，剖检室应立即用高浓度的消毒液彻底消毒。

5. 器械消毒

对注射器、针头、手术器械等，清洗干净后高压灭菌蒸煮30分，烘干备用。

第三节
建立完善科学的饲养管理制度

良好的饲养管理有利于增强猪的非特异性免疫力，其中全进全出、饲养密度、分胎次饲养、部分清群、引种管理、饲料营养这几个方面与疫病防控有密切关系。

一、"全进全出"

"全进全出"是整个猪舍同时进猪、同时出栏的养殖方式，是猪场饲养管理、控制疫病的核心。猪场实行同一批次猪同时进出、同一猪舍单元的饲养管理制度，其流程是：在一批猪进圈舍之前，首先对猪舍、过道、食槽、围栏、用具及下水道等进行清洗，再用3%～5%的氢氧化钠溶液进行消毒，不能清洗的地方用火焰消毒，最后将门窗关闭用甲醛和高锰酸钾进行熏蒸消毒，打开门窗通风换气，再让猪进入圈舍。

同时，猪舍建设应满足隔热、采光、通风、保温要求，配置降温、防寒、通风设施。夏季应减少热辐射、通风、降温，猪舍温度、湿度、气流、光照应满足猪不同饲养阶段的需求。

二、饲养密度

饲养密度过大或者过小都会导致猪间的生长差异，尤其是高密度饲养，国内绝大多数猪场普遍存在饲养密度过大的现象，至少一半的猪场饲养密度超量15%或者更多。增加饲养密度看似增加了养殖量、出栏量，但实际上增加饲养密度显著降低日增重、饲料转化率，隐形中增加生产成本，若发现同栏中猪体重相差达3%～5%，就需要再次降低饲养密度。

三、分胎次饲养

分胎次饲养包括将繁育群划分为两个群体，分别为免疫状态不稳定的年轻母猪群（第一、二胎母猪）和免疫系统成熟的母猪群（第二胎以后的母猪），目的是尽量减少疾病传入种猪群的机会。将青年母猪和第一胎母猪饲养在猪场内远离经产母猪的区域，以尽量减少来自这些青年母猪的潜在病原传播。对青年母猪的后代也应采取相似的管理措施，饲养在独立的保育舍中，并在保育阶段结束前不与猪场中的其他母猪的断奶仔猪混群。分胎次饲养模式运行1～2年后，猪群临床和亚临床感染的强度会明显下降。

四、部分清群

现代的规模化猪场生产是一个以周为单位的连续过程，病原微生物通过循环感染，周而复始，实行部分清群就是切断这个感染循环，猪场应每半年实行1次部分清群。

部分清群方法：设计好配种计划，连续2周不配种，经过一个妊娠期后就会有两周时间部分产房空栏，然后是部分保育空栏、部分育肥空栏。在空栏的2周内分别进行3次消毒，即第一天、第十三天和第十四天。该措施对常见传染病尤其是猪蓝耳病的控制与净化非常有效。

五、引种、隔离管理

实行"自繁自养"，培育和建立自己的健康种猪群。确需引种时，到非疫区有种畜禽生产经营许可证、动物防疫条件合格证的健康种猪场引入，优先考虑从获得农业部疫病净化评估认证的种猪场引种，做好产地疫情调查，引种是有可能引进疾病的最危险环节之一，应采取合理的生物安全措施予以防范。①不能从多个种猪场引种。②引种前，应对所引后备猪开展蓝耳病、猪瘟、伪狂犬、口蹄疫的抗体检测及流行性腹泻病毒的抗原检测，以确保引种安全。③用经过严格消毒的车将检测合格的后备猪运至隔离舍后，隔离时间不低于4周，在隔离期结束前1周内，应再次进行采样检测。④对隔离期检测合格的后备猪，按1：10的比例，使用淘汰母猪进行混养或使用淘汰母猪的粪便进行接触，混养时间不低于4周。⑤混养后的后备母猪单独饲养期限不低于4周。⑥经上述程序处理后的后备母猪，完成既定免疫程序后，应再次进行采样检测，合格者才能参与配种。⑦在隔离舍工作的饲养员不能到其他猪舍喂猪，其工具也不能与其他舍串用，以免相互传播疾病。

六、营养呵护健康，保证摄取足量

当前猪的养殖品种大多为三元杂交猪，杂交猪的生长速度、生产性能大幅增加，可利用养分的分配模式发生一定程度的改变：分配到免疫系统的养分减少，分配到生长的养分增加。因此，饲养瘦肉型猪，必须提供高的营养水平，才能保证快速生长的同时有足够的养分用于免疫，这也是"营养呵护健康"的理论基础。但是在高强度应激、疫源微生物侵害、机体器官功能下降时，猪的采食量减少或不明显下降，导致猪体生长需要生理性调节减少。时间长了，则会造成营养缺乏，故单纯强调饲料营养保健康是片面的。此外还必须重视猪的品种、自然应激、疫源侵入、机体自身健康程度等对营养分配的影响。好的营养是保健前提，营养的摄入是根本，保证充分的养分用于猪群正常免疫和生长才是猪群正确保健措施之一。

预混料要购于正规厂家，原料包括玉米、豆粕、麸皮等，要注意日常储存，避免发生霉变或遭虫鼠污染。发生霉变的饲料不但适口性差，还会造成猪只发生急、慢性中毒，导致妊娠母猪流产、仔猪腹泻等症状，导致猪群易感染疾病。

第四节
纵深打造现代化的兽医防御体系

当前猪场猪病新常态下，在养猪生产中平常除了加强科学的饲养管理、严格落实好各项生物安全措施、控制好养猪的生态环境等工作之外，还应紧密结合猪场生产实际，从"预防兽医学"的角度构建一套完整的预防体系，这也是养猪场防控疫病中一项重要的技术措施，应高度重视。

一、建立现代化的诊断体系

诊断有不同的层面，也经过了不同的发展阶段。早期主要是临床解剖进行病理诊断，主观性比较强。同一个猪肺，不同的兽医可能存在不同的判断，准确性存在一定的问题。随着规模猪场的发展，血清流行病学调查和诊断等发展到现在已有十多年了，但它比较滞后，准确性仍有所欠缺，还是不能直接判断，临床还需通过评价抗体消长的规律，评估疫苗的免疫效果或者野毒的感染状况等。而在当前猪场规模以及饲养密度越来越大的情况下，要在大规模的群体当中，能够快速精准地实现诊断，依靠前面的方法很难，也不适应我们现有生产的需求，这就需要兽医团队去深入研究对新的病原学的检测或诊断方法。

二、制定科学的免疫程序

免疫是使动物机体对病原微生物的侵袭或致病作用表现不易感或者有免疫能力的状态，良好的免疫力能够提高猪对病原的感染阈值，以及减少猪感染病原之后的排毒量和排毒持续时间。尤其是病毒性传染病，目前尚缺乏可供选择的有效治疗药物，疫苗免疫就成为预防猪群某些病毒病感染的主要途径之一。

猪场应根据本地区疫病流行情况、疫苗的性质、气候条件、猪群的健康状况等因素，以及本行业生物工程技术发展的情况，决定本场疫苗使用的种类，并制订完整的计划。要综合考虑母猪母源抗体、猪的发病日龄，发病季节等因素，制定出完整而有效的免疫程序。根据本场的具体情况，以周或月为单位进行计划免疫，实行规范化作业。根据周围疫病发生情况，适当加大疫苗的使用剂量和增加免疫密度，以确保免疫效果。同时，规范养殖档案，把疫病监测记录、免疫接种记录、生产记录、人员登记记录、治疗用药记录、病死猪死因记录、消毒记录、病死猪无害化处理记录等至少保存 2 年。根据《畜禽标识与养殖档案管理办法》的规定，采用可追溯的唯一标识，确保一畜一标，并做好记录，保存至少 2 年（种畜长期保存）。

三、做好猪疫病的抗体检测和病原监测

通过定期的抗体检测和病原监测，及时、准确掌握猪群的健康动态情况，了解免疫抗体水平的高低、离散度，制定合理的免疫程序，建立猪群防疫预警机制。很多人认为只要免疫过疫苗，猪健康水平就有保证，而忽略了影响疫苗免疫效果的各种因素，造成免疫效果打折，这时就需要进行必要的抗体检测来判断猪群整体的抗体水平，关键时候可以及时补救，避免因侥幸造成的更大损失。

监测要遵循以下 3 个原则：①保证血清样本的数量和质量，确保无污染。②保证血清检测的连续性。每年 3 月、6 月、9 月、12 月或 2 月、5 月、8 月、11 月采集，按 10% 的比例送检。③保证血清检测阶段的连续性。配种公猪、后备母猪全部采集，经产母猪分胎次采集，仔猪按周龄采集。

四、制定合理的药物保健预防措施

药物保健是在猪群无临床病症的情况下，为保持猪群健康、预防疾病的发生而采取的一种预防性用药措施。根据不同阶段的疫病流行特点，有针对性地选用药物进行保健预防，能有效地清除或抑制猪体内病原菌的生长、繁殖，预防猪场传染病的发生，其各阶段猪的药物保健方案如下。

1. 哺乳仔猪药物保健

预防仔猪腹泻，增强仔猪体质，提高成活率，预防细菌性疾病的发生，是哺乳仔猪保健的关键。可选用以下方案：长效阿莫西林，三针保健计划，3 日龄、7 日龄、21 日龄按说明注射。仔猪出生后每千克体重注射 5% 头孢菌素 0.1 毫升。3 日龄补铁、补硒。猪场呼吸道疾病比较严重，可在 1 日龄、7 日龄、14 日龄鼻腔喷雾卡那霉素、10% 氟苯尼考等。

2. 保育仔猪药物保健

通常在断奶前一周至断奶后两周，对仔猪进行保健投药。以减少断奶时的各种应激，增强体质，提高仔猪免疫力和成活率。预防断奶后腹泻、呼吸系统疾病及水肿病，减少断奶仔猪多系统衰竭综合征的发病率。其保健方案如下：25% 替米考星 250 毫克 / 千克 + 多西环素 100 毫克 / 千克拌料；10% 氟苯尼考 500 ~ 1 000 毫克 / 千克 + 磺胺二甲氧嘧啶 110 毫克 / 千克 +TMP（甲氧苄啶）50 毫克 / 千克拌料；10% 氟苯尼考 500 ~ 1 000 毫克 / 千克 + 阿莫西林 200 毫克 / 千克拌料。

3. 育肥猪药物保健

主要目的是预防圆环病毒病、猪瘟、猪繁殖与呼吸综合征等疾病的发生，抑制病菌繁殖，减少附红细胞体的发生；预防呼吸道疾病的发生；提高免疫力，缩短出栏时间，降低料肉比。一般在前期各连用 6 ~ 8 天，后期 5 ~ 7 天，各猪场可根据具体情况决定投药时间与重点，并注意停药期。其保健方案如下：多西环素 500 毫克 / 千克 + 阿散酸 180 毫克 / 千克 + TMP 120 毫克 / 千克拌料；10% 氟苯尼考 1 000 毫克 / 千克 + 磺胺二甲氧嘧啶 110 毫克 / 千克 + TMP 50 毫克 / 千克拌料；10% 氟苯尼考 100 毫克 / 千克 + 磺胺二甲氧嘧啶 500

毫克／千克＋碳酸氢钠 100 毫克／千克＋维生素 C 200 毫克／千克拌料。

4. 后备母猪药物保健

后备母猪药物保健的目的是控制呼吸道疾病的发生，预防细菌性疾病的出现。增强后备母猪的体质，提高机体免疫力，促进发情，获得最佳配种率。后备猪引入第一周，为降低应激，促使其迅速恢复体质，保证其群体健康，根据条件采用饮水或拌料的方式进行保健投药。其保健方案如下：电解多维 150 毫克／千克＋阿莫西林 230 毫克／千克饮水；磺胺五甲氧嘧啶 600 毫克／千克＋碳酸氢钠 1 000 毫克／千克＋阿散酸 120 毫克／千克拌料；10% 黄芪多糖维生素 C 粉 500 毫克／千克拌料。

后备种猪培育期，主要是减少呼吸道、肠道疾病和附红细胞体病的发生，提高机体的抗病力。保健用药应视猪场及周边的情况选择或轮换投药，每月连用 7 天，直到配种。其保健方案如下：多西环素 500 毫克／千克＋阿散酸 120 毫克／千克 +TMP 120 毫克／千克拌料；10% 氟苯尼考 500 毫克／千克＋磺胺二甲氧嘧啶 120 毫克／千克 +TMP 50 毫克／千克拌料；25% 替米考星 250 毫克／千克＋多西环素 100 毫克／千克＋亚硒酸钠维生素 E 500 毫克／千克拌料。

猪场周围若有猪繁殖与呼吸综合征、圆环病毒病的存在或者发生过传染性胸膜肺炎，可用氟苯尼考 60 毫克／千克拌料。猪场如果有巴氏杆菌、沙门菌、副猪嗜血杆菌等病原菌存在的可能，可用恩诺沙星 10 毫克／千克＋头孢菌素 60 毫克／千克拌料。

5. 母猪药物保健

（1）空怀及断奶母猪药物保健　为增强机体对疾病的抵抗力，提高配种受胎率，饲料中可适当加一些抗生素药物，但要视猪群的健康状况和现场决定。其保健方案如下：多西环素 500 毫克／千克＋阿散酸 120 毫克／千克＋TMP 120 毫克／千克拌料；10% 氟苯尼考 500 ～ 1000 毫升／千克＋磺胺二甲氧嘧啶 120 毫克／千克 +TMP 50 毫克／千克拌料；25% 替米考星 250 毫克／千克＋多西环素 100 毫克／千克拌料。

（2）妊娠母猪药物保健　主要是预防衣原体和附红细胞体感染。可在妊娠前期第一周和后期饲料中适当添加一些抗生素药物，同时饲料添加亚硒酸钠维生素 E，并视情况在妊娠全期饲料添加防治霉菌毒素的药物。可用方案如下：多西环素 500 毫克／千克＋阿散酸 120 毫克／千克 +TMP120 毫克／千克拌料；

10%黄芪多糖维生素 C 粉 500 毫克／千克 +10%泰妙霉素 180 ～ 360 毫克／千克拌料。

（3）围产期保健　主要是净化母体环境、减少呼吸道及其他疾病的垂直传播，增强母猪的抵抗力和抗应激能力。产前产后两周在饲料中适当添加一些抗生素药物。可视保健的重点选择或轮换使用以下方案：多西环素 500 毫克／千克 + TMP 120 毫克／千克拌料；10%黄芪多糖维生素 C 粉 500 毫克／千克 +10%泰妙霉素 180 ～ 360 毫克／千克拌料；25%替米考星 250 毫克／千克 + 多西环素 100 毫克／千克拌料；10%氟苯尼考 500 ～ 1 000 毫克／千克 + 磺胺二甲氧嘧啶 120 毫克／千克 +TMP 50 毫克／千克拌料；80%泰妙菌素 125 毫克／千克 + 多西环素 100 毫克／千克拌料。

第五节
完善针对非洲猪瘟的生物安全防疫管理

无规矩不成方圆，根据岗位特点、工作种类制定相关的标准化操作流程（SOP），使员工按照标准化去做事，关注生产中每一个细节。

一、补充并完善防疫制度

在猪场现有防疫制度的基础上，加上有关防范非洲猪瘟的内容，并密切关注我国非洲猪瘟疫情形势，实时更新相关防疫技术和制度。

二、防控培训

针对非洲猪瘟，给员工进行专门的防控知识培训，对非洲猪瘟早预防、早发现、早隔离、早扑杀，切断疫病传染源，防止疫病传入和传播。定期对员工进行生物安全知识培训，强化员工的生物安全意识，保证猪场能够长期严格执行生物安全措施。新员工和老员工都需要培训，提高他们的生产管理和防疫水平，增强发现和控制疫病的能力。

三、全面禁止使用不合格食物和水源喂猪

禁止使用泔水喂猪；不允许将食物带到生产区；生活区接触泔水的厨房人员不允许进入生产区。猪场内产生的餐厨剩余物统一用密闭桶收集，运出猪场外进行无害化处理。禁止使用猪源性成分饲料。猪场应该向饲料供应商了解自己使用饲料的成分及其来源，有条件的可以对饲料进行检测。禁止直接使用溪

水、河流水、湖水等地面水喂猪，最好使用深井水。地面水使用前进行沉淀、过滤，用漂白粉消毒处理。水源的检测一直是养殖场所忽视的，有必要取猪场进水口水样进行送检，对水源质量进行评估，如硬度、酸碱度、重金属残留、水中农药残留问题等。水质监测一年最少一次，最好一年2次，日常水质监测重点关注病原微生物问题。每次空栏清洗用专门的水线清洗剂对饮水线进行消毒，再用清水冲洗水线。强化下水道的管理，堵住下水道出水口，用2%氢氧化钠、有机氯类或者季铵盐类溶液浸泡下水道管，注意有沼气池的不能用氢氧化钠，2小时后将水放出，干燥。

四、清除有害生物

目前证实软蜱是非洲猪瘟病毒的主要携带及传播者，苍蝇也可能传播非洲猪瘟，而鼠类等嗜齿类动物也有可能成为非洲猪瘟病毒的间接携带者。排查猪场周围是否存在野猪，发现有野猪时不要接触、自行捕杀、食用野猪，应上报政府部门专业人员处理。在猪场周围建设围墙作为隔离带，注意最好是围墙而不是围栏。有条件的猪场可以设防鸟网。定期对猪场进行大扫除，做好主干道和猪舍周围环境卫生，清除猪舍周围的杂草、清理死角的垃圾残留，填平水沟，不留消毒死角，不给老鼠、蚊子、软蜱留有藏身的地方。检查评估猪场区域是否存在钝缘软蜱，定期检查喷洒杀蜱虫药物（敌百虫）。定期灭鼠灭蚊蝇，猪场的灭鼠建议找专业的公司。在猪舍周围和饲料仓库外铺设石子路也有助于防鼠，因为老鼠天生害怕走石子路。

五、粪污与病死猪无害化处理

1. 粪污无害化处理

及时清运猪舍粪便、尿液、污水等，并及时排入排污沟，实施无害化处理，再进行资源化利用。排污沟两侧必须比地面至少高出10厘米，并覆盖等宽水泥板，其配套规模的干粪堆积场，并在四周砌砖，砖墙高度不低于0.6米，设有粪口，用水泥抹墙，墙体周围用钢架焊接，并设有彩钢板顶棚，便于雨污分离。粪便通过密封堆肥处理后可作为农业生产肥料。如有条件，建议建设沼气工程，不仅能变废为宝，也能节省燃料，除了有沼气外，沼液、沼渣也可作为速效肥使用。

2. 病死猪无害化处理

病死猪体内携带很多病原体，也属于最危险的传染源，因此必须给予无害化处理。严禁采用漏水的工具搬运病死猪，避免沿途散播非洲猪瘟病毒。同时，在粪污处理区周边可建设化尸池，深度不小于 3 米，顶部砌实，中间留出抛尸口，长度不小于 0.6 米，覆盖水泥板。

六、疫病控制

当怀疑发生非洲猪瘟时，猪场应及时隔离病猪，并立即向当地兽医主管部门报告；在确诊结果出来之前，可根据初步诊断结果采取相应的防控措施，防止疫病扩散蔓延。当确诊为非洲猪瘟疫情时，猪场要积极配合当地兽医主管部门，依照农业农村部制定的《非洲猪瘟疫情应急预案》，采取封锁、隔离、扑杀、销毁、消毒、无害化处理等强制性措施，有效控制和消灭疫病。

第四章
发生非洲猪瘟猪场复产方案

安全顺利复产是规模化猪场后非洲猪瘟时代的优先选择，但由于准备不足、匆忙复产而导致复产失败的案例甚多，所以，非洲猪瘟既带来了挑战，也带来了机遇。在目前没有可用的非洲猪瘟疫苗的情况下，完善的生物安全环境是规模猪场复产的必备条件，彻底清除猪场内外残余非洲猪瘟病毒是规模化猪场复产的先决条件，只有准备工作做得充分，才有可能跨过难关。

第一节
非洲猪瘟溯源及其认知

当前发生非洲猪瘟疫情的国家中，葡萄牙用时 36 年根除了非洲猪瘟，西班牙用时 35 年根除非洲猪瘟，巴西用时 6 年根除非洲猪瘟，可以说其危害与影响出乎猪业圈所有人的意料。我国虽然在短时间内无法根除非洲猪瘟，但是相信在当前非洲猪瘟疫情持续发生的新常态下，做好复产前的回顾与总结，对以后的防控意义非常重大。

一、复养前非洲猪瘟的复盘与溯源

发生过非洲猪瘟疫情的猪场，猪群清场空栏后，复产前首先要对猪场发病原因进行系统的调查与分析，即对非洲猪瘟传入的可能性因素和可能的风险点、生物安全管理及经营管理漏洞进行全面排查，具体要做好以下几个方面工作。

1. 非洲猪瘟溯源

查验以下记录：疫情发生前至少 30 天的引种记录、出猪记录；进场人员及进生产线人员的消毒、洗浴、更衣换鞋等记录；车辆消毒措施、流程与记录；饲料和水的来源、检测与记录；物资进场消毒措施与流程记录；猪销售流程与出猪台洗消记录；病死猪及垃圾无害化处理记录；猪场环境消毒与检测记录。同时对猪场周围与本地区疫情情况进行深入调查。

2. 传播途径分析

车辆：出猪车、转猪车、拉粪车、饲料车、购物车、轿车；人员：场内员工、外来人员；用品：饲料、水、精液等所有物品；媒介生物：野猪、蜱、鸟、老鼠、蚊蝇、猫狗及其他。

3. 带毒生产失败的原因分析

全场非洲猪瘟检测没有常规化；对潜伏期猪群检测不及时、清除不及时造成潜伏期隐性带毒猪传播非洲猪瘟；只是清除个体病猪，而不是整栏、整单元或整栋清除；没有采取以生物安全为主的综合防控措施；猪场处于非洲猪瘟重灾区，附近疫情严重，周围非洲猪瘟病毒污染严重。

4. 管理问题分析

细节与方法有问题：不注重细节，又未抓住重点；执行力有问题：猪场管理不规范，管理混乱，措施不落地，执行不到位。

5. 注意非洲猪瘟病毒在各种被污染物中的存活时间

表 4-1　非洲猪瘟病毒在污染物中的存活时间参数

污染物	存活时间	存活条件
一般环境	30 天	常温
猪圈 / 围栏	30 天	15～30℃
猪粪	11 天	室温
饲料	30 天	常温
土壤	30 天	常温
带血木板	70 天	23℃以下
猪尸体	105 天以上	冷冻
冷鲜肉	105 天	常温

二、非洲猪瘟猪场复产的必要条件

我国《非洲猪瘟疫情应急实施方案（2019 年版）》规定：未采取哨兵猪监测措施的，扑杀后按规定进行消毒和无害化处理 42 天后未出现新疫情；如引入哨兵猪监测的，先进行消毒和无害化处理 15 天，引入哨兵猪继续饲养 15 天后病原检测结果为阴性。另外，不同猪场的非洲猪瘟疫情环境、防控压力、防控硬件及管理条件是不同的，需评估后制定适合本猪场的空栏时间，保障安全生产。猪场复产还必须满足下列必要条件：

第一，本地区（市县）3 个月以上无非洲猪瘟疫情发生；解除疫情封锁后 3 个月以上没有再次出现新疫情；猪场 10 千米范围内无非洲猪瘟疫情发生。

第二，猪场周围防疫环境经过评估已经改善；猪场生物安全设施、制度、措施、方案已经完善；复产有足够的人力、财力和物力。

第三，对猪场周围环境、生产区、生活区、办公区、物资、人员、车辆等分别进行系统的采样，使用国家标准或 OIE 标准推荐的荧光定量 PCR 法（qPCR）进行病原学检测，认真评估空栏效果，确保复产前所有项目的检测结果为阴性，才可以引进恢复生产用哨兵猪或后备猪进行临床监测。

第四，对再次发生非洲猪瘟的可能性进行评估：对非洲猪瘟再次传入猪场的可能性因素和生物安全漏洞、经营管理漏洞进行全面的排查、评估，确认新旧风险点全部清除。重新进行猪场地理位置与防疫环境评估：可借助软件评分系统或者兽医临床经验以及非洲猪瘟的流行学调查。评估因素包括附近村庄、养殖密度、与养殖场的距离、主风向、与公路的距离、公路上活体动物过往的频率、地势地形、与河流的距离、与死猪填埋场的距离、与其他养殖场粪污处理地的距离、与附近屠宰厂的距离等。评估必须至少达到商品猪场的生物安全等级及以上的标准才可以考虑复产，否则不能复产。

第二节
猪场生物安全及设施设备的升级改造

非洲猪瘟来了，而且已经常态化，它不管是散户还是规模猪场，都一视同仁，让养猪人胆战心惊。所以，规模猪场要想拒病毒于门外，就必须升级改造自己的设施设备，对生产过程中（猪场管理）的整个环节存在的问题进行整改，使之做到系统化、科学化、标准化，这个钱不能省，要让硬件过关。当然，这并不能保证猪场就会免于非洲猪瘟的伤害，但能有效降低风险。

一、走自繁自养之路，减少引种带来的风险

非洲猪瘟背景下坚持自繁自养，规模猪场在场内建立曾祖代、祖代种猪群，并配套相应的隔离舍及后备猪舍，减少外部引种频率。

二、把好猪场大门，隔离传染源

完善猪场门卫功能，设立喷雾消毒、洗手脚踏消毒、物品暂存消毒、车辆洗消等功能区。如有必要，在猪场大门外延 50 ～ 100 米，设置缓冲区，增加一道外来车辆及人员的洗消屏障；大型猪场需配套自有的运输车辆及车辆消洗中心，并确保车辆消洗中心到场区的道路不会受到二次污染。所有外来人员与物资不得直接进入场区，所有外来的红肉及其制品（猪、牛、羊等肉品）不得进场。猪场大门及生产线入口设置消毒池，人员携带的手机、电脑等物品用臭氧水雾化消毒，食堂原料用臭氧水浸泡消毒。

三、升级改造出猪台

在出猪台及赶猪道、磅秤等围墙外延 50 ～ 100 米设置缓冲区，避免内外

交叉，避免污水反流，猪单向流动，一旦进入出猪台，严禁返回。

四、搞好猪舍外围的防护设施

高筑围墙，围墙外深挖防疫沟，设置防野猪、防猫狗、防鸟等装置，有条件的话，几十米外栽植防疫林。猪场建筑周围全部彻底除草，不做绿化，然后地面硬化或者覆盖碎石。场区内不要栽种果蔬，避免吸引昆虫和鸟类。除了污水处理池以外，不要保留鱼塘等水体，杜绝蚊蝇及病原的滋生。

五、改进原有的饲料运输方式

所有外来料车不准进入猪场，隔墙卸料，围墙内配置转运饲料塔。饲料如需入库须熏蒸消毒。自动料线主管道需安装饲料自动消毒装置。

六、完善生活区功能，将生活区分为内外生活区

外勤、后勤、返场需要隔离的人员一律居住在外生活区，生产区员工居住在内生活区。人员或者物资需要从外生活区进入内生活区的时候，均需要洗消。内外生活区严格区分，不交叉，所有的餐食加工均在外生活区完成，再将成品餐食传递到内生活区中。生产区与生活区之间需要建立实心围墙，在实心围墙外围用围栅建立缓冲区，条件许可的情况下，缓冲区可做到 50 米宽。

七、死猪无害化处理位置要适当

在猪场下风口、低洼处的偏僻一角建立病死猪无害化处理中心，最好采用资源化利用设备生产有机肥等。防止其他小动物接触此区域，此区域的地面全部做硬化防渗处理，避免病毒渗入地下，污染水源。猪场内需要有专业的死猪转移工具，避免死猪在舍内转运过程中污染环境。场区内严禁治疗非洲猪瘟病猪，严禁解剖非洲猪瘟死猪。猪场如设有病死猪坑井，井内应叠加生石灰或氢氧化钠，装满后灌注水泥封顶封埋。需要对下陷的地表进行覆土掩埋并撒布生石灰 2 厘米厚，地表边缘撒布灭鼠药。此区域划定为禁区，使用明显的物理阻隔和警示标牌。

八、对生产设施的改造要一步到位

①所有的猪舍以及连廊全部做封闭化处理，必要的设备洞口或者进气口需要覆盖防鸟网。所有的猪舍和连廊要有完善的排污管线，所有的位置不得积水以及留有卫生死角。配套高温高压冲洗设备，管网覆盖所有的猪舍以及连廊。②修补猪舍内破损的地面、墙面、地沟、漏缝板。地面的强度最好达到 C30 标准，墙面以及地沟采用混凝土整体浇筑。修补所有建筑的门缝、孔洞以及年久

失修形成的各种缝隙等。③如需更新，猪栏建议采用实心圆钢栏位，产床可考虑使用三棱钢地板，便于冲洗消毒，无卫生死角。④更换所有的水帘纸，并将水帘水槽以及循环系统彻底清洗消毒。更换所有破损的卷帘布、进气口、百叶等设备，以保证猪舍的密封性。风机选用耐腐蚀易消毒的玻璃钢风机。⑤检查所有的料线设备，松开绞龙以及塞链，更换锈蚀漏水的料塔、磨损的链条及料管、变形锈蚀的转角等部件。将所有的饮水器拆掉，更换已经破损的，并将水线彻底消毒。⑥在病原压力较大或者疑似地下水受到污染的区域，需要建立消毒水池以及中转水池，定期抽检，确保用水安全。⑦有条件的大型猪场可以借机提高整场的自动化程度，替代人员使用，不但能提高管理效率，而且可以减少人员的出入，提高生物安全系数。控制系统考虑升级为带有远程读取、远程控制、自动记录曲线、联网报警等功能的智能控制器。这样便于技术人员远程指导，并给管理人员提供参数依据，减少技术及维修人员的进场频率。

九、对猪场进行分区、分等级生物安全管理

重点关键1级区：猪场大门、生产线大门、出猪台；生产区2级区：产房、妊娠舍、配种舍、人工授精站、保育舍、隔离舍及后备舍、育肥舍；辅助生产3级区：猪病室、生产线洗澡更衣室、饲料房、兽药房、库房；生活4级区：食堂、宿舍、娱乐场所；办公5级区：停车场、办公室。不同区域着装不同或工作服颜色不同。

第三节
猪场洗消前的各项准备及程序

由于非洲猪瘟病毒对环境的耐受力非常强，因此，针对非洲猪瘟消毒，一个基本的原则就是"七分清洗，三分消毒"。首先是由于消毒场所存在污物污渍，影响消毒效果，即使用火焰喷火灼烧的方法也会存在死角；其次目前使用的消毒药不一定能使病毒核酸彻底降解，依靠现有实验室检测技术无法甄别病毒是否失活，有的灭活了但仍能检出阳性，造成误判。因此，要保证消毒效果，应严格采取清除掉消毒对象的杂物污渍、冲洗清洗、消毒干燥等程序，对污染物和环境进行彻底清扫、强力清洗，结合消毒药的特性合理使用。只有掌握了以上原则，科学选择消毒药，按规定配比消毒浓度，规范消毒流程，才能确保消毒效果。

一、消毒前的准备及具体实施措施

1.人、财、物准备工作

清洗前准备 60 ℃以上的热水和防护服、防护手套、眼镜、面罩等；准备生石灰、氢氧化钠、季铵盐类、过氧化物类、酚类、醛类、碘制剂等消毒药；建议做消毒剂敏感性试验，选择对本地非洲猪瘟病毒有效的消毒产品。消毒剂的选择推荐如下。

表 4-2　针对非洲猪瘟病毒的消毒剂选择

消毒对象	消毒剂	浓度	使用方式	消毒时间
池内粪污泥	氢氧化钠	3%	喷雾	10分
池内粪污泥	盐酸	3%	喷雾	10分
设备设施表面	氢氧化钠	1%	喷雾	30分
设备设施表面	次氯酸钙	3%	喷雾	30分
设备设施表面	次氯酸钠	3%	喷雾	30分
设备设施表面	邻苯基苯酚	3%	喷雾/浸泡	30分
设备设施表面	过硫酸氢钾	1%	喷雾/熏雾/浸泡	30分
设备设施表面	戊二醛	2%	喷雾/熏雾/浸泡	30分
木材表面	柠檬酸	0.2%	喷雾	30分
无法冲洗表面	戊二醛	2%	气雾熏蒸	30分
舍外硬化地面	次氯酸钠/次氯酸钙	3%	喷雾	30分
舍外硬化地面	去渣生石灰	2千克/米^2	15～20厘米翻土混拌	

2.具体实施措施

检查猪场外部围栏、围墙，排水、粪污管线管道等，保证封闭运行；准备与洗消期间，所有进出猪场的人员务必通过检查点，执行洗澡、消毒、更衣等程序；所有进出猪场的车辆务必彻底清洗、消毒，包括司机在内的所有进场人员需更换场内衣服、鞋，用消毒液洗手，车内脚垫、脚踏板等应彻底洗消；当天所有的工作服在场内清洗，并在洗衣机内加入消毒液。彻底清洗是保障消毒效果的前提条件。

3. 猪场废弃物掩埋点

选择在猪场偏僻角落、猪场下游、下风向挖坑，尽量深挖，用酚醛制剂浸泡 10 厘米以上的泥土，撒生石灰（3 厘米厚）、氢氧化钠，密封深埋。安排专人对全部洗消过程进行监督，并组织非洲猪瘟防控小组验收洗消结果。

二、猪场的清洗及消毒要求

猪场无害化清理完后，必须把猪场内外、猪舍内外的残留垃圾及剩余物资清理干净。彻底清场后，采用多种方式对整个猪场进行全面、系统、不留死角的清洗、消毒。对场内剩余原料、饲料、药品、木制品、橡胶垫、工具、垃圾等进行深埋或焚烧处理，然后再进行猪舍内外的清洗及消毒。

1. 猪栏

用热水及除垢剂清洗所有的猪栏、水管等固定设备，再用钢丝球加清洁剂擦拭猪栏，然后消毒、干燥。遵循"清扫＋浸泡＋冲洗＋消毒＋白化＋熏蒸＋干燥＋空栏"的程序：清扫栏舍表面的灰尘、饲料残渣、粪便和蜘蛛网；使用 2%氢氧化钠溶液充分泼洒，软化硬块，24 小时后清洗；使用高压水枪将猪舍彻底洗干净（用白色纸巾擦拭，无污渍为合格）；用过氧乙酸、戊二醛溶液等彻底消毒，第二天重复一次；使用生石灰＋氢氧化钠混合成 20%的生石灰乳，彻底覆盖栏舍、墙面和地面，或者用工业盐铺过道，3 千克／米^2；用高锰酸钾和甲醛或商品化的烟熏剂熏蒸后，密闭 48 小时；自然干燥，或者加热干燥；空栏空舍，最大限度地接受阳光、空气。

2. 猪舍内设备、器具

清洁和消毒所有设备。对于猪栏等铁制品，可进行火焰消毒；对于能浸泡的器具，可采用 2%氢氧化钠溶液浸泡 24 小时消毒。将所有能拆卸的设备，如猪栏、漏缝地板、产床隔离板、保温箱、手推车、柜子、架子、门窗、灯具等移至室外清洗、消毒，然后晾晒。

3. 猪舍内外墙及通道、地面的清除

猪舍内外墙及通道、地面大扫除后涂抹上石灰浆，复产前重复两次。干燥后将所有小设备、门窗、地板、挡板、漏缝板移走，在地面喷撒 300 克／米^{2}的生石灰（可使用专门的粉末喷撒设备提高喷撒均匀度），也可以换成氢氧化钠。

4. 粪污及其管道

猪舍内外粪沟和舍内漏粪板下的粪尿都要处理干净，清空粪水池后清洗

消毒，并对粪便等进行深埋、堆积发酵等无害化处理。对所有粪污痕迹或粪污堆积物，都必须喷撒生石灰（500 克 / 米^2），并搅拌均匀。清理所有排粪管道及蓄粪池，然后洗消。将粪污统一埋于地下 5 ～ 10 厘米，再撒上生石灰 200 ～ 250 克 / 米^2。用 60 ℃以上的水清洗所有漏缝地板、粪池、粪沟，彻底清洗后再用 3% 氢氧化钠溶液消毒。如果场内粪污不能转移到其他偏远区域处理，则可选择气温较高的时机进行全场消毒。

5. 料线及水线

拆卸所有料线，若工程量大或老化，建议更换，清洁后放置于 2% 氢氧化钠溶液中浸泡消毒 24 小时。拆卸所有饮水器和接头等，放置于 2% 氢氧化钠溶液中浸泡消毒 24 小时。蓄水池或水塔的维修、清洗、消毒：组装好水线后，在蓄水池中添加氯制剂或高锰酸钾，继续在管道中浸泡，用水循环冲 24 小时。清空所有饲料库存，将剩料埋于地下，或用于喂鱼、家禽，严禁复产再用。深度清洗料仓、料塔，之后用烟雾熏蒸产品进行第一次处理，再拆除能拆卸的绞龙、管线等零件，清理、消毒。间隔 1 ～ 2 周进行第二次消毒处理。

6. 药房、库房

烧掉或无害化处理所有没有用完的兽药、物品外包装。库房密闭熏蒸消毒（福尔马林 + 高锰酸钾），库房内所有备用器材、设备、工具等，用消毒液浸泡或高压喷洗消毒。

7. 通风系统

对风机、水帘、控制器、传感器等洗刷、消毒、干燥。

8. 水道

用"卫可"等消毒剂对所有水线、饮水器消毒 24 小时，然后放清水清洗，同时进行设备维修、更换。

9. 办公室、食堂、宿舍、生产线洗澡间及更衣室

清洁后粉刷，用过氧乙酸或戊二醛进行消毒，用高锰酸钾和甲醛熏蒸 4 小时。无害化销毁剩余所有衣服和鞋子、杂物。场内完全排污后进行第二轮精细清洗消毒，第二轮清洗建议使用 60 ℃以上的热水，对猪舍外、生活区、宿舍、食堂、办公区域清扫、消毒。

10. 防鸟、防鼠、驱蝇、驱虫

对场内蚊、蝇、蜱、老鼠、鸟类等进行杀灭，场内禁养猫、狗等其他动物。给饲料塔装上驱鸟器；在猪场围墙四周建立"生石灰 + 碎石"隔离带，阻止老鼠进入猪场；春夏季节，及时杀灭蚊蝇和蜱虫，防止虫媒传播病毒。将室内风机开至最大功率检测，对所有通道及角落清洗、消毒、驱蝇、驱虫。入口处安装防蚊网，室内安装电子灭蚊蝇灯。除主水管道外，其他管道系统使用酸化剂（pH < 2.0）冲洗后拆除封头，将存水彻底放空，该区域也不能有任何明水存在，撒布灭鼠药并封闭该区域，避免人员和物资进入。有条件的场舍还可启用智能电子驱鸟器。

11. 树木、杂草、垃圾

清除猪场内及围墙外 10 米内的树木、杂草及垃圾。带根除草、带根除树，不便砍伐的树木使用落叶剂清除枯叶落叶，然后烧掉所有的草、树和所有废弃的杂物、垃圾等。在猪场内外草丛中，每周喷洒一次环境生态修复剂，除臭、降氨，清除蜱虫卵、控制蚊蝇卵，创造不利于病原菌生存的环境。

12. 消毒方式

采用多种消毒方式消毒，如清洗消毒、粉刷消毒、喷雾消毒、熏蒸消毒、火焰消毒。猪栏、猪舍地面尽量采用一次火焰消毒。选择多种对非洲猪瘟病毒敏感的消毒剂进行轮换消毒。所有清洗、消毒工作反复操作至少两次。

13. 采样检测

第二轮清洗后可采用 ATP 生物荧光检测仪（检测仪 10 ～ 15 分出结果）对不同区域进行采样检测，不合格立即进行再次清洗。当猪场最后一个合格区域自然干燥封闭 2 周后，正常进入生产区的作业流程时需再次分段以荧光 PCR 检测（3 ～ 4 小时），并对重点部位进行采样检测，以整场内外合格为终极目标。复产前最后一次消毒工作按由里向外（即生产线、附属生产区、生活区、办公区）的顺序进行。所有上述场地的门口、室外喷撒生石灰，最后设置警戒标志，不允许任何人员再进入，直至复产。

第四节
复产前后实施计划及注意事项

农业农村部于 2019 年 1 月颁发新版的《非洲猪瘟疫情应急实施方案（2019 年版）》，方案中对疫区封锁时间和解除封锁时间作了新的规定，具体疫点疫区的解封和复养也作出了详细规定，因此复产前后一定按要求做好各项的评估工作，这是非常关键的。

一、"哨兵猪"饲养与复产计划

1. 严格执行农业农村部引进"哨兵猪"的规定

农业农村部《非洲猪瘟疫情应急实施方案（2019 年版）》规定把非洲猪瘟猪场扑杀后解除封锁时间即复产时间缩短为 45 天（引入"哨兵猪" 30 天），但我们仍然建议发生非洲猪瘟的猪场复产时间即空栏时间至少需要 2 个月；如果本地区（县、市）仍然散发疫情，至少需要空栏 3 个月；如果本地区（县、市）仍然流行疫情，就不能复产，复产无限期推迟，直至本地区疫情被稳定控制；猪场 10 千米范围内有非洲猪瘟疫情的，坚决不能复产。

2. 做好"哨兵猪"引进前的猪舍消毒

对所有放置"哨兵猪"的栋舍进行清洗、消毒、干燥后，准备进猪复产。

3. 对引入"哨兵猪"的管理

经过 1 个月的清洗消毒及无害化处理，猪场环境经非洲猪瘟检测结果呈阴性后，可引入"哨兵猪"饲养。引入的"哨兵猪"以后备猪和断奶仔猪为主，"哨兵猪"的数量以 20% 为宜，太少说明不了问题。每圈 2 ～ 3 头，25 千克左右阴性"哨兵猪" 5 ～ 10 头 / 组，分别置于隔离舍、配怀舍、产房、保育舍、育肥舍等不同区域饲养，评估期一般建议不低于 2 个月。经过病原学检测合格后，"哨兵猪"可以直接进入生产。要确保"哨兵猪"的非洲猪瘟检测结果为阴性后才可引进生产区。在生产区饲养期间要进行两次病原学检测，分别是引入饲养 15 天和 30 天，要求这两次检测结果均为阴性。"哨兵猪"检测合格且无临床症状的猪场，才可以考虑复产。"哨兵猪"在引入饲养 45 天时，再进行一次复产前的病原学检测，结果为阴性后，可以逐步引进猪，恢复正常生产。不合格的，需严格按前述方法重新评估病原溯源、清场消毒、生物安全改进、空栏检测的过程与效果。

4. 复产后人员的管理

①复产后，员工必须做到至少 3 天的生产区外生活区隔离，且隔离期间不得与生产人员、场外人员接触。②进入生产区要严格洗澡、更衣换鞋（包括衣、内裤、袜子），所有个人物品一律不得带入（眼镜、手机等消毒后才能带入）；进入每栋舍、单元需洗手消毒、脚踏消毒。③进场人员、车辆、物资，需要知道其来源（之前活动轨迹），在门卫处详细登记。严格执行猪场大门处洗消程序。

5. 复产失败的原因

许多复产猪场引入了"哨兵猪"，但最后却复产失败，提示我们：引入"哨兵猪"只是其中一个措施，不能完全依赖于"哨兵猪"，对复产前的猪场及其周围环境进行非洲猪瘟病原学检测更为重要；尤其是 1 个月后，对所有"哨兵猪"做血液和口、鼻腔擦拭子检测；如有必要（是疫区）再饲养 1 个月后重复检测 1 次，确保所有"哨兵猪"的非洲猪瘟检测呈阴性，最后淘汰或销售所有猪。

二、复产前后猪场与周围环境的非洲猪瘟检测与风险评估

1. 复产前对场内外环境的评估

复产前根据非洲猪瘟病毒潜伏期，猪场先采样进行自我检测，同时协助当地政府或主动承担附近 10 千米内以村为单位、以 1～2 周为频率的非洲猪瘟排查。猪场复产前必须确保场内无残留非洲猪瘟病毒，场外周围 10 千米内无非洲猪瘟疫情。

2. 场内病原监测

复产后每 1～2 周实行多地点、多频次的采样，进行非洲猪瘟病原检测。场内环境采样点主要在猪舍、硬化道路、土壤、化粪池、厨房等。同时对进场物资、饲料、水质、人员衣物进行采样。监测频率为 1～2 周 1 次。

3. 临床监测

复产后密切观察猪群健康状况，按照农业农村部《非洲猪瘟疫情应急实施方案（2019 年版）》规定，从流行病学、临床症状和剖检症状三方面排查可疑疫情，做到早发现、早处理、早控制。发现疑似疫情立即隔离，同时进行非洲猪瘟检测，如得到确诊，需迅速采取紧急措施，及时报告疫情、处理疫点。

三、复产引种的注意事项

1. 可靠的种猪来源

复产引进后备种猪或育肥仔猪，要从猪的来源、运输路线和猪群健康状况三方面进行严格把控。对引入的猪（尤其是后备种猪）进行调查，要求供应猪的猪场，非洲猪瘟检测均为阴性。要提前对途经区域、运输时间、临时停靠点、途经路线、备用路线、人员安排等进行规划，原则上就近引种，减少运输距离，运输途中尽量不停车、不进入服务区，绕过疫区及存在污染的风险点。猪在进入生产区前需进行 3 次非洲猪瘟抗原检测，分别为引入前、进隔离舍 1 周后和转入生产区前，3 次检测结果均为阴性才可开始猪场的正常复产运营。

2. 至少提前 3 个月做好复产引种计划

引种最好集中于一个种猪企业或一个种猪场，引种来源越单一越好。要对引种场进行重点疫病检测和周围疫情调查，要求引种场提供该场的免疫程序、

药物保健程序。

3. 引种时应考虑的几个问题

① 避免跨越多个地区、多个省引种，尽量选择本地区、本省引种。②坚决不从非洲猪瘟疫区（所在地区、市）引种。③已经解除非洲猪瘟疫情封锁的疫区，必须在两个非洲猪瘟病毒潜伏期（46天）以上才能引种。④引种前对拟引种场的非洲猪瘟、猪瘟、伪狂犬、口蹄疫、高致病性蓝耳病等重大疫病进行检测。需要第三方的猪病实验室检测，采血样必须有本场派去引种的人参与。⑤规划好引种运输路线，用专业运输车，派专业兽医押运。最好委托专业运猪物流公司负责，并签订运输途中非洲猪瘟防控协议书。

4. 引种后的隔离管理

后备种猪进场后先在隔离舍或后备猪舍饲养45天，检测无非洲猪瘟病毒后再转入配种舍。隔离舍或后备猪舍的猪群饲养必须由专人实行全封闭饲养、管理。

第五节
复产后非洲猪瘟防控要点

非洲猪瘟防控三要素：消灭传染源、阻断传播途径、保护易感猪群。消灭传染源主要是消灭潜伏期隐性带毒猪，及时无害化处理病死猪；阻断传播途径主要是搞好生物安全，把好猪场大门、生产线大门、猪场出猪台几道关口；保护易感猪群主要是提高猪群健康度、抗病能力，管好猪的嘴，做好饮用水消毒保健和饲料药物预防保健。

一、定期进行生物安全评估

复产后半年内每个月进行1次生物安全评估。重点采集猪群、猪栏、赶猪道、出猪台、饲料、饮水样品，定期检测。对猪场冲洗用水尤其是猪群饮用水的非洲猪瘟检测，必须引起高度重视，检测频率适当高一些，建议复产后1个月内每周采样检测1次，之后每月1次，当本地区非洲猪瘟疫情稳定后，每个季度1次。

二、了解猪场周围疫情的动态

及时了解周边猪场及养殖户疫情，协助当地政府或主动为周边猪场及养殖户定期进行病原检测。复产前，必须每隔一周检测两次；复产后，1个月内必须每隔两周检测两次。

三、强化生物安全措施的落实

完善规模猪场生物安全制度、措施、方案，重点抓好猪场大门、生产线大门、出猪台的生物安全工作。注重细节，狠抓执行力。设置一位执行力很强的专职兽医作为猪场非洲猪瘟防控督查员。

四、注重细节管理

采取有效措施，解决非洲猪瘟防控难点问题：防野猪、防蜱、防鸟、防蚊蝇、防鼠、防猫狗等。

五、复产猪场建立预警机制

从非洲猪瘟防控意识的建立、生物安全监控、病原监测和临床监测等四个方面进行综合防控。猪场需对员工进行系统、规范化培训，提高非洲猪瘟生物安全防控意识，始终把生物安全防控放在第一位。

六、复产后严格执行《规模猪场（种猪场）非洲猪瘟防控生物安全手册（试行）》

在本地区非洲猪瘟疫情没有稳定前，猪场实行封锁管理。

七、猪场复产后应实施规范化管理、标准化管理、精细化管理

根据猪场的生产管理体系和流程，逐步展开。统一思想认识，合理安排复产人员进行生产培训，明确非洲猪瘟防控期间的岗位职责和考核方案。建立和完善生物安全体系，制定并严格执行各项规章制度和措施、方案，保障复产顺利进行、安全进行、成功进行。制定科学的疫苗免疫程序、消毒程序和药物保健方案，保证猪群健康生长、繁殖。按猪场设计规模拟订满负荷生产计划，按计划完成生产任务。构建数据管理与分析系统，科学评估生产成绩，及时发现和解决生产中的各种问题。

第五章
猪场宏观管理中存在的问题及改进措施

　　目前，我国生猪产业有"高原"，但缺少"高峰"。管理已经成为制约规模化猪场发展和实现规模效益的瓶颈，随着市场竞争的日益激烈，要想在这个行业站住脚，淘得一桶金，并非易事。当前有相当一部分规模化养猪场，特别是一些刚走上规模养殖的猪场，管理混乱、管理水平低、管理能力差，有规模无效益或者效益不够明显等现象非常突出，特别是遇到一些突发事件或重大疫情时就显得捉襟见肘，甚至是全军覆没。猪场管理永远都存在需要改进的地方，在原有的管理基础上寻找差距和问题，制定落实改进措施和对策。只有不断提高管理水平，才能不断提高经济效益，才能实现规模化猪场的经营目标。

第一节
规模化猪场在管理中存在的问题

我国的规模化猪场在管理中存在不少的问题，如不加以解决，势必影响规模化猪场的经济效益和健康发展。

一、缺乏长远的战略规划

战略规划对企业生存和发展具有决定性指导作用，关系着企业在市场竞争中的前途和命运，是企业一切工作所必须遵循的总纲。一个企业如果总体战略失误，具体工作即使搞得再好，也很难取得成功，这方面的实例在中外市场上屡见不鲜。虽然我国是养猪和猪肉消费大国，但从总体上看，与国外养猪企业和国内大型农业产业化企业相比较，我国的养猪企业从规模、资金、品牌、市场网络到企业许多构成要素都显得薄弱，市场竞争能力、市场占有率和抗风险能力都比较差。另外，我国生猪价格波动较大，受猪肉健康和安全以及品质的制约，国际市场不能得到进一步的开拓，养猪企业面临的处境越来越严峻。面对养猪现状和竞争日益激烈的环境，养猪企业的路应怎样走，怎样制定养猪企业发展战略，养猪企业中长期的定位是什么，靠什么来求生存，求发展，怎么发展等方面的问题，是每个养猪企业管理者经常需要思考的问题。

二、缺乏规范化的管理模式

猪场的一切活动均在管理之列，探索并建立一套规范的现代化规模化猪场管理模式是非常重要的。我们的养猪专家及养猪企业家们最重要的任务就是把这个模式进行复制并不断地加以完善，这比任何的空谈理论都重要。最好的模式应该是实用的、可操作的、可复制的。

三、人员管理上存在问题

1. 管理跟不上，任人唯亲

一部分养猪场经营者，以前很少或根本没有接触过养殖行业，从一开始养猪就自我摸索，很少或根本不向同行中有成功经验者请教。很多事情自己不去管理而信任亲朋好友，放手让他们管理。有时虽聘请技术人员，但由于不信任而不敢将实质性工作交给他们做，或只给较低水平的工资，不能调动其工作积极性。最终自己对生产、销售等情况都不了解，成了甩手而不赚钱的掌柜。

2. 在技术执行方面存在问题

一个猪场的兴衰，和许多因素有关，如经营策略、管理水平、职工素质、技术水平等，技术水平只是其中的一个因素。再高明的技术，遇到一个连饲料也买不起的猪场也无济于事；技术措施需要严格的管理作保证，如果一项技术措施在执行过程中，不能贯彻到底，中途变形，再高的技术也不行。

3. 在人力资源方面存在问题

有一些大型企业在人员使用上一是出现论资排辈的问题，有些没能力会拍马屁的人占据关键位置，为保全自己的权力，对于有能力的人进行打压排挤；二是在招聘人员中戴着有色眼镜看人，还有一些中型养殖企业，所招聘的岗位与描述的情况不一，名曰试用，其实是为让招聘的人员去顶岗，结果成天招聘的人来来往往，没有一个能安心做事的。或许在现代企业管理制度下这样的情况已经不存在或只是少量存在，但愿只是个提醒。

四、缺乏有效的市场营销管理

所谓市场营销管理是指企业识别、分析、挖掘市场营销机会，以实现企业任务和目标的管理过程。企业市场营销管理的目的在于使企业的经营活动与复杂多变的市场营销环境相适应，这是企业经营成功的关键。随着中国加入世界贸易组织，谙悉营销策略的外国养猪企业逐步进入中国，我们的企业如果不重视市场营销管理，路将会越走越窄，将会面临严峻的考验。俗话说"会养不如会卖"，道出了养猪企业市场营销管理的重要性。

五、奇缺懂得正规化管理的全能型场长

规模化猪场场长人才匮乏，已成为制约规模化养猪发展的瓶颈。为什么有的猪场寿命很短？为什么许多猪场在市场行情好的时候仍然盈利不多甚至亏损，在市场行情不好的时候亏损很多甚至倒闭或转卖？是饲养管理问题？是猪病问题？是市场问题？还是经营管理？关键的问题是，他们没有一个懂得规模化猪场正规化管理的全能型场长！懂技术的，不懂管理！懂管理的，不懂技术！从目前的情况来看，真正懂得规模化猪场正规化管理的全能型场长还是奇缺的。

第二节
改进猪场管理中存在问题的措施

现代发达的互联网，不仅从宏观上为各行各业提供了大数据，同时也为养猪行业提供了一个学习交流的平台。综观我国的养猪从业者，无论南方和

北方、东部沿海地区和西部欠发达地区，都有许多好的管理理念（模式），因此，养猪业主在理念上要有一个清醒的认知，在借鉴吸收别人好的经验同时，做到"互通有无，取长补短"，要根据当地的实际情况和养殖模式，对存在的问题加以改进，以提高自身的管理水平。

一、制定和实施企业发展战略

针对我国养猪行业的现状，必须根据企业自身、市场环境和竞争对手的情况。知己知彼、正确定位、扬长避短，使企业克服危机，稳步发展。

1. 准确定位

养猪企业应明确自身的定位，在经营发展战略中不能过分追求多元化经营。实行多元化经营，应视养猪企业的具体发展情况和企业需要而定。不注意发展和扩张的节奏，企业的多元化经营反而会增加相应的经营风险和财务风险。国际上许多先进企业的成功经验是：可以搞多元化经营，但不可以搞多核心经营，应用核心业务带动其他业务，用其他业务促进核心业务的发展。较为稳妥的发展方向是纵向发展，即向较为熟悉的与养猪行业相关的行业发展，上游可向饲料行业方面发展，下游可向生猪购销、肉类加工、终端肉类销售方向发展。

2. 提高战略决策能力

现代化的养猪企业，需要现代化的管理，包括现代养猪科技、工商管理理论以及计算机科技在生产和管理上的应用。作为养猪企业的管理者，应对本企业自身因素以及企业外各种政策因素和竞争环境进行透彻的了解和分析，及时采取相应的对策，力求做到知己知彼，以求百战不殆。

（1）注重决策的科学性　养猪企业的决策必须建立在科学的市场调查和财务分析基础上，企业要达成企业奋斗目标，必须对企业现有的内外环境条件变化可能产生的冲击加以评估。通过分析企业的优势、弱点、机会、威胁，了解当前企业的竞争环境和未来竞争状况，便于制定一套能适应当前也能因应未来的企业策略，调整企业发展方向及企业资源，来达成企业目标。在投资和管理决策方面，决策者首先必须进行细致的行业分析和市场前景分析，了解消费者的消费趋势和行业发展的动态，再通过计算投资项目的净现值（NPV）、内部收益率（IRR）、资产回报率（ROA）、股东权益回报率（ROE）及回收期，并考虑货币的时间价值，以完整的数学模型进行运算来决定该项目是否切实可行。在日常经营活动中，对能提高生产水平、生产效率而增加的设备、药物等投资则先进行部分预算，再决定是否应用，而不是凭空设想、按个人意志办事。

（2）规模要适宜　应合理控制企业的规模，扩张的速度和规模要根据企业的需求合理控制，必须在市场做好后再扩大生产规模，而不应该扩大规模后再开拓市场。

二、建立规范化的管理模式

1. 正规化管理

（1）企业文化管理　人的行为跟文化因素有关，与人的价值观有着很大的关联性，构建合理的企业文化，并使其发展成为一种潜在的"非约束性规范"，以此引导员工的行为。如有的养殖企业提出了"善以待猪、宽以待人"的企业文化，"善以待猪"就是要用科学的饲养管理、全面的营养、适宜猪繁育生长的圈舍环境条件来进行养猪的生产管理；"宽以待人"就是构建"以人为本"的人力资源平台和"和谐合作"的团队工作管理模式，有利于提升企业的生产效率，从而促进企业的发展。

（2）注重团队的建设　猪场要经营得好，必须有一个好的团队。因此，猪场在组织架构设置上要精简明了，岗位定编也要科学合理，每个岗位每个员工都要有明确的岗位职责。责任分工以层层管理、分工明确、场长负责制为原则。具体工作专人负责，既有分工，又有合作；下级服从上级，重点工作协作进行，重要事情通过场领导班子研究解决。

（3）推行目标治理，实行绩效考核　把猪场的经营计划分解到各个部门，分解到某个自然时间段，抓住要害指标实施绩效考核，同员工签订目标责任书，做到目标明确，奖罚分明；同时还要以周为单位开生产例会，针对生产中存在的问题共同商讨，制定对策并加强对员工的指导。对指标完成较好的员工要给予肯定并鼓励其总结经验，把成功经验分享给更多的人；对于没有完成指标的个人，要给予指导。这样会使整个猪场所有人员有目标感，有努力的重点，当员工完全沉浸在工作中时，心中就会产生欣慰感和成就感。

2. 制度化管理

猪场的日常管理工作要制度化，要让制度管人，而不是人管人。要建立健全猪场各项规章制度，如员工守则及奖罚条例、员工休请假考勤制度、会计出纳电脑员岗位责任制度、水电维修工岗位责任制度、机动车司机岗位责任制度、保安员门卫岗位责任制度、仓库管理员岗位责任制度、食堂管理制度、消毒更衣房管理制度等。

3. 流程化管理

由于现代化规模化猪场，其周期性和规律性相当强，生产过程环环相连，因此，要求全场员工对自己所做的工作内容和特点要非常清晰明了，做到每周每日工作事事清。现代化规模化猪场在建场之前，其生产工艺流程就已经确定。生产线的生产工艺流程至关重要，如哺乳期多少天、保育期多少天、各阶段的转群日龄、全进全出的空栏时间等都有节律性，是固定不变的。只有这样，才能保证猪场满负荷均衡生产。如 1 万～ 3 万头现代化规模化猪场以周为生产节律（或周期）安排生产是最为适宜的。

4. 规程化管理

在猪场的生产管理中，各个生产环节细化的科学的饲养管理技术操作规程是重中之重，是搞好猪场生产的基础，也是搞好猪病防治工作的基础。饲养管理技术操作规程有：隔离舍操作规程、配种妊娠舍操作规程、人工授精舍操作规程、分娩舍操作规程、保育舍操作规程、生长育肥舍操作规程等。猪病防治操作规程有：兽医临床技术操作规程、卫生防疫制度、免疫程序、驱虫程序、消毒制度、预防用药及保健程序等。

5. 数字化管理

要建立一套完整的科学的生产线报表体系，并用电脑管理软件系统进行统计、汇总及分析。报表的目的不仅仅是统计，更重要的是分析，及时发现生产上存在的问题并及时解决问题。报表是反映猪场生产管理情况的有效手段，是上级领导检查工作的途径之一，也是统计分析、指导生产的依据。因此，认真填写报表是一项严肃的工作，应予以高度的重视。各生产车间要做好各种生产记录，并准确、如实地填写周报表，交到上一级主管，查对核实后，及时送到场办并及时输入电脑。猪场报表有生产报表：种猪配种情况周报表、分娩母猪及产仔情况周报表、断奶母猪及仔猪生产情况周报表、种猪死亡淘汰情况周报表、肉猪转栏情况周报表、肉猪死亡及上市情况周报表、妊检空怀及流产母猪情况周报表、猪群盘点月报表、猪场生产情况周报表、配种妊娠舍周报表、分娩保育舍周报表、生长育肥舍周报表、公猪配种登记月报表（公猪使用频率月报表）、猪舍内饲料进销存周报表、人工授精周报表等；其他报表：饲料需求计划月报表、药物需求计划月报表、生产工具等物资需求计划月报表、饲料进销存月报表、药物进销存月报表、生产工具等物资进销存月报表、饲料内部领用周报表、药物内部领用周报表、生产工具等物资内部领用周报表、销售计划月报表等。

6. 信息化管理

规模化猪场的管理者要有掌握并利用市场信息、行业信息、新技术信息的能力。作为养猪企业的管理者，应对本企业自身因素以及企业外各种政策因素、市场信息和竞争环境进行透彻的了解和分析，及时采取相应的对策，力求做到知己知彼，以求百战不殆，为企业调整战略、为顾客提供满意的高质量产品和做好服务提供依据。在信息时代，是反应快的企业吃反应慢的企业，而不是规模大的吃规模小的，提高企业的反应能力和运作效率，才能够成为竞争的真正赢家！在信息时代以前，一个企业的成功模式可能是：规模＋技术＋管理＝成功。但是在信息时代，企业管理不是简单的技术开发、产品生产，而是要能够及时掌握市场形势的变化和消费者的新需求，及时做出相应的反应，适应市场需求。经常参加一些养猪行业会议，积极参与养猪行业的各种组织活动，要走出去，请进来，同时要充分利用现代信息工具如网络等。

三、提升企业的市场营销能力

树立以市场为导向，以满足顾客需求为最大目标的理念，提高企业的市场营销能力。大型养猪企业应导入市场营销新理念，通过认真的市场调研，制定猪场的营销策略，对种猪、商品猪及肉类市场进行细分，确定切合实际的目标市场，做好品种改良工作；重视猪肉产品的安全性，严禁使用激素并确保没有药物残留，从源头做好顾客满意的工作，为消费者提供安全、优质的肉品，以质取胜；做好种猪产品技术服务工作，形成完善的销售和服务网络，形成全方位综合服务体系，提高销售和服务质量，从各方面确保企业满足顾客需求、实现顾客满意的目标；不断提高顾客满意度，以顾客满意来实现顾客忠诚，为种猪、商品猪的销售培育竞争优势。培育忠诚的顾客链，使企业拥有对本企业产品从品牌认知到价格认同的顾客群体，才能使得猪场商品猪和种猪产销两旺。这样的顾客链越多、忠诚度越高，核心竞争力就越能经久不衰。另外，要着重培育互联网营销能力，拓宽产品的营销渠道。

四、重视可持续发展，增强企业的环境竞争力

1. 重视企业的环境保护工作，走可持续发展之路

据测算，一个存栏 1 万头的肉猪场，日排粪尿、污水量近 100 吨，相当于 1 个 5 万～8 万人的城镇生活废弃物排放量。猪场恶臭在空气中散发，造成空气质量恶化和大气环境污染。养猪场造成的环境压力越来越大，走可持续发展

的生态养猪之路、减少猪场污染已是养猪业的必然选择。在实施养猪业可持续发展战略中，走生态养猪之路，注意保护自然资源、维护生态平衡、实现养猪业生产的可持续发展。

2.培育环境竞争力，形成企业竞争新优势

随着企业外部环境的变化和人们环保意识的不断加强，企业与生态环境之间的关系正逐渐受到重视，可持续发展战略正在赋予企业竞争力新的内涵。可持续发展的核心就是要改变不可持续的生产方式和浪费型的消费模式，建立新的有利于环境保护的资源节约型生产方式和消费模式。随着人们对环境问题的关注和对绿色产品的认同，产品的环境指标、环境标志、生命周期等已成为企业和产品竞争力的重要因素。在生产经营者、商品消费者心目中已经开始出现环境质量概念，环境质量已经变成企业新利润的一个来源。

五、创造独特企业价值链，保持企业的战略优势

猪产业链中的条块分割十分明显，生猪生产、生猪收购、屠宰加工、猪肉销售这四个环节中生猪生产是风险最大的环节，经常出现周期性的亏损。大型养猪企业应利用所拥有的各种优势，延长养猪企业的"效益链"，培养一大批紧密型合作和松散型合作的养猪户和养猪场，并与肉类加工企业合作，向商品猪和肉类加工方向发展，从种猪→商品猪→建立生猪交易中心→肉类深加工→产品保鲜→连锁经营等方面形成产业链，发展猪产品的精深加工，生产科技含量高的特色、优质产品；实施终端市场拉动战略，带动千家万户实现产销一条龙的绿色产品产业链，以质量和价格优势参与市场竞争。

第六章
猪场建设中存在的问题及科学规划

　　规模化猪场的建设是决定养殖效益的先天条件。随着规模化猪场的迅猛发展，建设中存在的问题也日益凸显。一些投资巨大的猪场建成后不好使用，严重挫伤了生产者的积极性，造成极大的损失和浪费，令人十分心痛，因此，猪场的建设非常重要。

第一节
猪场建设中存在的问题

规模化猪场或多或少在建设猪舍层面存在问题，结果在改建进程中，或在生产进程中消耗掉很多的人力与物力。如果猪舍不达标，软件运行就相当困难，疾病不停，猪生病多数是由于猪舍环境差所"养"出来的，只有将猪舍设计得合理，饲养管理才能最大化发挥功效。

一、在设计理念上的误区

1. 猪场建设时指导思想上的错误

目前，养猪行业尽管有许多的不确定因素，尽管猪价有时候像过山车，但还是吸引了淘金者，主要有以下几种情形。一是在养猪 "暴利"的假象诱惑下，使一些行外人士纷纷加入，"上了贼船，骑虎难下"。二是一些企业改制，认为养猪业门槛低，养猪是一件简单的事，不仅投入低，还有政府补贴，转行到养猪行业中。三是个别投机者利用国家政策的支持，兴办养猪场，靠补贴、项目、保险、贷款生存，"醉翁之意不在酒"。四是一些欠发达地区政府为招商引资，支持养猪项目，在贷款、土地、环评上一路绿灯，一些企业看重的是养猪占用的土地，并非养猪，可以套现，更多的可能是想打着养猪的旗号来避税。五是真正在这个行业里沉淀下来想做一番事情的养猪人，大多数经济并不充足，凭运气赚点钱后盲目扩张。在错误观点引导下，我国大江南北从猪场建设的样式上看，可谓百花齐放。

2. 把落后当先进

有的养殖业主，误把落后的工艺和设备当先进，照搬照抄，结果造成巨大的经济损失。例如"一点饲养法""全自动冲洗""半漏缝分娩栏""半漏缝保育栏""圆钢油漆地板""铁皮食箱"等都是20年前较落后的工艺和设备，但是却被视为"省钱"宝贝使用。由于工艺落后，设备不可靠、不耐用，用2～3年就要维修更换，有的甚至边建边改，反反复复，想省钱，结果更费钱，而且给生产带来很多麻烦。

猪场设计是一次性的，它需要设计人员从地理环境、猪场规模、管理模式、发展思想等多方面考虑。但是，现在仍有不少业主为了省钱，找1～2个几乎外行的人，参观几个猪场，或根据老经验，就搞规划设计。如有的猪场夏季不能通风降温而冬季又不能防寒保暖；有的净、污道不分，造成污水难以处理等。更有甚者不按养猪的工艺流程去设计，功能区不分，边投产边改建，既浪费了人力、物力又给生产管理造成难以弥补的损失。

3. 重猪舍建筑，轻养猪设备

有些猪场花大量投资把猪舍建设得很好，而设备却少而差，总是以为养猪要不要设备无关紧要。其实要养好猪，饲养环境（温度、湿度、空气质量、床面清洁度、舒适性等）是一个关键性因素。而饲养环境的保证，虽然猪舍建筑起一定作用，更重要的还是依靠机械设备。

4. 一味追求规模，缺乏通盘考虑

（1）"形象工程"的建场方式不可取　办企业的目的是为了盈利，真正的养猪人亦是如此。建场要遵循实用的原则，将有限的资金投到最需要的地方。而做摆设、做样子的形象工程的猪场（图6-1），很难达到经济效益和社会效益并重，可能也不会实现当初自己办场的真正目的。

图6-1　猪场外表风光，养的猪已瘦弱不堪

（2）猪场建设要便于生产管理　不能只追求规模，并不是规模越大盈利能力就越强。同样的管理水平，规模越大，管理的难度越大，发病率越高。有句古训叫"隔行如隔山"，养猪设备看似简单，其实不然。例如，分娩栏漏缝地板间隙设计要求为9毫米，窄了漏粪效果不好，床面清洁有问题，宽了容易损伤母猪乳头、乳猪肢蹄。从宏观来说，我国的养猪设备大部分都是参照外国机型，结合我国实际改造而成的。国内设备专业研究单位推出的新产品都是经过多年研究试验的科研成果，是成熟的技术和设备，有些设计、制造工艺是非专业所不能为的。

二、猪场的选址不合理、不科学

1. 猪场交通不便

建猪场时猪场偏僻可以，但必须交通要便利，猪场太偏僻，信息闭塞，员工休假无交通工具，增加管理难度，物资（疫苗、饲料、药品）采购成本高。

2. 过于靠近居民区

猪场距交通要道或居民区太近，有的还不足 500 米，有的猪场建在村庄中间或庭院内，有的建在水源保护区，毕竟养猪会造成空气（臭味）和噪声的污染，直接威胁人体健康，这样不仅会因环保的问题和当地居民产生冲突，同时也会因人员繁杂给防疫带来许多不安全因素。

3. 离公路太近

有的地方将猪场靠近公路建造，噪声太大，不利猪的生长，也不利防疫。道路上的运输车辆繁杂，其中不乏运猪车辆，特别是运输病、死猪的车辆，还有运输粪便的车辆，这些车辆都是潜在的传播疾病的媒介。

4. 离其他畜牧场太近

疾病的传播途径复杂，很多疾病可以通过空气传播，也可以通过苍蝇、蚊子、鼠类、猫等传播，有时传播途径不明。若与其他畜牧场距离太近，疾病很容易通过各种途径传进猪场。

5. 与屠宰场太近

屠宰场是疫病的集散地，携带各种病原体的猪集中于此，运输车辆的污染也很严重，空气、污水中的病原很容易造成疾病向外扩散。

6. 不考虑化工企业及其他污染源

有些猪场在建设时不顾周边是否有污染源，也不考虑土壤、水质是否被有害物质污染，建在有污染的工矿企业附近，给养殖生产带来无穷隐患。

7. 地势低洼

向阳避风、地势高燥、通风良好是猪场不可缺少的条件，有的把猪场建在河道、池塘边上或低洼处，导致圈舍长年潮湿，引起猪皮肤、蹄部等疾病常年不断，特别是遇到大雨洪水，威胁到猪场安全和猪的生命。如图 6-2。

图 6-2 猪场地势低洼，猪舍湿度难以控制

8. 水源水质有问题

猪的饮水水质应按人的饮用水水质标准执行。没有充足、清洁的饮水保障，很难养出健康的猪，很多猪场饮水用地表水，由于居民生活和厂矿企业的影响，水质无法保证。如图 6-3。

图 6-3 水源受工业污染，易造成疾病传播

9. 电力不足

部分猪场处于偏远农村，电压电流不足，或是猪场用电功率计划不足，影响生产。一般用电按能繁母猪 100 ～ 159 千瓦／头计划，如果自己加工饲料，还应考虑饲料加工设备的功率。

三、猪场设计缺陷的问题

猪场普遍缺少"以猪为本"的设计理念，许多猪场盲目追求规模化，为了节约土地，缩短饲养周期，还采用了高度集约化的饲养方式，使废弃物超过了环境的承载能力，使养殖场的小气候环境恶化。猪舍修建过程中，每栋猪舍之间的距离不达标,加剧了猪场的防疫和疫病传播的危险性。猪舍地面多为石质或混凝土地,没有采用先进的漏缝地板,地面清洗难度大,多采用水冲清粪的方法,产生的污水较多,且猪粪和废水大多没有分离,导致粪污不能合理利用。目前我国规模化养殖中对母猪、后备猪普遍采用单体限位饲养,容易造成种母猪体质下降、使用年限缩短、肢体病严重、提前淘汰等。

1. 猪场布局不合理

很多猪场用围墙圈起来后,就在里面见缝插针,哪里有空地,就在哪里建猪舍,各功能区的排列布局极不合理,那些由宅基地改造而成和在责任田内建设的猪场,有的在村庄之中,有的在村庄边沿,散养农户同规模饲养猪群间极易发生疫病相互传播事件;处于背风洼地的猪场,遇浓雾或低温天气时,很容易暴发疫情;设计随意的规模猪场和养猪小区,猪舍之间间距有限,有的甚至狭窄到仅仅能通过一辆清粪、送料的手推车,根本达不到兽医卫生的要求,发生传染病后隔离措施根本无效,或者就根本无法实施隔离,一旦发生传染病,很快蔓延至全场所有猪群。其实猪场的布局对疾病防控、生产管理影响很大,因此在设计、施工时要充分考虑。根据生产模式的不同,可以分为单一地点三阶段饲养,也可以采用两地点饲养。

2. 猪舍不能实现"全进全出"

规模化养猪业疾病越来越复杂,原因之一是没有严格地做到"全进全出"。虽然有些猪场按全进全出设计,但由于猪舍不配套,真正饲养时则很难做到。从生产实践上来看,整栋猪舍全进全出,可提高生产性能21%～25%,而整个猪场"全进全出",可提高生产性能30%。多年来我国许多地方建造的猪舍是采用通长、单列、双列或双列半开放式的结构。在空怀配种舍多实行单栏小群饲养,每栋猪舍常饲养几十头到几百头母猪;在配怀舍常饲养数百头母猪;分娩舍母猪多在产床上分娩或哺乳,舍内常有处于不同生理状态的各类母猪和数以千计不同年龄的未断奶仔猪,而保育、肥猪舍也同样有几百头、上千头不同年龄的猪混养在一栋圈舍。舍内通风换气、排污、喂料、清扫及其他生产活动均由一侧向另一侧进行。这种密集型猪舍最大的问题是病原微生物可以通过猪的密切接触、空气、污水及人员活动而传播,使疫病在极短时间传至猪舍的每一头猪,就连一些在传统养猪条件下不易快速传播的慢性病,也可能在传入后的极短时间里在一栋猪舍或全场范围暴发流行。如图6-4。

图6-4　大产房不能"全进全出"

3.忽略了猪舍小环境的设计

有的猪场很豪华，用琉璃瓦、铝合金门窗等，但大部分猪场比较寒酸，能省则省，使保温、通风和降温成为头疼的问题，从而导致猪病的多发。

（1）猪舍内密度过大、通风不良　目前规模饲养猪群疫病频发的主要原因之一是猪场内的圈舍设计不合理、建筑不规范，超标准装猪，使本来承载能力有限的猪圈超负荷运行，猪的直接生活环境的空气被病原微生物污染。如图6-5。常见的失误如对流的通风窗距离地面过高（多数在100厘米以上），猪圈隔墙为单砖实墙，此类猪舍内死角很多，空气交换不良；猪舍顶部使用塑料膜作为内衬，水蒸气难以外散，空气湿度大，导致舍内空气中病原微生物超标。如图6-6，猪舍建造一定要配置通风设施。当前述两种缺陷同时存在时，支原体病、蓝耳病、传染性胸膜肺炎、副猪嗜血杆菌病等通过空气传播的疾病会频频发生。当任意一种设计缺陷和存栏超标同时存在时，除了多发呼吸道疾病外，接触传染的疫病也经常光顾。三种不利因素同时存在时，小猪从进到保育舍后就不敢断药，处在靠药物勉强维持猪体健康的脆弱平衡状态。为了防寒，冬春季密封门窗后，空气交换更加困难，猪群一直处在亚健康、亚临床或临床状态，疫病高发。

图6-5　大单元高密度的饲养方式

图 6-6　猪舍建造一定要配置通风设施

由于许多专业户猪舍采用单层石棉瓦、低檐墙的设计，隔热效果差，散热空间不够，夏季尤其是进入高温高湿的三伏天，外界气温达到 28℃以上的无风天气时，猪体产生的热量难以散发，极易发生热应激、热射病和中暑。那些亚健康、亚临床猪群，经常发生热应激和中暑诱发疫情事件，成为养猪密集区高温季节局部区域疫病流行的重要原因。

（2）产房温度设计不当和控制措施不到位　我国猪场设计推荐的产房温度是 24℃，这个温度实际上是一种无奈的折中。因为母猪生活的适宜温度区间为 12～26℃，最佳温度区间为 14～22℃；初生仔猪需要 33～35℃的环境。设定 24℃的初衷应该是兼顾母猪和仔猪两个方面，实际效果与之则大相径庭。24℃对于母猪已经是非常不舒服的高温环境，而仔猪从胎儿时的 39.1℃变为猪舍温度，24℃则使仔猪处于冷应激状态。受产房面积、墙体和房顶保温性能等因素的制约，猪场也接受这个指标，在生产中需要通过使用电热板解决仔猪出生后面临的低温环境问题，而对母猪面临的高温环境，多数猪场则任其自然。这种做法的实际结果同温度设计的初衷演绎了现代版的南辕北辙。一是哺乳母猪一直处于热应激状态，导致哺乳母猪的抗病力和抗逆性下降，成为哺乳母猪疫病多发的重要原因。二是仔猪从出生前的 39.1℃环境转换到出生后的 24℃环境，处于冷应激状态，体质明显下降，成为哺乳期和保育期疫病多发的隐患。三是为了保证产房 24℃的舍温，长江以北地区的许多猪场要通过地下火道、煤火炉提高产房温度，加热的过程又常常导致一氧化碳中毒、湿度过高等次生危害。

4.公猪舍的栏位面积过小

公猪舍的栏位面积太小，不利于公猪的运动。公猪需要运动，因此建议至少每头公猪有 10 平方米的面积。如图 6-7。保温和通风与母猪舍一样。采精栏要有人员的逃生区，即隔栏，只允许人员迅速撤离，而公猪过不去，防止公猪对人的攻击。人工授精实验室应利于清洁，否则可造成精液污染，影响配种。

图 6-7　公猪栏过小不利于公猪运动

5.病猪舍和病猪栏的设计不合理

病猪是传播疾病的最重要源头，大部分情况下，病猪可以通过嘴鼻的直接接触传播疾病，也可通过污染的粪尿以及飞沫传播。因此，建议将病猪舍建在远离健康猪舍的位置，并由专人管理。每栋保育和育肥猪舍要设立病猪栏，病猪栏需要与健康猪栏完全隔开，不留空隙，以免病猪与健康猪隔栏发生直接接触。康复后的病猪不能回到健康猪栏。

6.病猪解剖台位置不当

有的猪场有解剖室或解剖台，有的猪场没有。其实病死猪一旦被解剖，就容易将病原微生物暴露，污染环境，从而造成疾病的扩散。解剖台或解剖室不能离猪舍太近，设计应利于清洁和消毒，剖检后的尸体必须掩埋或焚烧。

7.装猪台的设计不利于生物安全

装猪台应该是生产区与外界相通的唯一通道，这一区域也最容易被污染，成为疾病传入猪场的重要通道。一是装猪台应该设计成单向通道，到装猪台的猪不能再返回到猪舍。二是应该有利于清洗、消毒，而且污水和粪尿需要有专门的管道流入污水处理设施，不能倒流进入猪场生产区。三是禁止猪场人员与外来装猪人员的接触，要安装门，划定界限，杜绝猪场人员上到装猪台上。如图 6-8。

图6-8　装猪台设在生产区内是生物安全的最大隐患

8. 舍间距过小

为了追求单位面积养殖量，猪舍建造紧密相连，栋与栋之间没有适当的空间隔离，影响了光照，也不利于防疫。舍内无净道和污道之分，场内中间一条道，既是净道又是污道，场区污染严重，给疾病的流行创造了条件。如图6-9。

图6-9　猪舍间距太小，不利于通风

9. 养猪场"三缺一残"

缺少粪便处理场，缺少病死猪处理设施，缺少污水和粪便处理设施，隔离消毒设施残缺不全或未发挥作用等现象，在专业户猪场和散养农户中广为存在，此类猪场猪的生存环境差，每一批育肥猪都要经历一次疫病。多数猪场没有考虑死猪的无害化处理，猪死了找个地方埋了，不但费时费力，还会污染地下水。猪场应建一个化尸池或焚尸炉，避免对环境造成污染。如图6-10。

图 6-10　环境污染是困扰企业发展的瓶颈

10. 猪舍的修建没有考虑当地的气候条件

如冬季要下雪、气温在零度以下的地区，还修建全开放式猪舍，如何做好保温工作？修建猪舍时必须把当地夏冬两季气温作为猪舍建造模式的重要依据。如图 6-11。

图 6-11　寒冷地区不宜建半封闭猪舍

四、猪场硬件配套设施不达标

1.圈舍地面坡度不够

平原地区猪舍纵向坡降不够或无坡降，猪站立不稳，易摔倒，损伤肢蹄；坡度过小，致使粪尿废水积存于猪舍排粪沟中，圈舍潮湿卫生差，降低了猪舍空气质量。一般圈舍地面相对坡度以2%～5%为宜。如图6-12。

图6-12　猪舍坡度不够，卫生难以清理

2.圈舍地面过于光滑或粗糙

圈舍地面太光滑，猪站立不稳，易摔倒，损伤肢蹄；地面太粗糙，清扫不干净，卫生差，猪易生病。如图6-13。

图6-13　地面粗糙猪易生病

3.保温设施配置不全

部分简易猪场无保温设施。哺乳期及保育期仔猪的保温工作最重要，仔猪休息区应设立保温箱，铺设电热板、挂灯泡，保育猪应有保温设施。

4.降温设施配置不全

部分会经历高温季节的猪场无降温设施。降温可采取湿帘、颈部滴水、喷雾、装吊扇及排气扇等办法。颈部滴水降温投资小，湿帘看起来投入大，但长期考虑很经济，效果明显。

5.饮水管没有采取隔温措施

夏天高温暴晒，水温可达50℃以上，猪因水温高而减少饮水量，冬季气温寒冷，水管冻结，水无法流出，都会影响猪的饮用。饮水管外可包一层隔温材料或是水管从舍内通过，可以避免极端气温的影响。

6.猪场设备存在问题

有些猪场由于自己设计、制造各种猪栏、漏缝地板、食箱等设备，选材不合理、制造质量差，结果发生刮伤和擦伤猪身、母猪乳头、大小猪肢蹄等问题，严重的甚至完全不能养猪，所有围栏、地板都要翻修。这样不仅造成损失，还耽误了生产。

第二节
猪场的规划与设计

规模猪场规划设计主要包括猪场场址的选择、猪场建筑物的布局、猪场栏舍建设及生产工艺设计，在猪场建设上一定要规划科学、设计合理、建设规范、配套设施完备、管理严格、符合卫生防疫要求。

一、场址选择及场内布局的基本原则

1.场址选择原则

①符合土地利用发展规划和村镇建设发展规划。②场地应地势高、平坦，节约用地，不占或少占耕地，在丘陵山地建场应尽量选择阳坡。③交通便利，水电充足，水质符合畜禽饮用水标准，具备就地处理和消纳粪污的条件。④满足建设工程需要的水文和工程地质条件。⑤场址应根据当地常年主导风向，位于村镇外居民区的下风向处。⑥场址距交通干线不小于1千米；距居民居住区和其他畜牧场不小于2千米。

2.场内布局原则

①场内总体布局应体现建场方针、任务，在满足生产要求的前提下做到节

约用地。②较大规模猪场应划分生活管理区、生产区、隔离区。生活管理区应选择在生产区常年主导风向的上风向或侧风向及地势较高处；隔离区布置在生产区常年主导风向的下风向或侧风向及全场地势最低处，并保持一定的间距(50～100米)。③各类猪舍的排列顺序依次是配种舍、妊娠舍、分娩哺乳舍、断奶仔猪舍、肥育舍。④场内净道和污道必须严格分开，不得交叉。⑤猪舍朝向和间距必须满足日照、通风、防火和排污的要求。相邻两猪舍纵墙间距控制在7～12米为宜，相邻两猪舍端墙间距以不少于15米为宜。⑥建筑布局紧凑，应节约用地，在满足当前生产的同时，适当考虑将来的技术提高和改造的可能性。

二、生产区建设规划设计

1. 生产区规划设计原则

（1）按照生产工艺流程专业化的要求，将猪群划分为若干生产工艺群　主要有繁殖母猪群、保育仔猪群和生长肥育猪群。繁殖母猪群又包括后备母猪群、配种母猪群、妊娠母猪群和分娩哺乳母猪群。

（2）应用现代科学技术理论将各生产工艺群，按全进全出流水式生产工艺过程要求组织生产　按一定繁殖间隔期组建一定数量的分娩哺乳母猪群，通过母猪(包括后备母猪)配种、妊娠、分娩、仔猪哺育等工作，以保证生产工艺过程中各个环节对猪数量的需要。年出栏万头的商品猪场，通常以7天为一个繁殖间隔周期，即每隔7天组建一批分娩哺乳母猪群。

（3）拥有能适应各类猪群生理和生产要求的、与"全进全出"各工艺流程猪群数量相适应的专用猪舍　专用猪舍包括公猪舍、配种舍、妊娠舍、分娩舍、仔猪保育舍、生长猪舍、肥猪舍(生长肥育猪舍)等。通过工程技术的处理，这些专用猪舍一般能满足猪的生物学特性和各类猪对环境条件的需要。

2. 生产区布局

生产区建议设计为"三点式布局"，把生产区划分为配种、妊娠及分娩哺乳区，断奶仔猪保育区，肉猪育肥区。这样的布局既方便猪场的管理、减少疫病的传播，又容易实施全进全出的生产工艺，方便猪群的周转。如果猪场的建筑面积有限，也可以改为"两点式布局"，将断奶仔猪保育区与肉猪育肥区合并为保育育肥区。

3. 猪舍设计的工艺及栏位计算

现代规模化养猪生产能否按照工艺流程进行，关键是各专门猪舍和猪栏位配置是否合理。在计算栏位数时，除了考虑各类猪群在该阶段的实际饲养天数外，还要考虑猪舍情况、消毒和维修时间以及必要的备用天数。在计算栏位数时，应根据工艺参数和具体情况确定有关数据。

（1）设计工艺流程　以年出栏1万头生猪的猪场，实行"五阶段饲养"（一是将空怀母猪和妊娠母猪分开，有利于发情观察，便于集中配种，可提高繁殖效率；二是为了减少应激，把生长和育肥舍合并，保育猪于70日龄进入生长育肥舍育肥，中途不再转群换舍）模式为例，猪群由配种公猪、空怀配种母猪、妊娠母猪、分娩哺乳母猪、哺乳仔猪、断奶保育仔猪、育肥猪、后备公母猪、待售种猪、成年淘汰公母猪组成，其工艺流程如图6-14。

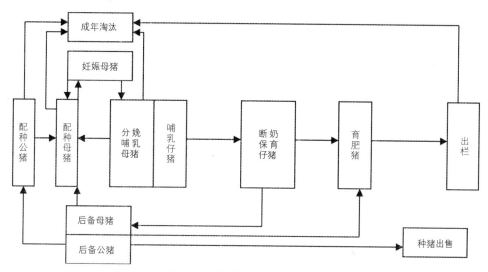

图6-14　猪舍设计生产流程图

（2）猪舍栏位的计算　明晰生产指标，按生产计划（指标）制定符合实际的工艺参数，以下是万头猪场的参考工艺参数。

设计参数。窝均产活仔数：10头；哺乳期：4周共28天；母猪平均妊娠期：114天；母猪第一次发情期受胎率：85%；母猪断奶后第一次发情时间：0～10天，第二次发情时间为断奶后20～30天；商品猪从出生到出栏的时间：180天；仔猪断奶成活率：94%（即哺乳期死亡率6%）；仔猪保育率：92%（即哺乳、保育期死亡率8%）；生长育肥率：90%（即哺乳、保育、生长期死亡率为10%）；从出生至出栏成活率：90%。

根据上述设计参数，计算各项生产指标：

1）年出栏 1 万头猪年应产活仔数　年应产活仔数：10 000 头÷90%≈11 111 头。

2）年出栏 1 万头猪所需公、母猪数量

a.需要母猪数量　依照理论计算公式如下。母猪平均发情期：85%×10 天 + 15%×30 天 = 13 天；母猪生产周期：114 天（孕期）+ 28 天（哺乳期）+ 13 天（平均发情期）= 155 天；母猪年产胎次：365 天÷155 天≈2.35 胎/年；年应产窝数：11 111÷10 头/窝≈1 111 窝；加上 5% 的母猪流产、死胎、突然死亡等因素，则年产总窝数应为：1 111÷95%≈1170 窝；全场需要母猪数量：1 170÷2.35≈498 头（按 500 头计）。

b.需公猪数量　在自然交配的情况下，公、母猪比例以 1∶25 为宜，则公猪的需要量为 500 头×1/25 = 20 头，如考虑后备公猪突发事故不能正常使用等因素，再加 4 头，即公猪总数为 20 头 +4 头 = 24 头；若采用人工授精，公、母猪比例按 1∶80 计算，则需公猪 500 头×1/80 = 6.25 头，考虑其他因素需增加 4 头，即 10 头。

猪群存栏量及栏位的计算，以"周"为单位组织生产，每周需配种母猪头数：（1 170 窝÷365 天）×7 天≈22 头。按猪的阶段存栏量，推算出栏位的需求量。

3）妊娠母猪舍　配种后 4 周（28 天）进舍，产前 1 周（7 天）出舍，存栏时间为：114 天 - 28 天 - 7 天 = 79 天，79 天÷7 天≈11.29 周，即有 11.29 周的母猪在妊娠母猪舍，加上栏位需留有 1 周时间空栏消毒，则共有 11.29 周 +1 周≈12.29 周，为便于周转按 13 周计算，每周有 22 头母猪受孕，则 79 天内共存栏怀孕母猪数为：13 周×22 头 = 286 头，即需要 286 个限位栏来容纳全场的怀孕母猪。限位栏尺寸为：长×宽×高 = 215 厘米×60 厘米×110 厘米。

4）分娩母猪舍　母猪于产前 1 周（7 天）进舍，哺乳期 4 周（28 天）出舍，存栏时间为：7 天 +28 天 = 35 天，即 5 周，加仔猪原圈多饲养 1 周以及 1 周空圈消毒，即 5 周 +1 周 +1 周 = 7 周，即应占用栏位 7 周。每周 22 头母猪分娩，则需产床数为：22×7 = 154 个。产床的尺寸为：长 220 厘米，宽 180 厘米，即母猪床上栏位限宽 60 厘米，两边设仔猪活动休息栏，一侧宽 50 厘米，另一侧宽 70 厘米；产床下底（母猪和仔猪所躺卧的床面以下）距离地面高 30 厘米，床上围栏高 50 厘米。有的猪场在自制产床时，栏内母猪床面除臀部外，其他卧处铺设活动木板，仔猪的休息区也铺设活动木板,以便母猪和仔猪转走后消毒、冲洗和翻晒。仔猪休息区上放置保暖箱,保暖箱上口处吊挂红外线灯,以利于仔猪防寒保暖,保暖箱尺寸为:长 × 宽 × 高 = 70 厘米 × 60 厘米 × 60 厘米。

5)保育猪舍 仔猪断奶后 35 天进舍,70 日龄出舍,存栏时间为:70 天 - 35 天 = 35 天,则共有(35÷7)周 +1 周 = 6 周(加 1 周空圈消毒),每周 22 窝仔猪,则共存栏保育仔猪头数:22 窝 × 10 头 / 窝 = 220 头。断奶成活率为 94%,则此阶段应存栏:220 头 × 6 × 94%≈1 241 头。每 9 头保育仔猪放在一个栏内饲养,每头仔猪占栏面积为 0.40 平方米,则每个栏舍面积为:9 头 × 0.40 米^2/ 头 = 3.6 米^2,栏的设计要求与分娩舍大致相同,即高床饲养,仔猪所卧床面栏底高于地面 30 厘米,一般比产房面积稍大,其规格为:长 × 宽 × 高 = 220 厘米 × 200 厘米 × 75 厘米。

6)育肥猪舍 保育猪于 70 日龄进舍,180 天出舍,存栏时间为:180 天 - 70 天 = 110 天,即 110 天 ÷7 天≈16 周,若加 1 周消毒时间,共需 17 周。设计生长育成率为 90%,则此阶段应存栏:22 窝 × 10 头 / 窝 × 90% × 17 = 3 366 头。每栏舍装 15 头猪,需要栏舍数为:3 366 头 ÷15 头≈224 个,每头猪占地面积 1 米^2,则每个栏舍面积为 15 米^2。其规格一般为:长 × 宽 × 高 = 500 厘米 × 300 厘米 × 90 厘米。

7)空怀配种母猪舍 母猪断奶后进舍,平均发情期为 13 天,配种后 4 周(28 天)出舍,存栏时间为:13 天 +28 天 = 41 天,则 41 天 ÷7 天≈6 周,加 1 周空栏消毒共 7 周,每周 22 头,则共存栏空怀配种母猪数为:22 头 / 周 × 7 周 = 154 头,每栏装 6 头,则需栏位数为:154 头 ÷6 头≈26 个。每头猪占地面积为 2.5 米^2,则栏位面积为:2.5 米^2/ 头 × 6 头 = 15 米^2,其规格一般为:长 × 宽 × 高 = 450 厘米 × 330 厘米 × 110 厘米。

8)后备母猪舍 母猪年淘汰率为 30%,则年应淘汰母猪数为:500 × 30% = 150 头,即每月需补充后备母猪数为:150 头 / 年 ÷12 月 = 12.5 头 / 月,每栏装 6 头,则需栏位数为:12.5÷6≈2.1 个,为留有余地,即建 3 个后备母猪栏舍,猪占地面积和栏舍尺寸和空怀配种母猪舍相同,可在建设空怀配种母猪舍时考虑预留后备母猪栏舍。

9)公猪舍 公猪一头一栏,自然交配需 24 栏(20 头生产公猪,4 头后备公猪),人工授精需 10 栏。每头公猪栏位面积 10 ~ 12 平方米,其规格一般为:长 × 宽 × 高 = 450 厘米 × 250 厘米 × 120 厘米。

按此推算，每周可出栏商品猪：22 窝 ×10 头 / 窝 ×90%（从出生至出栏总成活率）= 198 头，则全年可出栏猪：198 头 ×52 周（全年 52 周）= 10 296 头。

第七章
猪场生产管理中存在的问题

　　养猪生产的整个过程好比一条环环相扣的长链，链条上任何一个环节受损，均会导致整个链条失去功能。在此，针对养猪生产中容易被忽视的环节进行叙述和讨论，文中涉及的问题，有的确实事关重大，有的似乎无关紧要，但都是完整链条上的环节。一步之错，危及全局。本章所列问题并非在每个猪场全都存在，但只要存在其中之一，就会不同程度地影响养猪生产效益。

第一节
养猪生产中不可忽略的几个关键问题

随着国外现代化养殖设备的引进和国家对养猪产业的重视，养猪业的规模化程度、饲料供应质量、管理水平都在迅速提高。然而，繁殖母猪的健康与仔猪产出、断奶仔猪成活率、生长育肥猪健康、食品安全和膳食类型改变等，都出现了与业内追求的生产目标"事与愿违"或"欲速则不达"的情况。

一、妊娠母猪生产目标"事与愿违"

妊娠期间母猪的总体饲养管理目标是使母猪分娩时达到期望体况，胎儿及乳腺发育良好，准备好分娩和哺乳，多产仔、产健仔是母猪妊娠期的饲养目标。在营养供应上，一方面要满足母猪的各项需要，生产更多仔猪，使乳腺发育良好、营养储备充足、产出大量的乳汁；另一方面，营养水平又不应过高，否则会导致母猪肥胖，不仅浪费饲料，还会因体内脂肪沉积影响胎儿发育。多年来，我国引进了几乎世界上所有最优良的猪种，猪的种质和生产潜力都提高很大。但是在饲养上存在两个极端：其一是规模化猪场在博士、教授、国外专家指导下，完全根据"标准手册"行事；其二是由农民养殖业户用传统观念和落后的环境饲养世界最先进的品种。由于国外"标准手册"不完全符合中国环境，农户用滞后的养殖方式饲养，造成了妊娠母猪"过肥"和"过瘦"，导致了妊娠母猪胚胎畸形和死亡多、流产和难产多；产仔率低、成活率低；便秘频发、蹄脚干裂、体表特征异常等生产现状。妊娠母猪饲养的关键在于控制好母猪的膘情，通过监测背膘厚和背膘损失，进行个性化精细饲养管理。按母猪个体的实际膘况调控饲粮的喂量，可有效提高母猪的胚胎成活率、产活仔数、缩短断奶至再配种受胎的时间间隔、降低母猪的淘汰率，从而有效提高母猪的年生产力。

二、泌乳母猪生产目标"事与愿违"

泌乳母猪的饲养目标是提高乳汁的数量和质量，减少母猪失重，断奶后尽快发情、配种转入下一繁殖周期。如果营养不足，会导致泌乳期间体重损失太大，造成断奶至配种的间隔时间延长，甚至不发情或下窝排卵数减少等严重影响生产效率的问题，因此，最大限度地提高泌乳母猪的采食量，提高饲料质量是猪场常用措施。泌乳母猪饲养存在四个方面问题：其一对母猪泌乳开始、结束无体重测定和记录；其二母猪泌乳量无测定和记录；其三仔猪断奶体重偏向于追求教槽料的好坏；其四配种不孕怪罪于"猪病"。生产中存在的问题：产奶率、仔猪成活率低，发情推迟、屡配不孕。其实，仔猪的健康发育决定于母猪体重消耗的潜能和高的泌乳量，繁殖障碍很大原因也应该是泌乳母猪体况过分消耗而导致的"瘦母畜症"。标准化种猪场引进了世界一流的养猪设备，如果母猪体重、产奶量未知，所谓的自动"定量饲喂"就无从谈起！

三、断奶仔猪生产目标"欲速不达"

减少仔猪断奶应激，降低仔猪腹泻和死亡率，促进仔猪健康、快速地生长，关键是要做好由产床到保育舍、母乳到饲料的过渡。断奶仔猪饲养存在三个方面问题：其一期望快速生长供应过高营养，忽略了肠道发育、换料需要过程；其二仔猪转群后环境控制失调（温度与通风、密度与争斗），情绪应激严重；其三仔猪腹泻过度依赖于药物控制，功效适得其反。生产中存在的问题：由于断奶应激严重，大量使用各种药物也难以控制仔猪腹泻、疾病，导致生长受阻、成活率降低。在集约化饲养实践中保持猪群的合理密度、重视肠道发育的基础上合理控制配方营养水平，实施保健与免疫控制结合，适度降低增重，换回仔猪的健康，可能是减少断奶应激和疾病，提高仔猪成活率，生长育肥猪生产目标"欲速不达"的最佳途径。

把握猪的生长规律，采用合理的肥育方法和管理模式，供给合理的日粮，缩短出栏时间、用低的料重比换来高的经济效益，是生长育肥期的目标。生长育肥猪饲养存在三个方面问题：其一良好品种和饲料基础很容易实现增重和出栏时间的目标，而肉品质不适应中国人膳食成为突出问题；其二高饲养密度和短生长周期使猪的健康受到威胁，猪生长育肥期无谓的过早死淘导致养猪成本的提高和食品安全隐患加大；其三肥猪出栏不能按质定价，标准化养猪优势不能体现，优良品种沿用传统饲养方式，使生长育肥猪利润空间极低，浪费了猪源。也可以说生长育肥期的低效益是导致整个养猪产业链效益不稳定的主要因素。

四、健康和食品安全"隐患突出"

在饲料工业和养猪业发展过程中，养殖技术和饲料供应都要经历以下三个阶段：传统饲养方式——单一饲料供应；半集约化饲养方式——混合饲料供应；全集约化饲养方式——全价饲料供应。综合分析我国养猪业环境，差异很大。饲养的品种已经是国内外优良品种的集合；养殖环境则以自然环境为主，人工控制为辅；养殖类型有农民散养、小区集中，又有相对集约的规模化工厂。但是，在养殖方式上仍然是以传统饲养和半集约化饲养为主体。在以个体饲养和农村养殖为主体的养殖模式中，由于开展宣传、技术推广和知识普及难度大，全价的颗粒饲料被农民当成"料精"使用。在比较传统的生产环境中，饲养着世界一流的优良猪品种，因为对生活和生产环境的不适应，最终导致猪的生产水平、饲料报酬、出栏率低于品种应有的生产性能。

由于受经济和饲养环境条件限制，在相对集约的规模化养猪场，影响正常生理和生产活动的应激源更是日趋增多，如：夏季的高温，冬季的猪舍通风不良及有毒有害气体的蓄积，日粮成分及饲养制度的改变，断奶、驱赶、捕捉、运输、转群、采血、断尾、检疫、预防接种等，都造成不断的应激，导致猪机体免疫力下降，抗病能力减弱，性腺激素分泌异常，接下来疾病的发生又导致更强的应激。养猪过程中，大量使用了进口疫苗接种和免疫增强剂提高免疫力，大量使用药物预防、治疗抑菌杀菌，大量使用了各种饲料添加剂保健，最终还是出现了猪病多，病因难确定，猪病难治疗、控制的现状，造成商品猪不能按计划出栏，而是按健康状况和市场价格出售，从而导致健康和食品安全隐患难以预料。

第二节
饲料营养对猪生产性能的影响与对策

养猪成本大部分来自饲料方面，饲料成本占70%左右。在养猪生产实践中，除了饲料价格直接影响饲养成本之外，其他饲料相关因素同样直接或间接地对猪场经营效益产生不可估量的影响，但这些因素却往往不能引起养猪业者足够的重视。如何才能引起养猪业者对该类问题更多的关注，促使其想方设法采取有力措施提高饲料管理及使用质量，更好地控制饲料成本，从而降低养猪成本，提高猪场经营效益？笔者通过多年来对部分猪场的调查实践，重点剖析了饲料相关因素对猪场经营效益的影响及应采取的措施。

一、影响种公猪的饲料营养因素及对策

正常的瘦肉型生产公猪指月龄达8个月、体重大于120千克的生理发育正常的公猪。一般情况下，自然交配时，1岁以前每周使用3次或隔3~5天用1次；1岁以后，每周可使用3~4次或隔1天使用1次或连用2天休息2天。人工授精用的公猪，1岁以前每3周用2次，1岁以后每周采精1次。由于使

用频繁，因此种公猪的日粮合理与否尤其重要。

对于公猪的营养需要，美国国家研究委员会（NRC）标准（1998）是公猪每天采食2千克饲料，其中粗蛋白质13%、赖氨酸0.6%、钙0.95%、磷0.80%、蛋氨酸和半胱氨酸0.42%，能量水平为13.66兆焦／千克。但为了追求高质量的精液品质，很多猪场营养水平都比美国NRC标准高，有时蛋白质高达17%～18%。影响公猪的饲料营养因素主要有以下几种。

1. 蛋白质水平

由于公猪的精液中干物质的成分主要是蛋白质，因此，饲料中蛋白质不足或摄入蛋白质量不足时，可降低种公猪的性欲、精液浓度、精液量和精液品质。另外，据有关资料表明，色氨酸的缺乏可引起公猪睾丸萎缩，从而影响其正常生理机能。

2. 能量水平

猪维持自身的生长需要、精液生成、配种活动等都需要能量。一般饲料中能量应达到11.304～12.141兆焦／千克。能量太低或采食量太少，公猪容易消瘦，性欲降低，随之而来的是其精液品质的下降，造成使用年限缩短。能量太高或采食量太大，配种或采精困难，从而导致性欲下降、精液品质差等。一般符合营养标准的饲料，根据种公猪的体况，每天饲喂2.3～2.5千克。

3. 微量元素的影响

饲料中缺乏硒、锌、碘、钴、锰等时可影响公猪的繁殖机能，有的可造成公猪睾丸萎缩，影响精液的生成和精液的品质。

4. 维生素的影响

饲料中维生素E对公猪比较重要，虽然没有证据表明它能提高公猪的生产性能，但能提高免疫能力和减少应激，从而提高公猪的体质。

5. 青饲料的影响

坚持饲喂配合饲料的同时，每天添加0.5～1千克的青绿多汁饲料，可保持公猪良好的食欲和性欲，一定程度上提高精液的质量。

二、影响后备母猪的饲料营养因素及对策

饲料营养水平和蛋白质水平对后备母猪的生长发育尤其重要。达到90～100千克的后备母猪，根据体况要注意加料或限料。后备母猪太肥时，发情不正常或不明显，第一胎产仔时乳汁差，影响仔猪的生长，断奶后虚弱或体况差，影响发情，严重时不能作种用甚至淘汰，从而缩短使用年限。

后备母猪前期蛋白质和能量要求高，蛋白质 18%，能量 12.56 兆焦 / 千克，后期要求低，蛋白质 16%～17%，能量 11.72～12.14 兆焦 / 千克。

体重在 90 千克以前的后备母猪，一般采用自由采食的方式喂料；测定结束后，根据体况进行适当限料，防止过肥或过瘦。

饲料中钙、磷的含量应足够，后备母猪正是身体发育的阶段，饲喂能满足最佳骨骼沉积所需钙磷水平的全价饲料，可延长其繁殖寿命。一般饲料中钙为 0.95%，磷为 0.80%。

从配种前 3 周开始，为了保证其性欲的正常和排卵数的增加，应适当增加饲料量至 3 千克 / 天左右。

适当饲喂饲料，可提高后备母猪的消化能力，促进生理机能的正常发挥。

三、影响空怀母猪正常发情的饲料营养因素及对策

空怀母猪是指断奶后配种前的母猪。饲料水平的高低和蛋白质水平对空怀母猪的正常发育有重要影响。空怀母猪营养水平要为 11.3～11.51 兆焦 / 千克，蛋白质为 14% 左右。

为了补充哺乳期间体重的损失，配种前的空怀母猪应饲喂足够的哺乳母猪饲料，以尽快恢复体况，促进发情。

根据体况，太瘦的母猪应额外加料，因为母猪太瘦时，体内脂肪积累不多，自身生长满足不了，影响正常的发情，最终导致使用年限缩短。

四、影响怀孕母猪及胚胎、胎儿发育的饲料营养因素及对策

怀孕母猪由于维持自身体能的增加及胚胎、胎儿的正常发育，因此，其营养需要比空怀母猪高，一般能量水平为 11.51～11.72 兆焦 / 千克，蛋白质为 14% 左右。

怀孕前期日平均饲喂不宜太大，量太大容易造成母猪过肥、难产、弱仔多、乳汁差等。一般怀孕期的前 1 个月，喂量 1.8～2.0 千克 / 天，最后 24 天左右喂 2.8～3.0 千克 / 天。

切忌"一刀切"现象，即喂多少料，每天都喂多少。要根据母猪自身体况看猪喂料，肥则减料，瘦则加料，因怀孕期太瘦的母猪会表现出断奶后发情延迟、受胎率降低、弱仔多、乳汁差、仔猪死亡率高等现象。

日粮中蛋白质水平要适中，一般为 14% 左右。蛋白质过高对妊娠不利，过低则会影响母猪的繁殖机能。

怀孕后期可对母猪饲喂一定的青绿多汁饲料，一方面可促进母猪食欲的提

高，缓解便秘现象，另一方面可促进胎儿发育及提高产仔率。

怀孕后期攻胎，一般不要用哺乳母猪料，因为这种喂法母猪容易便秘，引起食欲下降，体况变差。

日粮中矿物质、钙、磷要足够且平衡。日粮中钙缺乏时，母猪易患骨质疏松症，容易造成产前或产后瘫痪，并降低产后的泌乳量；发育的胚胎及胎儿特别是后期的胎儿，由于骨骼发育需要大量的钙，钙缺乏时可引起软骨病等。磷缺乏时，可导致母猪流产甚至不孕。在正常情况下，对于怀孕母猪来说，钙磷比为 1.5 : 1。

日粮中维生素的量要适当。长期缺乏维生素 A 时，可导致仔猪体质虚弱，甚至引起瞎眼和严重的小眼症等疾病，而母猪则表现为繁殖机能下降。

五、影响哺乳母猪的饲料营养因素及对策

哺乳母猪在整个养猪生产线中处于最重要的地位。因为，哺乳母猪管理饲喂得好，母猪断奶后易于发情，保持良好的繁殖性能；仔猪断奶后转到保育舍易于饲养，为提高育成率打下坚实的基础。管理饲喂不好时，母猪过肥或过瘦影响下一次发情，会延长空怀期；仔猪生长不良，转到保育舍后难于饲养管理，育成率低，从而影响整个生产。

母猪产仔后到断奶前喂料量不易平均化，一般分娩当天不喂料，每 2 天喂 1 千克左右，以后增加 0.5 千克/天，至 1 周后 4～5 千克/天，直到断奶为止。

哺乳母猪料能量不应低于 11.72 兆焦/千克，蛋白质不低于 16%。能量太低时，哺乳母猪一方面要维持自身的能量需要，另一方面又要哺乳仔猪，这样，母猪要过多地消耗自身的体能，造成过分失重，影响哺乳及下一次发情。蛋白质含量高时（最好 17% 左右）可促进母猪分泌较多的乳汁，减少母体失重，防止繁殖性能变差，提高仔猪的成活率。

哺乳母猪料最好是喂湿料，特别是我国南部地区，夏天高温高湿，母猪食欲不佳；另外，由于奶水中的 80% 是水分，更应补充水分。一般在料槽中加完干料后，放入 2 倍于干料的水，可大大提高饲料的适口性。

哺乳母猪的饲料应少喂多餐。经试验观察，饲喂方式不同，母猪的日采食有很大差异，日喂 4 餐的方式比日喂 2 餐要多采食 20% 左右。采用 4 次饲喂方式，时间安排为早上上班、中午、下午下班、21:00～22:00，每次喂料以下一次喂前吃完为止，一般每次喂料 1～1.5 千克/次，每次喂料前，一定要将前次没吃完的料清理干净，避免饲料发霉变质现象。

饲喂全价饲料的同时，适当喂一些青绿多汁饲料（如番薯藤等），一可提高母猪的食欲，增加乳汁的分泌，二可减少母猪便秘的发生。但所喂的青饲料要先用清水冲干净，然后晾干，从而减少寄生虫的传播。

六、影响仔猪生长的饲料营养因素及对策

1. 注重仔猪的营养需求

仔猪神经系统不完善、消化系统不健全等，因此，对母猪及教槽料的要求比较高，一般能量 12.56 ～ 13.40 兆焦 / 千克，蛋白质 20% ～ 21%。

2. 仔猪在吃母乳的同时，要及早补料

补料应循序渐进，由少到多，逐步过渡。仔猪出生后 3 ～ 4 天，可在保温板上撒一小部分教槽料，开始学嗅、闻，过几天逐步吃一些时，再增加量，10日龄左右将料放入补料槽中进行补料。

3. 仔猪补料每次不宜太多

太多时容易被仔猪拱出来，造成不必要的浪费，也易使其香味散失，从而引不起仔猪的兴趣。一般每隔 2 小时加 1 次，吃完马上加，若空料时间太长，仔猪饥一餐饱一餐，容易造成消化不良或消瘦。

4. 补料要选择适口性好的教槽料

目前生产销售教槽料的厂家很多，特点各有不同，但针对自己场的仔猪而言，一定要选择稳定强、信誉好的固定下来。每次加料时要将混有仔猪粪尿的旧料清走，以免影响饲料的适口性。

七、影响保育仔猪生长发育的饲料营养因素及对策

刚转入保育舍的仔猪要控制饲喂量，然后逐步增加到采食的水平。仔猪从产房转到保育舍的前两周，应继续饲喂乳猪料，然后逐步过渡到仔猪料，以增强仔猪消化功能的适应性。

喂仔猪料要少喂多餐，一般每天喂 2 ～ 4 次，每次吃完马上加料，不能空料太长时间。

八、影响生长育成猪生长发育的饲料营养因素及对策

生长育成料中钙的含量足够，以促进育成猪骨骼的正常发育。坚持自由采食的饲喂方式，促进育成猪的生长发育。

总之，能量水平、蛋白质水平、矿物质、维生素、原料质量等都对猪的生长和发育起着重要的作用，无论哪一环节出现问题，都能或多或少地影响猪的

正常生长发育，从而造成一定经济损失。因此，在配制猪的日粮及饲料时，一要尽量避免或减少上述因素引起的不良影响，从而提高养猪场户的经济效益。

<h1 style="text-align:center">第三节
种猪繁育方面存在的误区</h1>

怎样使每头母猪每年提供更多的合格断奶仔猪，提高母猪贡献率，是规模猪场种猪饲养的最终目标，也是衡量一个猪场生产水平的重要指标之一。

一、引种的误区及注意事项

对于种猪的引进，猪场和养殖户应该结合自身的实际情况，根据种群更新计划，确定所需品种和数量。有选择性地购进能提高本场种猪某种性能、满足自身要求，并只购买与原有的猪群健康状况相同的优良个体。如果是加入核心群进行育种的，则应购买经过生产性能测定的种公猪或种母猪，新建猪场应从所建猪场的生产规模、产品市场和猪场未来发展的方向等方面进行计划，确定所引进种猪的数量、品种和级别，是外来品种（如大约克猪、杜洛克猪或长白猪）还是地方品种，是原种、祖代还是父母代。根据引种计划，选择质量高、信誉好的大型种猪场引种。

1. 切勿陷入引种的误区

规模养猪户每年都要更新种猪，种猪更新率为25%～35%，有的甚至更高。种猪的更新率及更新质量关系到养猪户的命运。但是许多客户在进行引种时存在很多误区，往往导致引种失败，造成经济损失，有的甚至引起疫病。近年来大多购买种猪的养殖户，在种猪的选择上有以下几方面的误区。

（1）选择价格低廉的种猪，忽略种猪质量　特别是刚步入养猪行业的专业户，往往是只讲价钱不讲质量，结果发现购买的种猪质量比较差，繁育的后代生长速度慢、料肉比高，出栏时间长，给猪场带来了损失。引进种猪时多数养殖户都喜欢体重大的猪，殊不知这样已经给今后的生产埋下了隐患，这是因为：一是体重大的猪种多数是选剩下的猪，挑选余地比较小，可能某方面有问题或生长性能不理想。二是60千克以上的后备母猪应该更换后备母猪饲料。因为此时的母猪需要大量的营养来促进生殖系统的发育，而育肥猪料中存在许多促生长剂，会损害生殖系统的发育，降低后备母猪的发情率以及配种受胎率，造成很大的损失，而种猪场一般不会这样做。三是引进的种猪在配种前，还要有充分的时间进行免疫注射和驱虫。之所以同样规模的猪场有的赚钱有的赔钱，出现同行不同利的现象，是因为品种的选择正确与否起到了重要的作用。希望广大养猪户到省级种猪场去购买，不要到不规范的小猪场购买劣质种猪，以免对生产造成影响。

（2）过分追求种猪的体型（特别是后躯发育比较丰满） 种猪和商品猪是不同的，不能按商品猪的要求和眼光去选择种猪。后臀发育优良的种猪，不易发情，配种困难，易难产，往往背部下陷，变形，淘汰率高。由于背膘薄，泌乳力差（背膘厚和泌乳力呈正相关的），仔猪的成活率低。"双肌臀"和"双肌背"的概念是不同的，从猪的后躯观察，臀部左右两侧肌肉丰满，故称为"双肌臀"；从背部看背中线两侧肌肉发达、称"双肌背"。这些只是猪的一种体型特征，双肌猪的泌乳力要比单肌猪的泌乳力差5%～10%，直接影响仔猪的断奶重。同时，这一表现型不是固定的，父母表现双肌性状，其后代不一定表现双肌臀性状，随着猪场的生产这一基因表现型会逐渐消失。

很多种猪场为了抓住客户的心理，把母猪的后臀发育大小作为猪场的选育目标，过度宣传，结果购买这些种猪的客户回到自己猪场后，发现猪的后臀变小了，不能正常发育配种，淘汰率在40%～50%，很多养猪户在这方面都有很深的教训。为此购买母猪时，要侧重于母性特征，例如产仔率、泌乳力、体质及母性品质等方面的问题，后驱发育特别优秀的母猪不能作为种用。如果是挑选种公猪，应该侧重瘦肉率、胴体品质好、四肢粗壮、饲料报酬等性状，这是提高后代瘦肉率和体型的最好措施。

（3）盲目引进新品种而不重视猪的经济价值 养猪的目的是为了让其带来效益。现在社会上的品种比较多，比如杜洛克猪、长白猪、大约克猪、皮特兰猪、斯格猪等。目前比较理想的杂交模式是"杜长大"三元杂交和"杜长大皮"四元杂交。从事养猪生产就应该选择理想的品种和杂交模式，不要盲目购买和饲养不适合的所谓"新品种"，否则就会走弯路，带来意想不到的经济损失。

（4）引种带来多种疫病和淘汰率高 养殖场购买种猪的同时，认为种源多、血缘远，有利于本场猪群生产性能的改善。但是每个猪场的病原或潜在病原差异较大，而且疾病多数呈隐性感染，一旦不同猪场的猪混群后，暴发疾病的可能性很大。所以，在引种时尽量从一家种猪场引进种猪，引进的猪场越多，可能带来的疫病风险越大。

2. 猪场引种前应做好两项准备工作

（1）根据自己的实际情况制订科学合理的引种计划　包括品种、种猪级别、数量。做好引种前的各项准备工作，如在种猪到达前应将隔离舍彻底冲洗、消毒，并且至少空舍 7 天以上，隔离舍要远离已有猪群。

（2）对目标种猪场调查了解与选择　①选择适度规模、信誉度高、有种畜禽生产经营许可证、有足够的供种能力且技术服务水平较高的种猪场。②选择场家，应把种猪的健康状况放在第一位，必要时在购种前进行采血化验，合格后再进行引种。③种猪的系谱要清楚。④选择售后服务好的场家。⑤尽量从同一猪场选购，多场采购会增加带病的可能性。⑥选择场家，应在间接进行了解或咨询后，再到场家向销售人员了解情况。切忌盲目考察，导致最后所引种猪不理想或带回疫病。

3. 挑选种猪要把好"三关"

猪场引进种猪，除了要向种猪销售单位索要具有兽医检疫部门出具的检疫合格证外，还要注意把好以下三关。

（1）生产性能关　种公猪：要求品种纯正，活泼喜动，睾丸发育正常，包皮没有太多的积液。成年公猪要性欲旺盛，爬跨主动，强劲有力。种母猪：要选择个体发育良好，无病态表现，反应机敏，生殖器官发育良好，阴户较大且松弛下垂，乳头多的母猪。另外，还要求耳号清晰，纯种猪应打上耳牌，以便标识。选种时还应注意公母猪的血缘关系，引种数量较大时，每个品种公猪血统不少于 5 个，且公母比例、血缘分布适中。

（2）疫病关　种猪要求健康、无任何临床病症和遗传疾患（如脐疝等）。选猪前应对目标场及该地区的疫病流行情况进行了解，避免从疫区引进种猪。必要时可对一些可能存在的传染病进行实验室化验，以排除某些疫病隐性感染的可能性。

（3）环境适应关　实践中大多数引种者往往只重视品种自身的生产性能指标，而忽视品种原产地的生态环境，因而引种后常常达不到预想的结果。所以，猪场引种时还要把好种猪的环境适应关，引种时要综合考虑本场与供种场在区域大环境和猪场小环境的差别，尽可能地做到本场与供种场环境的一致性。所以，这就要求我们引种时不宜舍近求远。

4. 种猪引入后的管理

（1）种猪进场及并群五注意　①注意先隔离。新引进的种猪，应先饲养在隔离舍，而不能直接转进猪场生产区，避免带来新的疫病或者由不同菌(毒)株引发相同的疾病。②注意消毒和分群。种猪到达目的地后，立即对卸猪台、车辆、猪体及卸车周围地面进行消毒，然后将种猪卸下，按大小、公母进行分群饲养，有损伤、脱肛等情况的种猪应立即隔开单栏饲养，并及时治疗处理。③注意加强管理。先给种猪提供饮水，休息6～12小时方可少量喂料，第二天开始可逐渐增加饲喂量，5天后才恢复到正常饲喂量。种猪到场后的前2周，由于疲劳加上环境的变化，抵抗力降低，饲养管理上应尽量减少应激，可在饲料中添加抗生素和电解多维，使其尽快恢复到正常状态。④注意隔离与观察。种猪到场后必须在隔离舍隔离饲养30～45天，严格检疫。对布鲁杆菌病、伪狂犬病等疫病要特别重视，须采血经有关兽医检疫部门检测，确认没有细菌和病毒野毒感染，并监测猪瘟等抗体情况。隔离期结束后，对该批种猪进行体表消毒，再转入生产区投入正常生产。⑤注意运动锻炼。种猪体重达90千克以后，要保证每头种猪每天2小时的自由运动(赶到运动场)，提高其体质，促进发情。

（2）解决隔离期内种猪免疫与保健方面的6个问题　①参考目标猪场的免疫程序及所引进种猪的免疫记录，根据本场的免疫程序制定适合隔离猪群的科学免疫程序。②如果所引进种猪的猪瘟疫苗免疫记录不明或经监测猪群的猪瘟抗体水平不高或不整齐，应立即加大剂量全群补注猪瘟高效苗。如果猪瘟先前免疫效果较好，可按新制定的本场免疫程序进行免疫。③重点做好蓝耳病的病原检测，而对于国家强制免疫的疫苗要按国家规定执行(如口蹄疫、某些地方的猪链球菌病等)。④结合本地区及本场呼吸系统疾病流行情况，做好针对呼吸系统传染病的疫苗接种工作，如喘气病疫苗、传染性胸膜肺炎疫苗等。⑤对于7月龄的后备猪，在此期间可做一些引起繁殖障碍疾病的预防注射，如细小病毒病、乙型脑炎等。⑥种猪在隔离期内，接种完各种疫苗后，应用广谱驱虫剂进行全面驱虫，使其能充分发挥生长潜能。

二、猪场选育工作中容易忽略的问题及解决办法

随着养猪产业化的兴起，育种工作在养猪业中的地位越来越重要，各大养猪场纷纷开展育种工作，下面浅谈一下在猪育种过程中容易忽视的几个问题。

1. 选育方法中容易忽略的问题

（1）高产核心群建立的方法　各猪场开展选育工作方法各不相同，或杂交或纯繁，但都在按照《全国种猪遗传评估方案(试行)》对种猪进行性能测定，主要存在的问题就是如何把测定成绩优良的个体集中起来，建立一个高产核心

群。高产核心群是生产的基础，是理想的基因库，场内所有的后备母猪都应该为核心群的后代，那么如何建立一个高产、高性能的核心群呢？

核心群的建立，首先要分析近年来的测定数据，包括个体本身、同胞、后裔及系谱的信息，对这些信息数据进行遗传评估，根据母系品种与父系品种性能要求的着重点不同，将遗传评估分析值进行选优排序，父系品种要优先考虑生长性能，即日增重、达 100 千克体重日龄、饲料报酬等，而繁殖性状的总仔数、泌乳力就要处于次要地位；母系品种的选择则反之。如此反复挑选，把场内的生产性能优秀的个体集中，来组建高产核心群；选优提纯的方法外，可利用生物技术对场内基础群进行基因检测，把一些携带有高产并能稳定遗传的基因型个体集中起来，组建核心群。其次要不断进行后裔鉴定，不断更新，因为表型值的分析结果不等于基因型，只有能够把优良性状稳定遗传给后代的个体才是优秀的个体，只有核心群个体的不断更新，不断地选优提纯，逐渐地增加高产基因的频率，才能保证每个世代都有遗传进展。建立高产核心群还要注意，核心群的个体的血缘要宽，要有一定量的公猪，否则在不断选优提纯的过程中容易造成近交系数增加过快，以免后代出现某些遗传缺陷。

（2）性能测定方法 各猪场都在进行性能测定工作，测定量也很大，但测定的随机性比较强，很难按照测定规程的要求在结测时保证每窝一头公猪和一头母猪入测，这样就容易造成某个血统的后裔测定量大，而某个血统后裔的测定量少，各血缘测定不均衡的现象发生，从而对以后的遗传评估造成偏差。解决办法就是在始测 30 千克时对每个血统的后代进行选择，保证每窝都有一头公猪入测，每个血缘都有一头或一头以上的母猪入测（但不一定每窝一头），从而保证各血缘测定量的均衡性。

2. 在实际性能测定操作过程中容易忽略的问题

性能测定过程中容易出现的问题主要是操作不规范造成测定数据不准确。

（1）测定时猪的姿势要正确 测定过程中猪站立姿势不正确，造成测定数据不准确。测定时猪站立不自然或弓背或塌腰都会造成肌肉的收缩和拉伸，从而造成背膘与眼肌厚度值过高或过低。

（2）测定部位要正确 猪保持自然站立状态后，将鳌合剂涂擦于左侧背部，B超仪探头放在腰荐结合距背中线 5 厘米处，水平向前滑动，观察图像，寻找倒数第一根肋骨，当第一根肋骨的图像清晰可见时，再向前轻轻滑动探头，使图像固定在倒数第三与第四根肋骨间，然后轻轻左右摆动，直到出现两条平直（或稍向下倾斜）筋膜亮线与胸膜亮线，固定图像读取数据。背膘厚度指皮肤到筋膜亮线间的距离；眼肌厚度指从筋膜亮线到胸膜亮线之间的距离。

（3）在测定过程中要给猪创造一个良好舒适的环境　赶猪动作要轻柔，态度要温和，不要打骂猪只造成应激，从而防止在称重过程中由于应激造成重量损失，保证日增重的准确性。

（4）测定工作完成后要及时地保护B超探头　对其进行清洁，防止碰撞探头，要把B超仪放在通风、干燥的环境中，防止过热过潮湿。

3. 后备猪选留过程中容易忽略的问题

（1）选留程序不合理，选留过程简化　一般后备猪的选留要经过初选、中选和定选3个过程。初选是由产仔段转向育成段时，确定留种量4倍的待选群；中选是指仔培向育肥转群时，从待选群中选留50%的个体做待选后备群；定选是指在结测完后，按照测定结果选择优秀个体确定后备猪群。每个阶段都有不同的选择标准，初选主要是根据祖先的测定成绩，以及个体本身能够表现的一些性状，如个体重大于1.2千克、乳头数在7对以上且排列整齐，无瞎乳头、内陷乳头等，全同胞都无遗传疾患；中选主要是看生长速度和体型外貌特征；定选标准是综合以上的测定数据结合结测结果，对种猪进行综合指数计算，30～100千克的日增重、背膘厚度在平均水平的120%以上，父系指数和母系指数要在100%以上，只有严格按照一定的选留程序进行后备选留，才能避免选留的盲目性，从而提高整个群体的生产水平。

（2）过于依赖性能测定成绩，忽略了体型外貌的选择　在后备猪选留过程中性能测定成绩固然重要，但是体型外貌的评定也不可忽视，只有体质结实、结构紧凑才能维持其正常的生殖功能，并且某些体型性状与生产性能还存在着很强的相关性，例如有报道讲前肢系部的弯曲度与生长速度的相关性为0.44，如选择前肢系部发育正常的个体，其生长速度也会很快提高。体型结构紧凑、体质结实的个体，利用年限也会延长，据有关统计运动性能差的母猪，第四胎在群的比例均低于21%，所以在选留后备猪个体时一定要注意该个体四肢发育情况，观察运动的协调性，评定体质结构的紧凑性。此外，乳头数也是一个重要的体型性状，在后备选留过程中要保证后备母猪有效乳头数在7对以上，乳头的间距均匀，不得有瞎乳头、内陷乳头、火山乳头。

三、猪人工授精的误区

猪人工授精作为一种有效的配种管理手段，已经被越来越多的养猪场和养猪小区所接受。由于我国许多养猪者对猪人工授精的认识不足，对猪人工授精的技术和应用产生了一些误区，出现了指导思想上的偏差，这对人工授精的应用有一定的危害性。现将这些误区进行分析和解读，以期让从业者能够正确认识猪人工授精，促进猪人工授精的健康发展。

1. 采用人工授精可以提高母猪繁殖力

有一些猪场是因为母猪繁殖力低，才采用人工授精的，这说明他们并不了解开展人工授精的真正目的。人工授精应该理解为配种管理的一种工具或手段，它本身并不能提高母猪的繁殖成绩，这也决定了采用人工授精的出发点并不是为了提高母猪繁殖力。如果公猪是健康的，精液经检验合格，那么规范的人工授精和本交并没有明显区别。由于母猪输精时没有真正的"公猪效应"，人工授精在配种时机上与本交相比更难掌握，因此在提高母猪繁殖力方面，人工授精的优越性并不突出。

在人工授精条件下，每次采精都要进行精液品质检查，而且输精前一般要进行精液质量的抽检。由于能够及时剔除不合格的原精液和输精前活力已经下降的精液，因此保证了母猪的受胎率的可靠性。如果输精员没有输精前检查精液质量的习惯，那么人工授精的受胎率将无法保证，甚至会造成母猪受胎率大幅度下降。

2. 输精次数越多受胎率和产仔数就越高

现在不少猪场母猪在一个情期内输精次数为3次，一些猪场甚至输精4次。他们通常在发现母猪出现静立反射后，即进行第一次输精，以后每12小时输精1次，直到母猪不再出现静立反射。这种做法的出发点是基于输精次数多，一旦输精早了，还有后面输送的精子作补充，使在受精部位含有足够有效精子数的时间增长，有利于提高受胎率和产仔数。而事实是，过早和过晚输精对母猪受胎都没有好处。尤其是输精次数多，最后一次输精后母猪发情很快停止，雌激素水平很快下降，导致子宫抵抗力迅速降低，精液中的微生物就会异常繁殖，极易导致母猪发生子宫内膜炎。实践证明，一个情期输精3次，母猪子宫内膜炎发生率就会明显高于2次输精。

从理论上讲，只需要在一个情期中的最佳配种时机进行1次输精就能保证受胎率和产仔数。这个时机就是母猪的发情期进行到一半时，不管是发情期长还是发情期短都是如此。但问题是我们并不知道母猪发情期会持续多长时间，而且当我们发现母猪发情时却并不知道是什么时候开始的。为了解决这个问

题，可以采用以下配种时机掌握原则：用试情公猪 1 天查情两次，断奶后 5 天
内发情的母猪（这种母猪一般发情期较长）：上午发现，下午第一次输精；下
午发现，第二天上午第一次输精。断奶 5 天以上发情的母猪、后备母猪、返情
母猪（这种母猪一般发情期较短）：上午发现，下午第一次输精，下午发现，
下午第一次输精。所有母猪，第一次输精后隔 12 小时第二次输精，一般不进
行第三次输精。

母猪在最后一次输精后，如果还有 12 ～ 24 小时的发情时间，并不需要再
进行输精。母猪第一次输精称之为"主配"，应该是母猪的最佳配种时机；第
二次输精称之为"辅配"，一般输精时间可能略晚，但可弥补主配输精过早的
问题。通常只有主配一次的情况下，可基本保证母猪受胎率和产仔数达到正常
水平，但增加辅配一次，能多增加产仔数 0.5 ～ 1 头，这可能与辅配弥补作用
有关。如果 12 小时查情一次，发现母猪发情时，母猪可能已经发情持续了约 6
小时，间隔 12 小时配第一次，再隔 12 小时配第二次，则已有 30 小时，也就
是说即使发情期较长的母猪也超过了发情期的一半，完全没有必要再进行第三
次输精。

当然通过检查母猪外阴部肿胀情况，黏液色泽、牵拉性等，可以与母猪出
现静立反射的时间相结合，共同作为判断最佳配种时机的信息。

3. 一次输入的精子数越多受胎率就越高

一些养猪者认为，决定母猪受胎率和产仔数的主要因素在于一次输入的总
精子数。而事实上，如果输精规范，活力在 0.6 以上，一次输入 10 亿精子与一
次输精 60 亿精子的受胎率和产仔数可能并没有区别。究竟一次输精最少输入
多少精子就可以保证母猪繁殖率，并不好下结论，但也绝对不是随着输入的总
精子数增多，受胎率和产仔数也随之上升。

由于输精员并不能保证每次都将所有的精子输入母猪的子宫内，有时候输
精中会倒流；有时输精过程看似顺利，但母猪一卧下，子宫位置被抬高，精液
可能会流出；或者输精后母猪努责，精液也会流出。因此，如果一次输精的总
精子数过少，就会使到达受精部位的有效精子数不足的风险加大，大群统计的
受胎率和产仔数一般会有所降低。

但也不是输入的精子数越多越好，因为稀释后的精液是按一个输精剂量包
装的，体积一般为 80 ～ 100 毫升。如果每剂中总精子数越多，代谢产物浓度
上升就越快，精子保存时间就越短。鉴于此，用于保存和运输的精液不宜精子

总数过多，而且一次输的总精子数不必要地增加，也会降低公猪的配种能力。尽管没有研究数据证明一次要输入多少精子，但仍需推荐一个安全可靠的标准以便从业者参考，即一个输精剂量的总精子数应在 30 亿～ 40 亿。对一头母猪来说，真正影响受胎率和产仔数的主要因素是对配种时机的掌握。

4. 稀释液升温和保温的唯一目的是达到与原精液等温

精液稀释时，稀释液温度应与采集到的精液温度一致，以免稀释时精子受到温度变化的影响，这是行业共知的常识。但稀释液升温和保温的目的并非仅仅如此。稀释粉溶解于蒸馏水中，最初，稀释液的 pH 变化很大，渗透压不稳定，这种环境对精子保存不利。直到 60 分后变化幅度才明显减小。因此，刚刚配制的稀释液升到和精液相同的温度后，应维持该温度 45 ～ 120 分，以便达到 pH 和渗透压相对稳定，再用稀释液。

5. 输精前对母猪外阴进行清洗，有利于预防子宫内膜炎

在一些人看来，输精时母猪外阴越"干净"，输精造成子宫污染的机会就越少。因此，有不少人输精前习惯用清水清洗母猪的外阴。但实际上，在清洗发情母猪外阴时，有可能刺激母猪的性兴奋，导致母猪发生宫缩，产生内吸作用。在输精时常发现精液被母猪自行吸入的现象，可以证明这一点。这时，清洗外阴的水可能通过母猪阴门吸入子宫内，增加了母猪发生子宫内膜炎的机会。好在发情盛期母猪子宫抵抗力较强，多数母猪并不会发生子宫内膜炎，但如果配种过晚，或者同时母猪有轻度的霉变饲料中毒，则子宫内膜炎发病率会明显增高。

输精前清洗母猪外阴并不正确。如果母猪外阴不是太脏，建议用消毒纸巾擦拭母猪外阴，最后再用一张消毒纸巾清洁阴门裂内，直到阴门和阴门裂内完全干燥。如果外阴太脏，可用毛巾在 0.1％的高锰酸钾溶液中蘸湿后拧干，将污垢擦净，再用纸巾擦干。

6. 输精管海绵头在子宫颈内留滞时间越长越有利于受胎

在临床操作上，在给母猪输精后，可将输精管后端折叠，用输精瓶口或输精袋上的小孔固定，防止精液倒流，继续刺激母猪子宫收缩，以促进精液吸收。但一些输精员错误地理解为输精管在子宫颈内停留的时间越长，精液就越不容易倒流。他们会把输精管折叠后，不再去关照母猪，或交代饲养员等输精管自行退出后（后端明显向下倾斜），再抽出来，这种方法是不正确的。

输精过程和输精后，输精管对母猪子宫有刺激作用，会激发母猪的性兴

奋。因此，输精后输精管在子宫颈内停留 3～5 分，有利于继续刺激宫缩，促进精液吸收。但母猪性兴奋时间一般不超过 20 分，输精后长时间将输精管滞留于子宫颈内，母猪性兴奋过后，就会进入"不应期"，即暂时丧失性兴奋。此时，留在子宫颈内的输精管海绵头就成为"异物"，母猪会感到不适，产生应激，继而努责，企图将其排出。不仅应激对受精不利，还可能造成母猪不安，将输精管顶在圈墙、栅栏等物体上造成母猪子宫损伤。

7. 开展人工授精可以有效地防止传染病

不可否认，开展人工授精的出发点正是防止传染病。因为人工授精实现了配种时公母猪完全不接触，减少了以公猪成为传播媒介的传染病的传播。但不科学地推广人工授精，反而会因人工授精加快疫病的传播。目前我国猪人工授精站相当一部分还是在自己的庭院中养 3～5 头公猪，经营者自己集公猪饲养、精液采集、精液处理和输精工作于一身。在庭院、村庄内饲养公猪，不仅公猪的健康不能得到保障，而且输精员从一个猪场配种后，不经过任何处理，就进入下一个场，从某种程度上讲，这种模式根本不如本交安全。因为如果没有人工授精，猪场内一般会自己饲养种公猪，采用本交，反而比走街串乡到处活动的配种员做人工授精安全些。

科学的人工授精模式应是商店式公猪站服务，公猪站必须建设在相对隔离的区域，有良好的防疫屏障；精液由出售窗口或发送体系售出，猪场经营者通过购进精液后由本场人员给母猪输精。只有这种方式才能真正发挥人工授精防止疫病传播的作用。猪场内开展人工授精时建议由空怀母猪舍饲养员完成发情鉴定和输精工作。

8. 输精后用力拍打母猪臀部有利于精液的吸收，防止倒流

这种做法没有科学依据。输精结束后，任何应激都可能会造成母猪产生肾上腺素，这种激素会大大降低生殖激素、雌激素和催产素的作用，不利于精液的吸收和卵子的受精。但这种危害性一般不至于使母猪受胎率大幅度下降，以至于这种"多此一举"的做法流传至今。正确的做法是，母猪输精结束后可以继续按摩刺激其敏感部位，使母猪继续保持性兴奋状态一段时间，以促进宫缩，促进精液的吸收。

9. 只要把精液输进去，就能保证受胎

自然状态下，公母猪交配过程，总有一个"前戏"行为，公猪会通过挑逗母猪，刺激母猪的敏感部位，以使母猪产生性兴奋，从而接受公猪的交配。人

工授精时，许多配种员往往忽视这个过程，直接进行输精，当精液不流动时，一般都是靠挤压；而有些配种员虽然知道要靠精液的重力输精，但往往因为输精前没有按摩母猪的敏感部位，或者海绵头前端被子宫颈黏膜堵塞而使输精缓慢，输精时间长达 30 多分。

正确的输精方法是，输精前首先对母猪敏感部位按摩刺激 2～3 分后，清洁阴户，然后进行输精，并确认海绵头被锁定，前端未被堵塞，再提起输精瓶（袋），使精液缓缓流入子宫内，如果下降过快应降低输精瓶（袋），整个输精过程应在 4～10 分内完成。

精液液面下降过快一般都会发生倒流；有时，由于倒流的精液存于阴道内，可能暂时并未流出体外，但母猪卧下后，精液很快会流出。下降过慢则可能由于前端堵塞或母猪没有性兴奋，而是强制输精导致了精液吸收很慢，两种情况都不利于受精。大量统计表明，输精过程短于 4 分和长于 10 分都不利于母猪受胎。

第四节
饲养管理上存在的误区

在非洲猪瘟背景的影响下，能活下来的企业，要认真地查找企业本身存在的问题和不足，然后有针对性地进行改进。在饲养管理上，从精细化管理做起，进一步提高养猪场的整体收益水平。

一、种猪配种阶段饲养管理中存在的误区及对策

影响种猪生产性能的因素很多，如品种、饲养管理技术、环境条件、繁殖技术以及猪的健康水平等。要想提高种猪的生产性能，使其繁殖潜力发挥到最大，需要管理者经常总结，及时纠正一些误区。

1. 公猪缺乏运动

运动对公猪的身体健康和正常使用是必需的，缺乏运动的公猪会出现早衰现象，减少使用年限。规模小的猪场可考虑驱赶运动，公猪多的猪场可考虑建一公猪运动场，公猪可在无人看管的情况下自由运动。

2. 公猪使用无计划

这在本交时体现得最明显。一些公猪性欲强，使用方便，饲养员就多用，而另一些不好用的公猪则不用或少用。公猪使用过频导致精液稀薄，精子数量

少，而长时间不用的公猪精子畸形率高。二者都会造成受孕率低，产仔数少的问题。所以，对公猪应有计划使用，并加强监督力度，杜绝使用过频或过少从而造成受胎率低、产仔数少等。

3. 不经常检查公猪精液质量

许多猪场配种怀孕率低和公猪精液质量有关。公猪精液质量不是一成不变的，应激、疾病、高温、营养不足、使用过频或过少都会影响其精子活力。所以应经常性检查精液质量，对质量不好或不稳定的公猪则要分析原因及早采取措施。因为在近年来实行人工授精技术后，发现不少猪或射精量少，或精子活力差，或精液稀薄，如果不测质量往往当好公猪使用，很难发现这些问题。

4. 忽视高温对配种效果的影响

精子在储存过程中对温度的要求是很高的。储存精子的睾丸在体外，温度要低于体温 $2 \sim 3℃$。当公猪体温为 $38.5℃$ 时，睾丸的温度只有 $35 \sim 36℃$。如果精子处于较高温度时，代谢加强，很快会失去活力，这也就是隐睾公猪无配种能力的原因。在生产中，有几种情况会使精子处于高温环境中：一是公猪生病发烧时；二是公猪出现应激时，如打架、疫苗注射等；三是公猪体外温度过高时。第三种情况对猪的影响最大。许多猪场出现的 $7 \sim 8$ 月配种受胎率低就是这个原因。在 $7 \sim 8$ 月，空气温度在 $30℃$ 以上，一些地区白天可达 $40℃$，外界和体内都处于高温状态，睾丸的热量无法散去，从而使精子一直处于高温环境，死亡速度加快，配种时，公猪射出的精液中有效精子数很少，配种率低，产仔数少。解决环境温度高的办法有两个：一是降低环境空气温度，如用湿帘、空调等；二是降低局部温度，通过水分蒸发降低公猪附近温度。上述两种办法都有不错效果。一些人想通过单纯加大通风量的办法只能造成更大的不利影响，因为加大通风量只能增加舒适感，但在外界温度接近体温时则无降温作用。

5. 忽视疾病和疫苗的影响

公猪在患病和注射口蹄疫疫苗时，都会出现不同程度的体温升高，从而造成精子死亡速度加快，精液质量下降。所以生产中应加强对公猪的监控，生病或注射口蹄疫疫苗后的公猪，要进行精液质量检查，合格后方可使用。

6. 后备猪使用育肥猪料

后备猪是猪场的命根子，其重要性不言而喻。但如果给后备猪吃育肥猪料就会严重影响后备母猪的生长发育，如后备猪料需要的钙为 0.8% 以上，而育肥料的配方中含钙量只有 0.6%，会因钙不足出现配种时瘫软，影响配种；后备猪对生物素的需要量大，而育肥猪需要量少，后备猪缺生物素会导致蹄裂等；后备猪对维生素 A、维生素 E 的需要量很大，而育肥猪需要量少等。所以后备猪需要专用后备猪饲料，除不适合用育肥料代替外，其他母猪料、妊娠母猪料也都不理想。

7. 玉米轻微发霉

饲料中提供能量的成分主要是玉米，如果玉米保存不当会发霉，产生毒素，如黄曲霉毒素、玉米赤霉烯酮、烟曲霉毒素等。其中对繁殖力影响最大的是玉米赤霉烯酮。玉米赤霉烯酮会引起母猪食欲减退，奶水不足，卵巢发育不全，不排卵，乳房乳头肿胀，阴道黏膜充血肿胀，分泌物增多等症状，严重时母猪阴道黏膜外翻，返情率升高；也会引起仔猪虚弱，后肢外翻和公猪乳腺肿大，包皮水肿，精液稀少，性欲减退等；还容易造成生长猪易脱肛等病症。玉米轻微发霉虽然不影响猪的采食量，但毒素对种猪的繁殖力和仔猪成活率的影响是非常大的。

8. 后备猪缺乏运动

后备猪需要一个结实的体况，才能保证其在使用几胎后仍能保持良好的体况，除保证其全价的饲料外，还需要使其经常运动。有运动场的可以将其赶到运动场，没运动场的也需要给其足够的活动空间，切忌将后备母猪放在定位栏中饲养，或者圈舍空间过小。

9. 后备猪缺乏刺激

促使后备母猪及早发情的办法是使用公猪刺激，如果将后备母猪与公猪隔离，生活规律没有变化，往往会出现初情期推迟的现象，应激催情是促使母猪发情的有效措施。对待后备母猪，在其 5 月龄时，就需要将公猪赶到母猪圈或过道，使其有亲密接触的机会，可使后备母猪提前发情。

10. 后备猪不限饲，出现过肥不发情

后备母猪如果过肥或过瘦，都不会正常发情。造成过肥的原因是没有限制饲养，自由采食导致母猪过肥不发情。

11. 后备母猪发情不正常

影响后备母猪发情不正常的原因有多种，有营养因素，有管理因素，也有生理因素。猪过肥、过瘦都不利于发情，而饲料中缺乏维生素 A、维生素 E 等营养，缺乏和公猪的接触，过于平静的饲养管理也不利于母猪常发情。特别是

引入品种后备母猪发情不理想，曾让许多猪场遭受很大损失。解决母猪不发情的办法有很多：①增加饲料中维生素 A、维生素 E 含量。除饲料中添加维生素 A、维生素 E 外，饲喂含维生素 A、维生素 E 多的青绿饲料、胡萝卜等都有助于发情。②增加与公猪接触的机会。每天一次的公猪调情能明显增加母猪发情数量。把公猪赶进母猪圈内比公猪在过道内走动效果好。③同伴引诱也能帮母猪发情。用已发情的母猪刺激，特别是发情高潮的经产母猪的爬跨对促进母猪发情作用很强。④增加运动也能促进发情。有人对久不发情的母猪进行大运动量的驱赶运动，或装车拉一段路，或将大批母猪放在舍外自由活动等，都有刺激发情的效果。⑤改变环境。改变猪所处环境的温度、光照、方位等，都可刺激发情。⑥并圈。将猪群结构打乱，重新调整猪群，通过新环境的应激刺激发情。⑦调整饲喂量。过肥猪减料，过瘦猪加料都有催情作用。

12. 后备猪配种过早

对"杜长大"系列母猪，一定从三个方面严格把握配种年龄：一是达到 7 月龄，二是体重达 110 千克以上，三是发情达 2 次以上。如果配种过早，身体发育和胎儿发育同时进行，往往会顾此失彼。

13. 后备母猪怀孕后期喂料过多

现在经常出现头胎母猪产仔时难产现象，因此造成的母猪死亡、淘汰比例很大。这和母猪日龄小、身体发育不成熟有关，也与孕期饲料供应过多关系更大，难产的大多原因来自母猪过肥和仔猪个体过大。许多猪场在制订母猪孕期饲喂计划时，经产母猪和后备母猪采用相同的饲喂程序，这是很不合理的，对后备母猪来说，因体格尚未发育成熟，怀孕期间仍需相当营养满足自身生长的需要，而现在的孕猪饲喂程序多是前低后高的方式，这就容易出现前期后备母猪营养不足，身体发育受阻，而后期大量喂料，使得胎儿体格过大，到产仔时过大的胎儿要通过发育尚不成熟的母猪产道，势必出现难产现象。所以对后备猪应有特殊的饲喂程序，采用均衡供应方式，或后期稍高的方式，以避免难产造成的损失。

14. 无配种记录或配种记录保管不当

如果没有配种记录，母猪产仔没有依据，会给生产带来很大不便。但如果配种记录保管不当，人为遗失，如有的档案在猪舍内让猪咬坏，也有在电脑存档不注意删掉的，还有在换掉饲养员的同时找不到配种记录的，这样在管理上也会造成一定的困难，所以猪场记录要采用不同的保存方式，如电脑存档、磁盘备份、文字档案和原始记录相结合，这样才可能保证万一出现意外时有底可查。

二、繁殖母猪饲养过程中易出现的几个问题及解决方法

1. 妊娠母猪饲养管理不当

有很多养猪户认为，母猪断奶到配种只是短短的 3～7 天，喂什么料都无所谓，进入配种舍就开始使用妊娠母猪料。但很多试验表明，配种前虽然时间很短，但使用低能（低亚油酸含量）、低蛋白的妊娠母猪料会影响母猪排卵数，这是产仔数下降的原因之一，如果母猪群偏瘦这种影响会更明显。配种后 1 周内要严格限饲，因为配种后 48～72 小时是受精卵向子宫植入阶段，饲喂量过高、每天进食能量过高均会导致胚胎死亡增加，使产仔数下降，母猪群偏瘦更容易发生饲喂过量的问题。如果母猪群偏瘦，可以在妊娠 7～37 天调整饲喂量，调整范围是 0.6～0.9 千克 / 天，既可以使母猪体况迅速恢复，也不会造成哺乳期母猪采食量下降的问题。妊娠母猪加料过早（84 天）会导致哺乳母猪乳腺细胞数量减少，影响母猪乳腺的发育，这也是造成母猪产奶量下降和仔猪断奶体重小的重要原因。妊娠母猪后期的饲养不精准，导致仔猪初生重偏小。在实际饲养过程中，容易出现加料量不足和使用妊娠母猪料加料。加料不足主要是因为加料过早（84 天，平均 3 千克 / 天），妊娠 100 天前还可以满足胎儿增重的基本营养需求，100 天后仔猪进入快速生长期，每天加料量和饲料种类不改变，很难满足胚胎的营养需求。正确的做法是在 95 天开始加料，且使用加有油脂或高能量、高蛋白的哺乳母猪料（含代谢能 13.20 兆焦 / 千克以上、粗蛋白质 17.5%、赖氨酸不低于 0.86%），加料量一定要控制得精准。为有效预防难产，初产母猪加料量最好控制在 3 千克 / 天，二产以上的母猪不低于 3.5 千克 / 天，产前 3 天开始减料。

2. 猪初生体重小

猪场经济效益与仔猪初生重呈正相关。造成仔猪初生重小的原因，是把难产当成了主要矛盾，对其造成的影响认识不足，不知道如何提高初生重或者初生重到底多大最好，且母猪孕娠后期管理不好。仔猪出生体重小，断奶体重就小。出生体重每增加 100 克，断奶体重则增加 0.35～1.07 千克。仔猪断奶重小，断奶过渡就难，育肥猪增重速度就慢，出栏时间就会延长。仔猪平均初生重大，变异系数小，说明窝整齐度好，对提高仔猪成活率非常有好处，还可以刺激母猪多产奶。

3.猪断奶体重小

仔猪断奶体重小，使其断奶过渡难度大、保育期死亡率增加、育肥期增重速度慢、饲料效率变差等，也是影响猪场经济效益的关键因素。造成仔猪断奶体重小的主要原因：初生体重小；哺乳母猪料能量、粗蛋白质和赖氨酸不足；每天饲喂次数少，进食总量不够，进食营养总量不足，而仔猪28天断奶时母乳对断奶体重的影响高达90%，且母乳在很大程度上受母猪每天进食营养总量的影响；饮水量不足，使采食量下降。提高断奶体重的措施：关注母猪每天进食代谢能总量，最好不低于66.94兆焦。哺乳母猪日粮配方中必须添加油脂，且必须含高亚油酸（不饱和脂肪酸）的脂肪。哺乳仔猪另外的40%的能量来源是乳糖，而乳糖和乳蛋白含量与采食量的关系较大，高采食量的母猪乳糖分泌量大。仔猪生长潜力受母乳蛋白成分和含量的影响，而仔猪的蛋白质储备随能量的摄入呈线性增加。哺乳母猪最好每天喂4次，特别是夏季高温时每天喂4次，每天可以提高采食量1千克，对改善母猪产奶量，提高仔猪断奶体重意义重大。高度注意哺乳母猪饮水量，在热环境和限位栏的情况下，母猪的活动减少会导致饮水量的减少。饮水减少的后果之一是粪便中的干物质增加，引起便秘，使母猪患子宫炎、乳腺炎、无乳综合征，哺乳期奶量下降。

三、母猪产仔前后的管理误区及纠正办法

1.母猪未消毒就进产房

仔猪出生后，抗病能力差，病菌易侵入并导致仔猪生病。由于母猪上产床前产床保温箱等都已彻底清理消毒，应注意母猪有可能带来疾病，因此清洗干净并消毒产前母猪显得更为重要。一些猪场采用冲洗2次消毒的办法，再结合随时清理母猪粪便等措施，有效地降低了初生仔猪前期患病概率，即在种猪舍将母猪身上脏物冲洗干净，然后用药液消毒1次，到上产床后再连猪带床进行1次消毒，尽可能减少从种猪舍带来病原菌。现在一些猪场仍没能做到母猪入舍前的清洗消毒工作，希望能引起足够的重视。

2.产前不检查

生产中常见到母猪乳房出现发炎肿胀或萎缩现象，从而导致母乳分泌不足，仔猪因营养不良而发育受阻，易患病，死亡率增高。而如果能在妊娠时就对母猪的泌乳情况进行检查，会提高哺乳期间泌乳量，提高仔猪成活率。同时，提前检查有效乳头数量，还会对生后寄养工作提供依据，更有利于初生仔猪成活。

3. 产房温度过高

人们已经认识到温度对仔猪成活的重要性，但常常出现产房温度过高的现象，反而不利于仔猪生长发育。原因是产房温度过高会降低母猪采食量，泌乳量少，仔猪营养供应不足。外界温度高时仔猪常跑到外边而不回保温箱，增加压死比例，而且如果温度不稳定，仔猪在外边睡着后舍温降低，还会导致仔猪受冷出现感冒或腹泻。所以给产房过高温度既浪费能源，又不利于仔猪生产。一般情况下，产房温度在 18 ～ 22℃ 比较合理。高于 24℃（2℃就会出现）母猪采食量减少现象，所以如果仔猪有保温箱及供热设备的话，不能过高提高舍内温度。

4. 饲料营养不足

母猪的泌乳量要满足仔猪最大限度的生长，每天需要采食饲料 8 千克以上。可惜现在许多母猪的采食量远达不到 8 千克，为增加母猪营养，提高营养浓度是唯一的途径。提高能量浓度的方法为添动植物油脂，而提高几种限制性氨基酸的量，可以通过添加单项氨基酸来解决。现在许多猪场在选用饲料时，并没能从能量蛋白的平衡方面或是能量与氨基酸比例及氨基酸之间的平衡上采取措施，仅增加粗蛋白质的含量，其结果并没能提高母乳的效果，却由于蛋白质含量过高增加了体内代谢负担。

5. 缺乏必要的护理和保健

母猪产后，身体极度虚弱，抗病能力降低，消化能力减弱，既容易受病原感染而患病，也容易出现便秘、食欲下降等不良反应。母猪产后护理和保健是相当重要的，推荐第一瓶复合维生素 B 50 毫克＋双黄连粉针剂 3 克，第二瓶林可霉素 6 克＋催产素 0.3 克或诺氟沙星 4 克＋催产素 0.3 克，既预防了母猪产后的感染也有利于机体的康复。但上述方法在有些猪场仍未使用，或因价高或因人手不够而放弃。如果没有合理的保健方案，既不利于母猪的健康，也不利于仔猪的发育。最简单的办法可在母猪产后给饮补液盐水，以增强体力，促进排便。

6. 产后喂料加量太快

母猪产后，腹内空虚，消化系统功能未能恢复正常，而且母猪所产奶水量少，不需要太多的营养供给。采食过多，既不利于母猪身体恢复，同时也造成饲料的浪费。所以母猪产后不需要过快加料，一般到产后 7 天才达到母猪最大采食量。

7. 初产母猪没有专门对待

初产母猪相对于经产母猪，体格更小，采食量更低。如果同样哺乳仔猪，常出现身体消耗过度的现象，出现断奶后不能正常发情。所以对初产母猪应给以更优质的饲料和更优越的环境，以保证其断奶时有合格的体况。对初产母猪，可采取增加优质饲料的办法，如在正常饲料中另增加2%的优质鱼粉等。

8. 仔猪初生时无人护理

规模猪场产仔舍产仔哺乳母猪，由于限位饲养，缺乏护理仔猪的能力，所以人工护理显得非常重要。特别是在仔猪出生时，擦干猪身上的黏液、断脐，及时放进保温箱以及尽早让仔猪吃上初乳等对仔猪的成活相当重要。仔猪在28～32℃时，体内血糖可满足18小时，而温度降低到18～26℃时，则只能维持12小时。如仔猪生后无人用干布擦干其身上黏液，不剪断脐带，则只能由仔猪体热将黏液及脐带烤干，需要消耗大量能量，加快了血糖的消耗。所以要求产仔时必须有人护理，以便其能处于适宜的环境，及早吃上初乳，以增强其抗病能力。另外，接产护理也可以及早发现母猪难产及仔猪假死，并及时采取措施，减少各种不必要的损失。

9. 仔猪无保温设施或设施不适用

仔猪保温箱是专门保持仔猪温度的设施，可以给仔猪提供比较舒适的小环境，有利于仔猪的生长发育。理想的保温箱应保温性能好，箱内外温差大，空间足够大，可容纳10多头仔猪直到不需加温为止，方便温度调整，如吊烤灯可上下活动，电热板有高低档开关。在仔猪稍大时，可打开箱口和顶盖便于调节箱内温度也便于随时观察仔猪；结实耐用，要经得住母猪的挤碰和仔猪的拱咬。

四、饲养保育猪值得关注的几个问题

猪保育期因母源抗体消失，自身免疫系统还没有建立，加上生长速度快、应激因素多、饲养管理不当，很容易发生各种疾病甚至出现大面积死亡，因此，更要关注养殖过程中容易出现的几个误区。

1. 忽略了保温和通风的关系

由于断奶仔猪对低温的敏感，使保育舍的保温工作成为日常管理的重点，舍内温度一般都控制在26℃左右。但在养殖场中很多人把保温工作看得非常重要，不注意通风，会造成舍内氨气和其他有害气体浓度升高，为呼吸道疾病的发生提供了诱因，使仔猪的发病率和死亡率上升、生产成绩下降。在保温的同时应当注意舍内通风换气，特别是在保育后期，通风换气量应是前期的32倍以上。

2. 保育猪没有"全进全出"

虽然猪群的"全进全出"已被广大猪场管理者所认同，但在生产中经常见到，把弱猪和病猪留下，和下一批猪同养，这样做不仅导致空舍不能得到彻底有效的清洗消毒，留下的弱残猪病猪又成了新转仔猪疾病感染的传染源。因此，做好"全进全出"是养健康猪的关键措施。

3. 注重猪的保健，不关注其应激的危害

为保证猪场群体健康水平，提高猪群的免疫力，断奶后饲料加药、疫苗免疫的应用深得大家青睐。可是频繁的免疫注射，使仔猪在断奶环境改变、重新组群的应激之后，仍处于一个高度应激的环境之中，应激带来的效益下降是不可估算的。仔猪断奶后母源抗体消失，自身免疫系统发育不完全，在这时大部分猪场使用氟苯尼考、磺胺六甲等对仔猪进行保健，这是误区，因为这些药物副作用较大，有较强的免疫抑制，虽然有效，但不理想，药一停，没过几天疾病还是发生了，所以在饮水中添加抗应激的药物是非常必要的。

4. 饲喂方法存在问题

一般猪场在饲喂方面只考虑成本，不考虑猪的肠道适应能力，由教槽料很快换成仔猪料且粒度较粗，造成仔猪腹泻，腹泻后又去控料、治疗，这样的操作流程，仔猪是不会增重的，可以说也是弱残比例升高的原因。因此，在选择饲料时应选用营养浓度、消化率高的日粮，以适应其消化道的变化。

5. 不注意保育阶段的数据统计

仔猪在8周龄以上已经达到了快速生长期，而从8周龄到出栏的生长率在保育阶段已被确定。如果仔猪在保育的生长加速期受到影响而延迟生长，那育肥期的生长将受到持续影响。这就需要一系列的数据来帮助我们发现问题，并对所发现的问题进行系统的分析，找出保育猪生长受阻的根源并及时解决，让损失降低到最小。但是，85%猪场根本没有统计数据，所以应注意平时数据的登记与积累，为日常饲养管理提供依据，将会指导以后的生产工作，保育猪的生产水平才能有所提高。

五、饲养育肥猪存在的误区及对策

1. 饲养方面的误区及纠正措施

（1）育肥猪好养，可以粗放饲养　育肥猪在生产中占有重要的地位，但是人们往往对其认识不是很充分，将一些没有知识技术的人员安排在育肥舍内

饲养育肥猪。结果是育肥车间人员不稳定，人员未经过严格的培训，设备简陋（冬天不保暖，夏天不降温，环境条件不能满足各阶段猪的要求，导致猪的应激大，死亡率也很高），管理粗放等，导致育肥效果差、生产成本高、经济效益差。

纠正措施：①一定要有一个正确的认识。育肥猪在猪群中的比率最大，各阶段猪中，育肥猪约占60%。行情越好，育肥猪出栏体重越大，压栏现象越明显，所占比率也越大。一般情况下，育肥猪的用料量占整个猪场的70%～75%，所以，育肥猪的饲养管理好坏至关重要，必须选派有技术、有能力、有体力的人员从事育肥猪的管理。②加强饲养管理。包括实行全进全出的生产模式、做好入栏前的准备、保持适宜的密度、注意分群管理、定餐喂料和避免争抢食物等以及打造适宜的环境条件。可以概括为干净干燥、气温适宜、空气新鲜、密度合理、全进全出、按时预防、适时保健。

（2）催肥阶段大量喂豆饼或花生饼　有的养猪者认为猪在催肥阶段应大量喂豆饼或花生饼，这样才长得快，肉结实，其实这是一个误区。如果催肥阶段大量喂蛋白质饲料，猪在胃肠道内必须把蛋白质含氮部分脱去，其他不含氮的部分才能转化为脂肪，但脱氮要多消耗能量。另外，豆饼或花生饼不会使肉结实，反而降低了肉的品质。而且，饼类饲料的市场售价比其他饲料要高，多用会提高饲料成本，是一种浪费。

纠正措施：催肥阶段肉猪生长的重点是生长脂肪，而不是生长肌肉，为此不需要饲喂大量的蛋白质饲料（如豆饼或花生饼）。

（3）采用熟饲料喂猪　不少养猪者认为猪吃熟食易长油，采用熟饲料喂猪，这是不科学的。饲料煮熟后，维生素几乎被破坏，饲料中的蛋白质老化变性。据统计，饲料在煮熟过程中有20%的营养成分损失掉了，青饲料的损失更大，如果在焖熟时久放锅内，还会出现亚硝酸中毒，造成猪死亡。

纠正措施：生饲料喂猪。喂生食能大大降低能耗和人工费用，还能将饲养周期缩短。

（4）稀汤灌大肚　有的养猪户以水料饲喂，料水比在1：（8～10），甚至更稀，不再另外供给饮水，这种饲喂法对育肥十分不利。水料喂猪的害处是：增加了体内水代谢所需的能量，增加了肾的负担；冲淡了消化液的浓度，不利于消化液的分泌；加快了饲料通过消化道的速度，必然降低饲料的消化率，尤其在冬季更为严重；猪因所获得的干物质少，影响日增重和出栏率。

纠正措施：为了增加猪的采饲量，让猪吃得多、长得快，一般应提倡稠料，料水比为 1：2，也可喂生湿拌料，料水比为 1：1，另外供给充足的饮水。

（5）经常使用营养药物　有人认为经常使用营养药物，有利于猪的健康和生长，这也是一个误区。经常性地添加营养药物也会带来副作用：一是使猪生产依赖性，二是影响维生素、微量元素等的平衡，从而影响猪的生长发育。

纠正措施：健康猪群不要经常使用营养药物。处于或即将处于应激状态的猪、病愈后的猪、使用治疗药物以后及一些病弱猪可以考虑使用营养药物。

（6）饲喂次数过多　有的猪场认为饲喂次数越多，猪吃得越多，生长得越快。其实饲喂次数过多，结果适得其反。

纠正措施：育肥猪的饲喂次数主要根据年龄而定，并不是越多越好。幼猪胃肠容积小，消化能力差，而相对饲料需要又较多，每天可喂 4 次。体重 35 千克以上的中大猪，胃肠容积扩大，消化能力增强，每天可喂 2～3 次。饲喂次数过多反而浪费人工饲料，影响猪的休息与消化。猪的食欲傍晚最盛，早晨次之，午间最弱，所以应提倡早晚多喂，中午少喂，每次饲喂的时间间隔应保持均匀。

2. 饲养管理方面的误区及纠正措施

（1）育肥猪出栏越大越有利　有的养猪者认为猪养得越大，仔猪成本越低，销售收入就越多，效益也就越好，这实际上是个误区。育肥猪有其生长规律，达到一定体重后生长变慢，饲料报酬降低，再继续饲养利润可能会减少。

纠正措施：当育肥猪出现脊背和臀部滚圆、食量有逐渐变小的趋势，粪便直径逐渐变小和增重缓慢时，就该及时出栏，否则会浪费饲料降低饲养效益。育肥猪前期增重慢，中期增重快，后期增重又变慢。猪体重在 10～68 千克时，日增重随体重增加而上升；体重在 68～110 千克时，日增重不会随体重增加而上升；体重超过 110 千克，日增重开始下降。所以杂交改良的肉猪，6～7 月龄，体重达到 90～100 千克时最适宜出栏。

（2）忽视育肥猪舍的温度控制　有的人认为育肥猪适应能力强，好饲养，对环境温度要求不高，所以不注重温度控制，夏天舍内温度高、冬天舍内温度低，结果影响生长育肥的增重和饲料转化率。

纠正措施：要保持适宜的舍内温度（适宜环境温度为 16～23℃，前期为 20～23℃，后期为 16～20℃），特别要注意夏季的防暑降温和冬季的防寒保暖。

（3）不进行分群管理　有的猪场在育肥过程中不进行分群，认为分群会引起猪群应激，影响生长。结果大小、强弱不同的猪养在一起，弱小者往往得不到充足的食物和饮水，生长发育受到影响。

纠正措施：为便于猪群个体均衡生长，要对育肥舍合理分群，即按猪的体重、类型分圈饲养。首次分群时间约在猪20千克体重时，以后再调整大小、强弱悬殊的猪。新合群的猪往往相互打斗，为减少与避免这种情况，可在夜间合群，在合群的同一栏猪身上喷洒一些无毒而有气味的物质，如来苏儿、白酒等。同时，在合群后要加强照看，及时隔开咬斗的猪。分群的原则是：留弱不留强、拆多不拆少、夜并昼不并。

第五节
疫病防控的误区及对策

当前许多规模化猪场对疫病的控制手段和技术水平仍然受到旧的、传统观念的支配。长期以来，一些养猪生产企业一直把疫病控制看成是兽医的事情，似乎与饲养管理和环境控制关系不大，而且过分依赖疫苗药物，存在一些技术上的误区。

一、病因的误区

现在一些养猪人往往认为所有的病都是病原引起的，这一点从采取的具体措施可以看出：严格的隔离是防止病原进入场区，频繁的消毒是为了杀灭病原，过多的疫苗注射也是使机体产生对某些病原的抵抗力，而药物预防多采用抗生素组合，也是针对微生物的。从近年来疾病的发生及蔓延的趋势来看，针对病原的这么多的措施并没有从根本上解决问题，也就是说除了病原以外，还有其他重要的因素。

1. 忽视季节病

传染性乙型脑炎和附红细胞体病发生在蚊子多生的炎热夏季；传染性胃肠炎多发于寒冷的冬季；呼吸道病则多发于秋冬以后；夏季仔猪腹泻多发于阴雨季节。上面的疾病可以看作是微生物感染所致，但更为重要的因素是气候的变化，也就是说气候因素是主要的，而病原微生物的作用是次要的。

2. 忽视慢性中毒病

常见的慢性中毒如食用发霉玉米中毒往往是慢性的，会降低猪抗病能力；

不当地使用药物，也会造成药物积蓄中毒。这些看不见的毒素会使猪抗病能力降低，一旦病原微生物侵害，就有暴发疾病的可能。

3. 忽略了营养和疫病的关系

营养是增加动物免疫功能、维护动物健康的物质基础，合理的营养可视为一种间接的防疫手段。在一些规模化猪场里，由于业主追求低价位饲料，势必会降低某些营养成分的含量，忽略了饲料营养是造成猪疾病恶性循环的关键。

经常使用单调的饲料配方（玉米豆粕型日粮）、过快的生长速度、水泥地面、网床饲养等，都会使猪出现部分营养的缺乏，营养的缺乏也会导致猪体抗病力降低。

4. 缺乏运动

定位栏饲养的母猪比大圈饲养的母猪利用年限短、生殖道疾病多就是明显的例子。尽管育肥猪生命周期短，并没有显示出缺乏运动的危害，但如果仔细分析，保育仔猪呼吸道病多发，与其心肺功能差不能说没有关系，而应激综合征则更多地出现在缺乏运动的猪身上。

二、人为因素的问题

1. 生产管理不当

疾病多发的时候，会发现有以下几种情况：一是换料时引起腹泻，这在仔猪断奶时特别明显。断奶后仔猪的营养来源由液体的母乳变成固体的植物性饲料，应激是难免的，如果延长换料过程，或过渡时逐渐进行，断奶后的腹泻完全可以避免。二是气温变化时呼吸道病多发，秋冬季多发。这并不完全是温度降低导致的，往往是由于担心温度降低而封闭猪舍，引起舍内空气质量变差，氧气突然减少造成的；或者是由开窗通风时进入贼风引起，俗话说"不怕大风一片，只怕贼风一线"。

2. 猪场人员管理上的疏松

有的养猪业主在人员管理上，只考虑用人成本，忽视了人员的素质，致使猪场各项措施和制度难以落实到位，甚至出现偏差，而引发猪的疾病。

3. 试探性治疗，理论结合不上实践

在一些规模化猪场中，有些从业兽医是从一些乡站出来的防疫员，根本就没见过猪场的病，仅凭在农村看过的一些猪病的经验去试探性地治疗。还有一些毕业不久的学生，理论知识掌握得扎实但缺乏实际生产经验，理论不能很好地结合实践。

4. 不该出现的现象

有一部分猪场，出现了两种不该出现的怪现象，其一：兽药品牌混杂，竞争激烈，由于一些兽药经销商的游说和各种诱惑，有一些技术员受利益的驱使，对一些换汤不换药的产品、"外药"及中试产品"产生浓厚的兴趣"，把许多"好药"用尽，猪还照样死亡，唯一的好处是个人得到丰厚的回报，在坑了老板的同时，又为自己推脱了责任；其二：有些养猪业主，购买兽药、疫苗时贪图便宜，到无资质的兽药店购买不合格的兽药，导致临床用药无效，引发疫病蔓延。

5. 随意改变程序化管理规程

每个猪场都有自己的一套防疫规程，一般都是经过实践证明有效的，不会有太大的偏差，关键是在操作方面。不按程序化操作，引发多种疫病，造成不同程度经济损失的猪场也屡见不鲜。因此，凡是形成的程序化规程，一定要严格执行，不能朝令夕改。

6. 打疫苗跟风，不切合实际

现在猪病较多，特别是外来病，用现行方法治疗不明显，于是有些疫苗就应运而生，有的猪场接种后有些效果，有的猪场接种后不但没有效果还有副作用。对于某些病毒性疾病，目前，全国有影响的诸多专家也是持多种不同见解，各有各的道理，在这种情况下，各猪场应根据自身的实际情况，有选择性地接种疫苗，不能盲目跟随其他猪场，否则可能会带来相反的效果（如使用某些弱毒苗、中试产品）。

7. 搞好防疫，就可以防止传染病的发生

疫苗的保护力不是百分之百，会受到疫苗质量、猪的体质、应激、免疫系统是否被破坏、病原的数量和毒力等的影响。防疫过的猪在受到大批量强毒的攻击时，也会发生疾病。

8. 只要搞好环境，严格消毒，就能把猪养好

搞好环境、严格消毒是养好猪的一个很关键的因素，但不是唯一的因素。养猪还需要注意饲料、品种、繁殖，另外还有定期药物预防等。没有全价饲料，饲养生产性能差的品种时，母猪产仔数少，育肥猪售价低等，都会影响养猪的效益。同时，环境和消毒，只能减少猪群感染疾病的机会，只能防病，但不能治病，对有病的猪群，效果就不明显了。另外，任何一种消毒药不可能杀死所有的病原，所以不能把搞好环境、严格消毒当成养猪成功的唯一法宝。

9.购猪客户进栏挑猪

有的猪场为了把猪卖个好价钱，便根据客户的要求让其进到猪栏里挑选自己喜欢的猪。客户特别是身兼屠宰、销售双重身份的客户，不但经常到不同的猪场，还会经常到屠宰场去，这些活动无形中增加了疾病传播的机会，对猪场生产是严重的威胁。因此，销售猪时，最好在出猪台完成，以减少疾病传入场内的机会。

三、诊断的误区

1.经验第一

我们经常会看到这样的情形，一个人到兽药店买药，病情没介绍几句，兽药店的技术人员（或者不是技术人员）马上会说出一种病，然后推荐使用哪种药。给猪诊断猪病时，要求望、闻、问、切，这里只是"问"，根本不可能确诊。现在对于猪病，也需要观察发病猪外观症状。计算发病猪所占比例，测量体温，解剖死猪，甚至采样化验方可得出初步结论，但这样的结论也往往受到取样数量的局限，一旦出现混合感染，就更难确定病情了。

2.过分依赖专家

专家见多识广，比猪场一般技术人员经验更丰富，所以许多猪场老板过分依赖专家，总认为他们更可靠。而场内技术人员在遇到困惑时，也希望专家拿出意见。因为如果专家的诊断是正确的，技术人员可以学到知识；如果专家的诊断不正确，那技术人员也会找到借口，专家都看不准，我们看不准也是正常的。这样的结果往往是不理想的，因为专家看不到猪，很难确定病情，即使看到猪甚至解剖几头，但由于时间短，不可能了解发病前后的各种情况，提出的方案也未必可行。

3.兽医操作失误

一些猪场的兽医人员在临床工作中总在抱怨：现在的药如何如何的假，现在的疫苗如何如何的不过关，可是否有人想过这些都有可能是因自己的一些基础性的工作没做好，如因注射操作不当而造成的。正确的注射操作技能，是取得理想的用药效果和发挥疫苗应有作用的前提，如果在注射疫苗时，注射部位不正确造成漏液而导致剂量不足；或注射入脂肪层无法达到理想的吸收效果；经常打"飞针"。让这样的兽医管理猪场，猪发病就不足为怪了。

4.把病推到"癌症"上

人们往往把治疗效果差的病定为由圆环病毒、蓝耳病毒引起的综合感染。

其实许多病并不像说得那样严重，也并不是无药可救，如果方法得当，仍有治愈的机会。

5.缺乏兽医实验室诊断及疫病监测体系

兽医对猪场疫病知识的了解应该是多方面的，但是最简单可靠的途径是通过对病猪的解剖并结合实验室的诊断，从而以最快的速度来解决实际问题。目前除大型猪场外，一般没有实验室，一些猪场的兽医不懂解剖学，辨别不出病变部位及病变特征，因诊断不清给疫病的控制带来一定的困难。有一些猪场更是不注重疫病的监测，所以也更谈不上什么科学有效的防疫措施，从而导致一些不该发生的疫病发生。

四、预防的误区

1.对猪场生物安全体系的建设认识不足

细菌、病毒以及其他微生物是猪病发生的基本因素，没有良好的生物安全措施，往往是造成猪致病的主要因素。诸如引种不慎带来新的传染病；忽略了养猪过程中环境的保护，导致猪场的环境污染，造成切不断的疫源。因猪舍的结构和生产流程不合理，不能全进全出的猪场，致使一些传染病得不到有效的控制。虽然人们早已认识到控制环境的价值，但不够重视，不从根本上去解决问题，企图用药物控制疾病，最终造成猪死亡和疫病流行。

2.注射疫苗就不会得病

许多人认为疫苗预防在防病方面有非常大的作用，注射了某种疫苗后就可以把这种病防住，特别是小规模养殖户。不能否认疫苗预防的作用，但我们在对猪群进行抗体监测时却发现，猪的抗体水平远远达不到预想的水平。从临床上通过对猪场的不同阶段猪群进行猪瘟抗体监测发现，成年公母猪的抗体水平普遍合格，后备猪的抗体水平要远低于成年母猪，但大部分合格；育肥猪的抗体水平有相当部分达不到标准，保育仔猪则是大部分达不到标准；哺乳仔猪的抗体水平多数合格。为什么同一个猪场会出现这么大的差别？是因为疫苗产生抗体会受到多种因素的影响。

影响因素包括：灭活苗首次注射必须连续两次才能产生足够的抗体；哺乳仔猪注射弱毒苗要受到母源抗体的影响；免疫剂量过大或过小都会影响抗体的产生；稀释液和佐剂的质量会影响免疫效果；初产母猪所产仔猪的抗体水平低于经产母猪所产仔猪；疾病会降低免疫效果；注射部位不准会使免疫效果变差甚至无效；疫苗的保存期会影响免疫效果；应激状态下免疫会受到抑制。生产上的任何一个影响因素注意不到都可能引起免疫失败，所以不能过度迷信疫苗的作用。

3. 药物可以预防百病

不可否认，在圆环病毒开始阶段，药物预防确实起到了非常大的作用，但药物预防是有局限性的。使用药物预防可以很快使猪群状况稳定，但只要停药，病情很快会反复。猪不可能用药养大，而且药的成本比饲料的成本要大得多。如果把大量的资金投到药物上面，养猪的收益会大大降低，更重要的是猪病仍然会发生。

4. 消毒次数多对猪有好处

现在人们对消毒非常重视，有的猪场甚至提倡一天消毒一次。消毒不但会增加成本，也有自身的不足。喷雾消毒会增加舍内湿度，在猪发生腹泻时可能有害而无利。另外，不论是猪体内还是体外，微生物也有自身的平衡。每种细菌和病毒都会抑制或杀灭它们的天敌。而消毒却是无选择的，不论是有益菌还是有害菌都会被消灭。在细菌大部分被消灭后必然要建立新的微生态平衡，如果不能补充有益菌，那有害菌大量繁殖就可能使环境变得更加危险。

5. 疫病检测不及时

在集约化养猪条件下，应进行经常性的疫病检测工作，以便对场内疫病情况、免疫质量、疫病净化水平进行监控，同时也为本场的防疫工作提供客观依据。尤其本地区、本季节爆发和流行严重的传染病时，更应该加强检测，以便及时做出反应。同时，对场内使用的疫苗、消毒剂的质量也要进行检测，以保证确实有效。如不能及时地做好以上工作，就不可能准确和深入地了解猪场疾病的流行和发展趋势，就不可能及时地采取有效的防治措施，从而影响猪群健康地生长发育。

6. 疫病发生时没能及时地采取有效的措施

猪场如遇到或怀疑是传染病发生时，必须及时隔离，尽早诊断并尽快上报，病因不明或不能确诊时，应将病料送有关部门紧急检验。如确诊为传染病时，应迅速采取紧急措施，对全场进行封锁和消毒。全场猪群进行检疫，病猪隔离治疗或屠宰、焚烧。健康猪进行紧急预防接种或药物预防，并对被污染的场地、用具、环境及其他污染物进行彻底消毒。反之，则容易延误最佳防治和治疗时机，造成疫情的扩散和蔓延，给猪场造成更大的经济损失。

五、治疗的误区

1. 可治百病的药物

在市面上经常见到药物的说明书上写着可以治疗多种疾病，甚至现在流行的病毒性传染病都可以治疗。其实每种药物都有针对的病，每种病也有针对的药物。对所有病都有效果也可能是哪种病都治不好。

2. 没有按疗程治病

不要认为打了一针猪吃料就好了，还需要继续按执业兽医开具的诊疗疗程进行治疗，这样才能彻底清除病根。

3. 用药方式不正确

主要表现在以下几个方面。一是用注射法治疗腹泻：现在治疗猪腹泻普遍使用注射法，这是不合理的。最好是口服，速度最快。肠道病的地点在肠道，通过静脉注射或肌内注射属于绕弯子，速度要慢。二是料中加药猪不采食：料中加药是许多猪场应对大面积发病的措施，但使用这个办法时必须注意一个问题，就是有些猪不采食，这也是在料中加药后为什么还控制不住死亡的原因。所以，如果大面积发病时，在料中加药的同时，必须对有症状的猪采取其他办法，注射治疗是效果最好的。三是水中加药有异味：相对于料中加药，水中加药的治疗效果要好很多，因为猪病多会体温升高，饮欲特别强，水中加药可使绝大部分猪得到治疗。但水中加药也有问题，最主要的问题是只能挑选那些能溶于水的药，致使可选药种类太少。另一个问题是，水中加的药物如果有异味，猪会拒绝饮水，不但没有治疗效果，反而还会因为缺水加重病情。所以水中加药时，应注意猪的饮水量是否减少，同时注意猪喝水时的表现。如果猪频繁地走向饮水器，咬住水嘴后很快松开，而且嘴角流水时，往往是猪并没有喝进去水。有一个检查办法是停下药水，给猪供应常水，如果猪哄抢饮用常水，说明药物有异味。

六、应对疾病的一些措施

1. 养重于防

以前人们提倡"防重于治"，是指预防比治疗更重要。但是如果考虑到为什么要预防，那就会发现 "防"一定有猪不适的地方，而如果我们给猪提供一切适宜的条件，又何必要去预防？因为预防一定会增加费用，而且有防不胜防的时候。养重于防，就是一切按猪的需求来满足，通过全价的营养、适宜的环境、周到的管理，使猪始终处于没有应激或很少应激的状态。

2. 药物诊断

猪病的诊断方式很多，眼观、耳听、触摸、体温及呼吸等的检测等是最常见的方法。解剖是进一步的诊断，从死猪器官病变诊断猪病。病原培养及抗体监测使诊断更准确。药敏试验则是对疾病用药的依据。临床上提出的药物诊断可以作为上面诊断方式的一个补充。

（1）药物诊断主要解决以下问题　①混合感染时的确诊：如果猪群发病后出现混合感染，则从外表上难以判定病的种类，解剖时也因症状多无法确诊，这时根据表观和解剖症状，针对性地采用几个不同的药物组合，然后根据最理想的方案，可以判定最主要的疾病种类，并针对性地采用治疗方案，效果会更好。②为进一步确诊提供缓冲的时间：疾病诊断最可靠的办法是采血化验和病料培养，选择敏感药物则需要做药敏试验，但这不是猪场能办到的，即使附近有相关机构也需要一定的时间，而猪病的发展则不能等待；发病后及时使用药物可以使病情得以缓解，同时也为进一步确诊提供临床依据。③排除细菌抗药性的影响：如果出现症状明显，但药物效果不理想时，还要考虑是否细菌产生了抗药性，则要针对该菌的其他抗生素品种，再结合药敏试验，最后选出最理想的药物组合。

（2）药物诊断注意事项　料中加药时必须注意猪的采食量，因为猪在高烧时会拒食或少食，药物效果很差，对病猪使用药物最好是注射；药物诊断必须有一定的数量，个别的猪不能代表全群，以免误诊；药物诊断时不用治标不治本的药物，如退烧药和抗应激药等，以免误导思路。

3. 淘汰是杀灭病原的有效手段

在治疗效果不理想或者需要长期治疗而费时费工的情况下，淘汰可能是最理想的办法。淘汰有以下优点：一是大量病原随病猪离开猪场（猪舍），减少了感染其他猪的机会；二是淘汰后，没有了治疗工作，工作量降低了，工作质量会得到提高，其他猪发病的可能性减小；三是看不见让人头痛的病猪，人的精神状态好转，在心情愉快的情况下工作，效率会提高。

第六节
用药误区及注意事项

据统计，在采用药物治疗猪病的失败病例中，兽药用法与用量不当占40%

以上；盲目用药和滥用药所致药物耐药性造成治疗失败占25%以上；治疗不对症占10%以上。由此可见兽药残留危害之大，显然违背国家倡导的"无抗"原则，构成对食品安全的严重威胁，已成为众矢之的。因此，在兽医临床上一定要秉着"养重于防、防重于治"的原则，才能确保养猪生产效益的提高。

一、规模化猪场的用药误区

1. 对使用药物的安全性了解不够，盲目加大用药剂量

有人认为剂量越大预防治疗效果越好，其实不然。有些药物安全系数较小，治疗量和中毒量较接近，大剂量使用很容易引起副作用甚至中毒，造成猪中毒死亡或慢性药物蓄积中毒，损害机体肝、肾功能，致使自身解毒功能下降，给防治疾病带来困难。有些药物在体内滞留和蓄积，使畜产品内药物残留量增高，危害人体健康；破坏肠道正常菌群的生态平衡，杀死敏感细菌群，而不敏感的致病菌继续繁殖，引起二重感染；细菌易产生抗药性，随着耐药菌株的形成和增加，导致各种抗菌药物临诊使用寿命越来越短，可供选择的药物越来越少，不但给临床治疗带来困难，而且加大了用药成本。

2. 随意进行药物配伍

药物配伍既有药物间的协同作用，又有拮抗作用。一些养猪场防治人员发现猪生病，盲目选购几种药物，在不了解配伍禁忌的情况下，自行搭配使用，轻者造成药物疗效降低或无效，重者造成猪中毒。

3. 不按规定疗程用药

有些饲养者在治疗过程中用一种药物一两天自认为效果不理想就立即更换药物，有时一种疾病连续更换几种不同的药物。这样做往往达不到应有的治疗效果，延误治疗时机，造成疫病难以控制。还有的饲养者用一种药物治疗见有好转就停药，结果导致疾病复发而很难治愈。

4. 重治疗轻预防

许多饲养场预防用药意识差，不发病不用药，其后果是疾病发展到中后期才实施治疗，严重影响了治疗效果，加大用药成本。

5. 迷信进口药或新特药

有些饲养者认为：进口药、新特药效果好，不管价格多贵都用。实际上有很多种药虽然名字不一样，其药物的有效成分大同小异。加之有些厂家在说明书上不注明有效成分，更造成了用药的混乱。在临床用药时，首先要对病因病症有一个正确的诊断，然后针对性地选择药物，不要一味追求进口药或新特

药，更不能使用无厂址、无批号、无生产日期、无有效成分含量的"四无"药品。

6. 只图省力，不注意给药途径

在临床治疗上，有很多药物给药途径不同，疗效也大不相同。如氨基糖苷类（链霉素、新霉素、卡那霉素、庆大霉素等），胃肠道很难吸收，只有采用肌内注射或静脉滴注才能取得很好的效果。肌内注射是猪病临床最常用的给药途径，进行肌内注射，必须保证药物不能注入脂肪，因为注入脂肪中药物很难吸收，且易导致无菌性脓肿。肌内注射的最佳部位是颈外侧紧靠耳根的后部。在用药时，要根据药物的性质合理选择给药方法。

7. 只追求生长速度和利润，导致药物残留

长期或无节制地使用某些抗生素、磺胺类或激素类催肥药物、添加剂等，大量残留在畜产品中被人类利用，危害健康。因此，在饲养和治疗当中，应特别注意以下几点：庆大霉素、卡那霉素、激素类等对哺乳期仔猪可以使用，断奶后尽量不用。性激素只允许少量用于种猪，禁止用于商品猪。

8. 认为疫苗是万能的，接种了疫苗就万事大吉

疫苗的保护是有条件的，就算免疫非常成功，如果环境中致病微生物的攻击量超过测试的攻毒量，仍然有发病的可能。典型的事例如口蹄疫普通苗，只能抵挡20个攻毒量，而实际生产中，环境中超过20个攻毒量的情况大大存在，因此，就出现接种口蹄疫疫苗后，又发生口蹄疫的情况，即使用了浓缩苗也只能抵挡200个攻毒量。所以疫苗不是万能的，接种疫苗后仍然要做到综合防治，坚持不懈。

二、猪场用药注意事项

美国知名的养猪专家大卫先生在中国养猪行业服务多年，在他的《猪场健康管理策略》一书中鲜明地提出，生产者应该主要通过自身的管理努力去控制疾病，而不是依赖"魔力弹"式的药物；"加药"是在所有措施都用尽了仍不奏效时的最后选择，因此，即使在万不得已的情况下添加药物，也要有一定的策略，且一定要慎重。

1. 不可乱用药

兽药是指用来预防、治疗和诊断动物疾病的一类化学物质，也包括用于促进动物生长、繁殖和提高动物生产效能、保障与促进畜牧业生产的一些化学物质。药物用量过大或用法不当都会对动物产生毒性、损害动物健康，甚至引起

死亡，则成为毒物。因此药物与毒物之间并无明显界限，在临床使用上，更要慎之又慎。

（1）用药准确关键在于确诊　所谓药到病除并非依靠灵丹妙药，所谓好药也并非价格昂贵的药，在确诊病的基础上，根据药理药性来对症下药方可达到治愈的目的。常言说"有病乱投医"，但千万不可"有病乱用药"。在基层依靠一支注射器和"安青地"（指安乃近、青霉素、地塞米松）包打天下的时代已经过去。治疗是以确诊为前提的，对病的认识似是而非则只能是盲目用药，即使治好了也是瞎猫碰上死耗子。

（2）切勿滥用药和误用药　在农村，养猪滥用药和误用药的现象十分严重。有的农户自作聪明，在饲料中、饮水中常拌些土霉素之类的药物，似乎猪一日三餐无药则不可下咽似的；还有一些厂家在饲料中掺入激素，引起一系列社会公害和环境污染，危害一方。

（3）临床用药宜标本兼治　患病时临床症状常是外表征候和现象，病原致病是内因，因此必须标本兼治才能根除病患，使患畜康复。在临床诊疗中，由于猪食量大且采食粗犷，常将整体用药（如静脉注射、肌内注射）与口服用药（拌在饲料或饮水中）相结合。又由于目前中草药散剂很多，中西药合剂及中药针剂也很多，因此可采用中西药结合的方法治疗，在基层尤其是流行病发病早期，从临床症状上难以确认病原时（如腹泻是由细菌引起还是由病毒引起），可将抗菌药与抗病毒药配合使用，这样往往效果显著。

（4）不可忽视配伍禁忌　药物因具有不同的理化性质和药理性质，在配合不当时易出现沉淀、结块、变色，从而引起失效或产生毒性，兽医人员在临床治疗时必须注意这些配伍禁忌。主要有如下三类：①物理性禁忌。药物配合时产生形态方面的改变，导致降低药效。如抗生素类药不能与吸附类药同用，否则前者易被后者吸附而降低疗效。②化学性禁忌。主要是酸性与碱性的两类药物相遇时发生化学反应而产生沉淀、变色、气体、爆炸、液化等，轻者降低药效，重者产生毒害作用。如磺胺类药物易与许多抗生素类药物、葡萄糖生理盐水以及解热镇痛、镇静类药物发生沉淀析出；盐酸四环素遇碳酸氢钠时析出四环素沉淀。常用的酸性药物有青霉素、链霉素、葡萄糖酸钙、盐酸普鲁卡因等，均不宜与碱性药物配伍。③疗效性禁忌。一些药物在配合使用时可产生拮抗作用（抵消药效）或协同作用（导致药害）。如拟胆碱药与抗胆碱药、磺胺类与普鲁卡因、氯霉素与卡那霉素不能配合使用。

目前广泛使用的一些中药水针剂、中西复合针剂与其他药物配伍时同样有配伍禁忌,临床配合用药必须同样慎重。

2. 如何选购及使用药物

(1)不同剂型药物的外观质量鉴别　检查内包装上是否附有检验合格标志,包装箱内有无检验合格证,用瓶包装的应检查瓶盖是否密封,封口是否严密,有无松动现象,检查有无裂缝或药液释出。①片剂:外观应完整光洁、色泽均匀,有适宜的硬度,无花斑、黑点,无破碎、发黏、变色,无异臭味,否则不能使用。②粉针剂:主要观察有无黏液、变色、结块、变质等,出现上述现象不能使用。③散剂(含饲料添加剂):散剂应干燥、松散、均匀、色泽一致,无吸潮结块、霉变、发黏等现象。④水针剂:外观药液必须澄清,无混浊、变色、结晶、生菌等现象,否则不能使用。⑤中药材:主要看其有无吸潮霉变、虫蛀、鼠咬等,出现上述现象不宜连续使用。

(2)如何面对名目繁多的新兽药制剂　近年来一些兽药名称、品牌、剂型等十分混乱,往往使兽医和养猪户困惑不解,一些厂家在外包装上只说明用途和用法,但没有说明该药的处方成分,这是违反国家法律法规的,也给兽医在临床使用时造成困难,甚至导致医疗事故的发生。因此养殖户在选择药物时必须充分重视对药品标签的鉴别,切勿贪图便宜而购买来源不明的药物。①不得使用原料药物。许多猪场计较药物成本,违反《兽药管理条例》,往往在饲料中添加药物原粉。这样做是不对的,更不懂得原料药的缺点:添加时搅拌不均匀,如果破碎的玉米是西瓜,原料药颗粒就是芝麻,西瓜和芝麻无论如何都难混匀;经过胃部时,部分药物被胃酸破坏,同时药物刺激胃壁易引起溃疡;许多原料药口味、口感不好,猪的采食量降低,如氟苯尼考、恩诺沙星等有苦味,添加量稍大猪就停食;药物被胃酸破坏与否都要经过肾脏排泄,由于原料药添加量大会加重猪肾脏的负担。②在必要添加药的情况下,必须按兽药使用要求,添加允许使用的药物预混剂,以减少药物的残留。在此有必要了解一下好的药物预混剂生产的工艺:载体的处理,像稻糠、玉米芯等载体具有许多细小的孔洞,经过膨化处理让孔洞变大;吸附,载体处理后将原料药药粉喷进,迅速冷却让孔洞关闭;微包被,吸附有药物的载体用糊化淀粉包被处理,像感冒胶囊一样防止胃酸对药物的破坏作用;铰链,微包被处理后颗粒还是很小,不易搅拌均匀,在很短时间内用蒸汽过一下,几个颗粒就连在一起变大了;再包被,铰链后的大颗粒再包被一次;其他处理,添加一些诱食剂,增强猪的食欲；包装成成品，许多人误以为药物预混剂就是载体加原料药搅拌一下，这是很不对的。如果将药物预混剂比喻为"馒头"的话，原料药就是"面粉"，馒头能吃而面粉不能吃。有些名不见经传的小药厂根本没有微包被需要的技术设备等，药物的加工简单，必然会影响药效，这可能是导致大家对药物预混剂产生误解的真正原因。③要选择知名厂家生产的药物。不同厂家由于工艺的不同，所以生产的产品效果也不一样。如：同样都是氟苯尼考成分的针剂，不同生产厂家生产的注射效果可能不一样。因为真正好的针剂，一般添加有增效剂、靶制剂、缓释剂、导向剂等，虽然用药量特别小但疗效确切，并且对动物机体的副作用非常小。

（3）兽药使用注意事项　①用药目的要明确，即要知道的动物患的是哪一类病，从而选用哪一类或几类药物。有了目标及拟定的治疗方案，方可准确地选用药物。②用量要适度，疗程应充足，用药要合理。小病勿用重药，小病用高档药、重量级药，常易导致病原体产生耐药性，今后该地区发生重大疫病时则难以治疗；用药过量导致药害，有时引起中毒可加速患畜死亡。一般药物的使用，在一个疗程后方可见到明显的效果，临床上切勿在用药一两次未见效果就匆忙换药，保证充足的疗程对保证药效十分重要。③用药前应细看说明书，注意配伍禁忌，尤其是目前市场上名目繁多的新品牌兽药更应该慎重使用。使用时注意标签中标识的药物半衰期等参数，按时效进行重复用药。

三、预防细菌产生耐药性的措施

近些年，在使用抗菌药物时遇到的首要问题是细菌的耐药性，它已成为现今药物疗效降低的一个重要原因。目前世界上一些地方出现了可耐受现今所有抗菌药物的细菌，被称为"超级细菌"。所以在使用抗菌药物时，最好根据药敏试验选择用药以提高药物的疗效。

严格掌握抗菌药物的适应证，防止滥用，避免滥作预防用药，尽量减少长期用药。治疗时剂量要充足，疗程、用法要适当，尽量避免疗程未结束就换用他药的现象。病因不明者，不轻易用药，病毒性感染除继发细菌感染外，不轻易用药。用窄谱抗生素时不用广谱，一种药物可以控制时不进行联合用药，以防止或推迟耐药性的产生。在同一个猪场有计划地分期、分批交替使用不同的抗菌药，是减少耐药菌株的有效方法。严格执行消毒、隔离制度，防止耐药菌的传播和引起交叉感染。

另外，有条件的猪场应积极开展分离本场致病菌而后进行药敏试验，确定选择最佳、最敏感的抗生素。

第七节
消毒过程中存在的误区及改进措施

目前，规模化猪场虽然都制定有消毒制度，但实际上大部分操作人员仅把它当作一项操作程序而已，并没有认识到它的重要性，因此，猪场工作人员在实施消毒的过程中往往会走入误区。

一、消毒的误区

1. 空栏消毒前不做彻底有效的清洁

猪场空栏清扫后用清水简单冲洗，就开始消毒，这种方法不可取。因为消毒药物作用的发挥，必须使药物接触到病原微生物。经过简单冲洗的消毒现场或多或少存在不易被清除的有机物，如血液、胎衣、羊水、体表脱落物、动物分泌物和排泄物中的油脂等，这些有机物中藏匿着大量病原微生物。这些藏匿的病原微生物，消毒药是难以渗透其中发挥作用的。消毒不彻底，上批猪遗留下来的病原会给下一批猪带来安全隐患。同时，消毒药物与有机物，尤其是蛋白质有不同程度的亲和力，可结合成不溶性的化合物，阻碍消毒药物作用的发挥。再者，消毒药被大量的有机物所消耗，严重降低了对病原微生物的作用。所以说，彻底的清洁是有效消毒的前提。

2. 消毒池用氢氧化钠消毒，且一星期只换水加药一次

许多养殖场门卫消毒池用氢氧化钠消毒，浓度根本没有仔细称量换算，有效浓度达不到3％，也不考虑空气、阳光这些因素对其消毒效果的影响，更没有做到2天更换一次药水。因为，氢氧化钠的水溶液只能维持2天的有效消毒效果，2天以后药已失效，根本达不到消毒效果。所以这种消毒池是形同虚设。

其原因是，空气中的二氧化碳与氢氧化钠起反应，迅速降低了池中起消毒作用的氢氧根离子浓度。有人曾做过试验，从上水加药开始，每天用试纸测定pH两次后得知，池中3％的氢氧化钠溶液已失效。

另外，池中的氢氧化钠溶液对池壁有较强的腐蚀性，这样又缩短了消毒池的寿命。同时对进出车辆的底盘、轮胎等也有较强的腐蚀性。

3. 随意加大水中消毒药的浓度

许多消毒药物，按其说明书称，可用于猪的饮水消毒，并称"高效、广

谱、对人畜无害",更有称"可 100% 杀灭某某菌和治愈某某病,用于饮水或拌料内服,在 1 ~ 3 天可扑灭某某病"等,这显然是夸大其词。饮水消毒实际是对饮水的消毒,猪喝的是经过消毒的水,而不是喝的消毒药水,饮水消毒实际是把饮水中的微生物杀灭或控制猪体内的病原微生物。如果任意加大水中消毒药物的浓度或长期饮用,除可引起急性中毒外,还可杀死或抑制肠道内的正常菌群,对猪健康造成危害。所以饮水消毒应该是预防性的,而不是治疗性的。在临床上常见的饮水消毒剂多为氯制剂、季铵盐类和碘制剂,中毒原因往往是浓度过高或使用时间过长。中毒后多见胃肠道炎症并有黏液、腹泻症状,以及不同程度的死亡。

4. 不考虑水质和环境温度对消毒剂的影响

各地水的盐度和软硬度(水中钙、镁离子浓度)不一样,钙、镁离子易与某些消毒剂中的主要化学成分(如碘)发生反应,影响消毒效果。

一些消毒剂,尤其是含有醛或碘的消毒剂,在寒冷的季节(20℃以下)对同一病毒的有效消毒作用大大下降。

泥土呈酸性,且含有大量有机物,它们容易中和消毒剂中的有效成分(如碘)。在环境、车辆、过道、空栏消毒时要高度重视选择不怕泥土或有机物的消毒剂。

5. 不采用带猪进行空气雾化消毒

带猪消毒的着眼点不应仅限于猪的体表,而应包括整个猪场的空间和环境,因为许多病原微生物是通过空气传播的。不进行空气消毒,空气中的病原微生物久而久之就会导致猪发生某些疾病。带猪消毒应将喷雾器喷头高举空中,喷嘴向上喷出雾粒(雾粒直径大小控制在 80 ~ 120 微米)。这样,一方面可以减少消毒剂的用量,另一方面雾粒在空中缓缓下降过程中与空气中的病原微生物接触时可杀灭悬浮在尘埃中的病原,此外还有除尘、净化空气、减少臭味、降温等方面的作用。值得注意的是空气雾化消毒应选择杀菌谱广、刺激性小且对人畜安全无害的消毒剂,同时还要选择使用专用电雾化的喷雾器。

6. 盲目轮换使用消毒药

有些猪场频繁轮换使用消毒药,理由是避免病原微生物产生抗药性。从实际操作来看,调换消毒药要根据消毒场合、目的、疫病种类、动物种类、使用方法以及季节而定,不能随心所欲、任意调换,既要考虑对病原微生物的"杀灭"作用,又要考虑对人畜无害、副作用小,同时还要考虑对芽孢、真菌等病原的杀灭有协同作用。

7. 使用不正规的复合消毒药

甲醛、氢氧化钠、过氧乙酸等消毒作用较强，对病毒、细菌、芽孢、真菌等有较好的杀灭作用，但它们的副作用也较大，对有些消毒不适用。而季铵盐类、氯制剂等相对副作用较小，但对芽孢、真菌等杀灭作用较差。季铵盐类消毒剂对非囊膜病毒（又称亲水性病毒）如口蹄疫病毒、猪水泡病病毒及呼肠孤病毒等灭活作用则较低。为了弥补各消毒药的某些缺点，增强消毒力，已研制了许多复合制剂，如复合碘制剂、复合季铵盐类、复合酚制剂、复合醛制剂等可供选用。但是，有些药应严格按要求配制后使用，如过氧乙酸是一种消毒作用较好，价廉易得的常用消毒药，按正规包装应将 30% 过氧化氢及 16% 醋酸分开包装，称为二元包装或 A、B 液，用前将两者等量混合，放置 10 小时后可配成 0.3%～0.5% 浓度喷雾消毒，或熏蒸消毒。A、B 液混合后在 10 天内效力不会降低，但 60 天消毒可下降 30% 以上，并逐渐完全失效。有的厂家将二者混合后包装，有的场户为了方便省事，选用了这种过氧乙酸，使用后可能起不到消毒作用。

8. 发病时消毒、无病时少消毒或不消毒、消毒无计划

消毒应分为定期消毒和临时消毒。定期消毒是针对当地常发生的疫病种类、猪品种、不同季节等综合因素进行分析安排，并要制订一套周密的消毒计划，切不可随心所欲。定期消毒对行政区和生产区有不同的要求，对进入生产区的人员必须严格按程序和要求进行消毒，不论是行政领导、技术人员还是饲养人员，都应按一个标准执行。许多猪场对外来人员要求严，对本场人员要求松，"外紧内松"现象常有发生，那些不经任何消毒从饲料间、粪场等通道进入生产区的，基本上都是本场人员。临时消毒是指在受到某种疫情威胁或已发生疫情时，根据具体情况制订临时消毒计划，除考虑选用针对性的消毒药物、消毒方法之外，还必须全面彻底地进行全方位大扫除、大消毒，并应反复数次进行。

9. 用生石灰或熟石灰消毒

石灰消毒使用不当失去消毒的意义。如新出窑的生石灰是氧化钙，加入相当于生石灰重量的 70%～100% 的水，就生成了疏松的熟石灰即氢氧化钙，只有这种离解出的氢氧根离子才具有杀菌作用。有些猪场在入场处或入口池中，堆放着厚厚的生石灰，不沾水，让车或人通过，这是起不到消毒作用的。用放

置过久的熟石灰也起不到杀菌消毒作用。将石灰粉直接撒在舍内地面上，石灰粉尘大量飞扬，猪吸入呼吸道内，引起咳嗽、打喷嚏、甩鼻等一系列症状，结果更糟。

10. 使用福尔马林消毒和熏蒸

福尔马林最常用作熏蒸消毒，它的消毒作用受湿度和温度的影响很大，温度越高消毒效果越好，温度每升高10℃，消毒力可提高2～4倍，在温度为0℃的环境下，几乎没有消毒作用，所以应保持在20℃以上使用。还要注意，这里所说的温度是指被消毒物品表面的温度，而不是空气的温度，也不是使用福尔马林时短时期内的温度。需要注意的是，用高锰酸钾做氧化剂和福尔马林作用进行熏蒸时很不安全，并且有致癌的危险，同时，对人和猪有强烈的刺激性，容易诱发呼吸道疾病。

11. 不重视配方消毒剂的使用

配方消毒剂是指含有表面活性剂、酸化剂、缓冲体系以及其他成分的复合消毒剂。其中，表面活性剂能浸润以去除污物，增大接触面积，减少有机物的影响；酸化剂能降低pH，提高杀菌力，并能穿透生物膜、衣壳等，增强消毒剂的杀病毒能力；缓冲剂能防止在硬水中与钙发生反应，提高接触面积，增强消毒剂中活性成分的协同效果，从而延长杀菌时间。而单一化学消毒剂（如福尔马林、氢氧化钠、高锰酸钾等）不具备配方消毒剂上述优点。

12. 过分依赖消毒

消毒是贯彻"预防为主"的重要内容之一，其目的是消除外界环境中的病原微生物，切断传播途径，防止疫病的蔓延。与其等效的还有许多重要环节，如对病死猪做无害化处理，做好环境控制，改善养殖设备，处理好污水粪便，消灭蚊蝇和老鼠，加强饲养管理，免疫预防，增强猪的抗病能力等综合性防治措施。

二、改进措施

1. 完善消毒设施

（1）在猪场出入口设机动车辆与行人分道的车辆消毒池和消毒通道　消毒间两个，人与物分开用不同消毒间。车辆消毒池旁边配消毒桶和消毒枪。

（2）生产区和生活区分开　在生活区进入生产区的入口设机动车辆与行人分道的车辆消毒池和消毒通道，行人通道中另设有男、女浴室和更衣消毒室。

（3）场内消毒设施　每栋猪舍出入口设脚踏消毒池与洗手消毒盆；在猪舍

出入通往粪池的必经之路设消毒池；在合适的地方设置化尸池，在生产区进入化尸池的地方设消毒池；出猪台设置不应该离猪舍太近，外面进到出猪台的路上设消毒池、消毒桶和消毒枪等；完善猪舍内使用的各种必要的消毒器械，如火焰消毒器、高压冲水枪等。

2. 科学合理地制定消毒制度

（1）谢绝外来人员进场参观，如有特殊需要须经过严格消毒按指定线方可进入　场内员工尤其是在生产区上班的工作人员无要事不得外出，出去后回场也得经过严格消毒才能进入猪场。防止野生动物进入场内，做好灭鼠灭蚊蝇等工作。严禁从外购回未高温煮熟的猪、牛、羊肉及其制品。

（2）人员与车辆严格消毒　车辆出入猪场时需要经过严格的消毒，全车经消毒枪喷洒高效毒药，如威牌活性氯。人员进入需要沐浴更换猪场内的便服和鞋子，先在行人分道的消毒间消毒，然后再踩踏消毒池才能进入。如有携带物品，放入消毒间消毒后方可带入。

（3）场内员工的工作服、水鞋、手套要专人使用，定期清洗消毒，不得带离猪场　生产区内工作人员进入生产区需要经过沐浴更换猪场内的工作服和水鞋，原来的衣服鞋子放在指定的消毒间消毒，然后再踩踏消毒池才能进入。饲养员不准相互串舍，每栋猪舍内的工具不得转借到别的栋舍里面去使用，并在用完后及时清洗消毒。

（4）生活区、办公室、食堂、宿舍及周边环境每月大消毒一次　售猪周转舍、出猪台，及其周边环境每销售一批猪后大消毒一次。猪场正门，生产区正门等消毒池以及各猪舍门口的消毒池与消毒盆，每周至少更换一次池水、盆水，加入新的消毒药，如池里加入氢氧化钠，洗手盆里加入来苏儿。猪场每栋栏舍每周进行 1～2 次全面消毒，栏内及猪体用可带猪消毒的消毒药，通道和栏外场地用氢氧化钠喷洒消毒。周边有疫情时隔天消毒一次，直到疫情平息。如猪场内发生疫情时每天全面消毒 1～2 次。

（5）配种和分娩时要严格消毒　配种员在配种时对母猪后驱尤其是阴部三角区先用清水清洗后消毒，采精或直接使用公猪本交时对公猪阴部先用清水清洗后消毒。临产前产床、产栏在转入母猪前彻底消毒，母猪进入产房前经沐浴消毒后再进入。分娩护理员需要对手进行消毒。仔猪断脐、剪耳号、断尾、阉割直接使用聚维酮碘消毒。

（6）每批猪转走后栏舍需要先用清水冲洗干净后严格消毒　猪群转入新的

猪舍前需要先沐浴后全身消毒方可转入；饲料、药品、饮用水乃至空气按时消毒；防疫及医疗器械需要按时消毒；尿、污水、垃圾及时处理消毒；病死猪，胎衣、血迹等及时扔到化尸池，化尸池及时添加氢氧化钠等消毒药。

（7）尽量做到"全进全出"，对消毒工作也会取得更好的效果 环境消毒和猪舍内的带猪消毒，每个月更换不同成分类别的消毒药品以防致病菌容易产生耐药性影响消毒效果。消毒时要严格按照消毒操作规程进行，认真检查，确保消毒效果。

（8）要正确使用消毒药物，按消毒药物使用说明书的规定与要求配制消毒溶液 药量与水量的比例要准确，不可随意加大或减小药物浓度。不准任意将两种不同的消毒药混合使用或消毒同一种物品，因为两种消毒药合用时常因理化性质的配伍禁忌而使药物失效，如需要合用要注意不同消毒药的药性与配伍禁忌。消毒时操作人员要戴防护用品，以免消毒药刺激眼、手、皮肤及黏膜等，同时也要注意勿使消毒药物伤害猪群及物品。

3. 确保消毒工作的有效进行

管理者要明白猪场消毒的重要性和必要性，同时还要加强管理和提高猪场内所有工作人员的消毒防疫意识和对猪场规范消毒的相关技术培训。

建立消毒工作监督奖罚制度，加强监督。如消毒制度中规定消毒的内容在兽医场长严格监督下落实到位，要求每次消毒必须要两个以上消毒工作人员共同签字，要求注明消毒的内容、消毒水的名称、生产厂家、生产日期、配置的药液浓度等。

因为消毒效果很难一时半刻用肉眼看出效果，所以在采购消毒药品特别需要注意选择有信誉的厂家生产的有生产批号和生产日期较近的消毒药品，这对消毒效果更有保障。

第八节
兽用疫苗使用的误区和注意事项

在畜牧生产中，要把做好防疫工作当成头等大事，正确保存与使用疫苗，保证防疫效果，这样才能有效预防疫病的发生。

一、疫苗的分类

根据保存温度不同，一般将兽用疫苗分为两大类：一类是需要常温保存的疫苗，该类疫苗主要指灭活疫苗，其最适保存温度为 2 ～ 8℃，保存过程中要严防疫苗冻结，不能低于 0℃，否则会导致灭活疫苗变质，影响免疫效果；另一类是需要低温保存的疫苗，该类疫苗主要指冻干疫苗，其保存温度在 -15℃以下，温度越低，保存时间会越长。

二、正确保存、运输和使用疫苗

在疫苗的保存和运输过程中，一定要注意控制好温度，需常温保存的疫苗既怕高温又怕冻结。而需低温保存的疫苗最忌讳反复冻结，发生融化的危害更大。所以一定要严格按规定的温度保存和运输疫苗。此外，还应注意避光和防潮。

在使用疫苗之前，应该仔细核对名称、规格、生产日期等，一旦发现疫苗破乳分层或有异物、瓶盖渗漏、已过有效期等异常情况，不得使用，并做无害化处理。

冻干疫苗瓶内呈真空状态，在使用时，将抽好稀释液的注射器通过瓶塞扎进冻干疫苗的瓶内后，在没有外力的作用下稀释液即被自动抽吸进瓶内，这证明疫苗存在环境是真空状态。加入稀释液后即可将冻干疫苗在常温下打开使用，一般 2 ～ 8℃下 24 小时内有效，8 ～ 15℃ 12 小时内有效，15 ～ 25℃必须在 8 小时内用完，25℃以上时要在 4 小时内用完。在使用冻干疫苗的过程中，要注意防止日光照射，采用饮水免疫时要避免水中含有金属离子，在使用疫苗的前后 3 天内不得使用消毒药物及抗菌、抗病毒药物。

三、兽用疫苗使用中存在的误区

1. 兽用疫苗对人身体没有损伤和传染的可能

其实某些疫苗可通过皮肤上的伤口、眼结膜、呼吸道等感染免疫力低下的人群，特别是人畜共患病类的弱毒疫苗。因此，防疫人员在稀释和使用冻干活疫苗的过程中，必须做好自我防范。

2. 疫苗使用剂量越大，免疫效果越好

在免疫时，疫苗剂量太小，产生免疫抗体水平过低，起不到免疫作用；使用剂量过大，应激过大，容易造成免疫麻痹，使得抗体的形成反而受到抑制，起不到效果。因此，应严格按疫苗使用说明书中规定的剂量进行免疫。

3. 动物接种过预防某种疾病的疫苗之后绝对不会再发生该种疫病

实际上，免疫效果会受到疫苗自身质量、动物个体差异、免疫操作、疫病流行情况等诸多因素的影响，有的疫苗保护率仅为 70% ～ 80%。因此在使用过预防某种疾病的疫苗后，仍有发生该疾病的可能。

有人认为接种疫苗没用，接种疫苗之后畜禽仍会大批量的发病。在实际生产中，由于受到多种因素的影响，不可避免地会出现免疫失败的现象。通过制定符合本地区或本场实际的免疫程序，科学合理地使用疫苗，有计划、有目的地开展免疫接种，免疫失败还是可以避免的。

四、注意事项

第一，目前疫苗市场比较混乱，随意购买疫苗没有保障，要到正规的兽医部门购买疫苗。

第二，严格按照疫苗使用说明书的要求使用疫苗，对有病、瘦弱、临产（15天）或吃奶的、不足月龄的猪不予免疫接种，待病畜康复后补种。

第三，注射免疫时注射部位要用2%～3%的碘酊消毒，之后用挤干的75%的乙醇棉球脱碘。避免使用高浓度（如5%）的碘酊消毒，以防影响疫苗的免疫效果。在使用消毒药消毒后再用生理盐水涮或擦注射器、针头以及注射部位。

第四，采用肌内注射接种疫苗时，采用的针头不宜过短。针头短，针孔大，拔针后疫苗易渗出来，另外达不到标准的深度，会造成进入牲畜体内的疫苗含量达不到要求，不能发挥免疫作用。

第五，尽量避免同时接种2种或2种以上的疫苗，疫苗混用易影响免疫效果和产生抗体检测方面的困难。一畜接种2种疫苗时要分部位注射。

第八章
非洲猪瘟衍生"新技术"的反思与启示

　　高致病性蓝耳病、猪瘟、口蹄疫等重大动物疫病的流行，让养猪户感受到切肤之痛。这次非洲猪瘟疫情对我国重大动物疫病防控来说犹如雪上加霜。在遏制非洲猪瘟疫情蔓延的同时，也衍生了一些"新技术"，如"互联网＋养猪"或者"人工智能＋养猪"。前些年轰轰烈烈的"互联网＋农业"风潮下，各类企业纷纷试水，但成功者寥寥。新技术为传统行业赋能，成败的关键在于对传统产业的深刻理解和对用户需求的深入洞察，这是跨界融合打破行业壁垒的钥匙。

第一节
非洲猪瘟流行现状的反思

不到一年的时间，非洲猪瘟疫情迅速蔓延，连偏远的云南、贵州和西藏都没有逃脱厄运，到底是哪些因素造成了如此严重的后果，值得大家深深地反思。

一、非洲猪瘟的流行情况

1. 发病地区范围较大

从国际上看，非洲猪瘟防控是全球性难题，已发生疫情的 68 个国家和地区中，目前只有 13 个国家曾实现过根除。共有 18 个国家和地区报告发生了 5 800 多起疫情。

在亚洲，越南自 2019 年起发生 2 814 起家猪非洲猪瘟疫情，柬埔寨发生 7 起家猪非洲猪瘟疫情，中国香港发生 2 起家猪非洲猪瘟疫情，朝鲜发生 1 起家猪非洲猪瘟疫情。

2. 被感染的猪场数量多

中国的非洲猪瘟疫情自 2018 年 8 月在辽宁沈阳出现，至 2019 年 7 月上旬，农业农村部通报的非洲猪瘟疫情数已达 145 起，即先后在全国 31 个省份的 147 个养殖点发现非洲猪瘟疫情。发生疫情的猪场已由最初的中小散户发展到存栏几万头的规模猪场，包括生物安全防疫做得比较到位的种猪场。如 2019 年年初，江苏地区一家母猪存栏超万头、猪场环境较好的国家生猪核心育种场也发生了非洲猪瘟疫情。但自 2018 年 12 月以来，新发疫情数明显低于前期，特别是 2019 年第一季度，疫情月度发生数已控制在个位数。

3. 被扑杀生猪数量较大

在疑似非洲猪瘟疫情上报后，我国农业农村部及地方相关行政部门高度重视，组织专家赶赴疫区指导扑杀检疫工作，严格按照《非洲猪瘟疫情应急预案》要求，对疫点、疫区存栏生猪进行扑杀、消毒和无害化处理；对受威胁区生猪进行全面采样监测，并全面展开流行病学调查，确保各项扑杀检疫工作进展顺利，使得疫情得到有效控制。据不完全统计，截至 2019 年 7 月，国内因非洲猪瘟疫情扑杀生猪约 101.1 万头，扑杀补助经费达 6.3 亿元，并安排 7.48 亿元专项资金用于生猪检疫和运输车辆监管工作，以此来避免非洲猪瘟病毒的进一步传播。

二、值得思考的几个问题

第一，饲料污染是许多规模猪场发病的重要原因，现在已经得到各方面的普遍认可。但是如果是玉米或麸皮等谷物类原料污染造成的，为什么在疫区中饲喂自配饲料的规模猪场和散户反而发病的比例更低？因此我们认为动物源饲料原料是主要的污染源，如果我们确保不去使用动物源饲料原料和新鲜玉米，那么饲料的高温熟化就没有必要了。

第二，为什么一些生物安全制度非常严格的集团公司也有个别分场出现疑似疫情？其主要原因是对技术人员和饲养员缺乏人性化管理，简单地按照以前处置口蹄疫或流行性腹泻的方法，不让猪场人员走出场区。有些猪场甚至从2018年8月开始持续实施这种非人性化的措施，最终导致人心涣散，工作流于形式，细节不到位。应该清醒地认识到防控非洲猪瘟是一场持久战，短期内不可能有安全有效的疫苗上市，所以重点是完善人员进出生活区和生产区的消毒措施，而不是简单地把员工封锁在猪场内。

第三，非洲猪瘟病毒本身没有长腿，不会自己跑到猪场生产区与猪接触，所以疫情的发生都是人为因素造成的。其核心问题是进入生产区的饲料、饮水是否受到污染，猪场的走道上是否受到污染，与猪接触的人员、用具是否受到污染。因此我们在制定猪场生物安全措施时一定要先把复杂问题简单化、抓住关键点，然后再把关键点的措施进一步细化，并且要简便易行。

第四，虽然国外有许多防控非洲猪瘟的成功经验，但是我们必须结合国情去借鉴而不能照搬照抄。例如在猪场外1～3千米建立卖猪中转站、建立洗消中心等，但是我们的养猪密度很大，从中转站或洗消中心到猪场的1～3千米又是一个运输污染的风险点，这样就失去了建立中转站或洗消中心的意义了。

三、疫情蔓延的根源

1.基层动物疫病预警和防控工作不尽如人意

当前，国家、省、市、县各级农业部门都成立了动物疫病预防和控制机构，国家和省级也都成立了相关实验室，人员配备齐全，能够正常开展检测工作，在动物疫病预防检测方面做了大量工作，并取得了一定的成绩。然而，市、县以下特别是基层动物疫病预防控制机构的动物疫病预警和防控工作开展情况不尽如人意，有的虽然设有相应机构，但是没有相应的专业技术人员，即使配有人员也不够专业，无法正确识别动物疫病，更无法进行有效的预警防控。有些基层动物疫病预防与控制机构连基本的实验室和仪器设备都没有，有些即使配备了实验器材和设备，也均处于闲置状态。乡村一级防控机构形同虚设，没有真正的专业技术人员。村级防疫员很少从事兽医临床工作，也不熟悉业务，面对疫情无法正确识别，更不知如何处置，只能简单地向上级汇报有养殖场发病。

2. 相关政令没有很好地执行

2017 年 4 月 12 日《农业部办公厅关于进一步加强非洲猪瘟风险防范工作的紧急通知》（农办医〔2017〕14 号）和 2017 年 9 月 20 日《农业部关于印发〈非洲猪瘟疫情应急预案〉的通知》（农医发〔2017〕28 号），要求进一步加强非洲猪瘟风险防范工作。省、市、县各级动物防疫部门有多少引起重视，建了多少非洲猪瘟监测点？大家认为非洲猪瘟离我们还远，养殖者对非洲猪瘟更是没有任何概念。2017～2018 年各级各部门忙于划禁养区和关、停、迁、拆养猪场，生猪的疫病防控出现漏洞，这可能是让非洲猪瘟乘虚而入的一个重要原因。

3. 缺乏有效监督监管，放任违法违规行为

在养殖、运输、屠宰、销售、生产等环节缺乏有效的监督管理，存在不作为、乱作为或徇私舞弊、弄虚作假的现象，导致没有防疫或防疫不合格、没有检疫或检疫不合格的仍然可以饲养、运输和屠宰牲畜；未办理动物防疫条件合格证的养殖户正常养殖；条件不合格的仍可以办到动物防疫条件合格证；不合格的饲料、兽药及生物制品照常生产、销售和使用，即使查出违规现象，交罚款、找关系后仍旧可以生产和销售；部分病死猪不进行无害化处理直接销售或进入食堂、饭店、餐桌；没有经过省级以上相关部门同意，从国外或外省引进畜种。如黑龙江佳木斯检疫员在未见到该批生猪活体的情况下，就开具了动物跨省运输检验检疫票据，导致了这一批患有非洲猪瘟的病猪从佳木斯千里迢迢到了郑州。这些监管的缺失，放任了违法违规行为，必然会造成动物疫情安全隐患。

4. 养殖环境恶劣，饲养管理不规范

当前，农村养殖条件较之前一家一户散养有了一定的改善和提高，但仍存在一定数量的小规模散养。即使有一些相对集中的规模养殖，也仍是以家庭养殖模式为主，在自家责任田或自留地内建场修舍，距离村庄很近或直接建在自家门口，棚舍简易，敞开式饲养，无隔离措施，生活区和生产区不分，无粪污处理设施，没有无害化处理设备。一到夏季高温多雨季节，遍地粪污，臭味

飘散，极易滋生蚊蝇，加之病死动物未经无害化处理，随处乱扔，养殖环境极其恶劣。圈舍不能定期进行清扫消毒，环境卫生不合格；饲喂低廉、霉变、劣质饲料；发病猪不能及时诊断处理，盲目听从兽药销售者的建议，乱用滥用药物；人员未消毒，随意进出圈舍；贪图便宜，随意从疫区引种，不结合自身实际，不按程序免疫注射。

5.基层动物疫病防控机构与养殖户之间缺乏信任

基层动物疫病预防与控制机构的一些技术人员，专业技术掌握不牢，不能真正解决养殖户的实际技术难题。个别专业技术人员受各种因素影响不能经常到养殖户家中进行指导，技术人员和养殖户缺乏沟通交流，动物疫病防控机构和养殖户之间缺乏相互依存的信任感，养殖户遇到问题不愿向其寻求帮助，预警工作也就无从谈起。

6.基层动物疫病预防与控制机构疫病防治技术有待提高

目前，县级以下基层动物疫病预防与控制机构技术人员缺乏兽医临床经验和实验室检测技术，有些机构甚至无人从事兽医临床和实验室检测工作，不能把临床和实验室检测很好地结合起来。养殖户遇到问题无法解决，特别是动物疫病方面出现问题时，技术人员不能到场进圈入舍现场观察，不能通过流行病学调查、临床症状、病例剖解及实验室诊断等进行综合分析判断，给出合理的处理方案。长此以往，养殖户出现动物疫病等技术问题时根本不去动物疫病预防与控制机构找人解决，宁愿找土兽医。

第二节
高科技养猪热现象背后需要冷思考

在"互联网+"飞速发展的时代，来自互联网的创新思潮正在逐步吞噬传统行业的优势，迫使传统行业加快改革，转型升级。近几年来，从网易的未央黑猪，到阿里的人工智能养猪，再到最近京东以"猪脸识别"技术凸显的农牧智能养殖解决方案进驻养猪业，在"互联网+"盛行的当下，传统的养猪业亦不乏人工智能的"身影"，高科技养猪已成为助力传统养猪业转型升级的利器。

一、高科技养猪时间轴

近年来高科技养猪成风潮，在传统养猪业面对愈来愈严峻的市场与疾病风险高压之下，高科技养猪犹如一抹清风，给业界带来新的感受。

1. 网易养猪

2009年，网易宣布自己的养猪计划，2011年3月，养猪基地落户浙江安吉。2015年底，未央网站上线。网易未央探访全球养猪场，在自建的养殖场中不断完善养殖模式。网易未央养的猪可以说是充满高科技含量的现代猪，始终把"绿色、健康、零污染"概念贯穿养猪始终。

2. 阿里养猪

继网易之后，阿里也开始了自己的养猪之路。2018年3月28日，阿里投入数亿元资金对ET农业大脑进行训练和研发，落地了猪数量识别、猪群行为特征分析、疾病预警和无人过磅等功能实现AI养猪的设想。在前期的理论验证阶段，ET农业大脑让每只母猪年生产能力提高3头，死淘率降低了3%左右。

3. 京东养猪

继网易、阿里强势入驻养猪业后，2018年11月20日，由京东集团、京东金融联合主办的JDD-2018京东数字科技全球探索者大会隆重开幕，京东在会上发布了京东农牧智能养殖解决方案。京东有关负责人表示，在养猪的过程中，很多关键环节都和人工智能息息相关，2017年JDD京东数字科技全球探索者大赛的赛题"猪脸识别"，如今已被运用到了京东农牧的智能养殖方案中。另外，京东和中国农业大学联手，集合了行业专家的智慧，自主研发并推出集成"神农大脑（AI）"+"神农物联网设备（IoT）"+"神农系统（SaaS）"三大模块的智能养殖解决方案，利用了人工智能和大数据等手段实现养猪场的智能化管理。

二、高科技养猪的优势

近年来，环保政策严格，原本构成市场主流的小散养殖户被快速淘汰。规模化养殖集团以每年30%的速度增产，猪肉价格也能基本保持在高位。一个万亿级的市场发生巨变，自然会出现大量需要解决的痛点。技术和管理的创新，成为阻碍行业发展的主要瓶颈。人工智能有望解决规模化养殖的很多难题。

就拿养猪中关键指数PSY（每头母猪每年能提供的断奶仔猪头数）为例。欧美国家通过精细化养殖，能把PSY指数做到25以上，而中国的平均值在18附近。按照每头断奶仔猪300元的利润来说，这意味着2 000元的收益差距。影响PSY指数的一个关键，是饲养员判断母猪发情时间的能力。饲养员会牵一头公猪经过母猪，然后观察母猪的几个行为特征：母猪是否会嗅公猪、身体是否僵硬、阴户是否红肿且有分泌物。这些行为特征预示着母猪是否即将排卵。

饲养员随后进行人工配种操作。一般认为，人工智能可以大幅提高人工视觉判断的准确性。

除了实打实地提高 PSY 指数，人工智能的另外一个使命是代替人工。根据京东农牧方面的介绍，按照数据测算，在智能养殖解决方案部署完成 1 年以内，能够减少 30%～50% 的人工成本，还能降低 8%～10% 的饲料使用量，平均缩短 5～8 天出栏时间。

中国顶级的养殖集团已经有能力获得和欧美国家相当的 PSY 指数。也就是说，这些养殖集团已经触摸到了生物极限，人工智能技术并不能进一步提高他们的 PSY 指数。然而，这些养殖集团的高水平养殖是靠人撑起来的，人员相关的管理难题也会随之出现。只有用技术替代人工，规模化企业才能消除扩张过程中的隐患。

因此，即使养猪水平已经达到生物极限，但养猪业依然需要人工智能来取代人工，以便在规模化竞争的潮流中站稳脚跟。

三、高科技养猪：一场需求与成本的博弈

有人预测，未来农技服务市场将会达到千亿规模，将是隐藏在大农业风口背后的一股飓风。而互联网技术的应用，将是这个风口中的重要一环。尤其是人工智能技术的兴起，或将给传统行业带来颠覆性创新。

1. 高科技与传统行业的融合需考虑成本代价

从网易的"未央猪"到阿里的"ET 大脑"，再到如今的京东，巨头们用人工智能技术赋能养殖业，将有效缓解目前养殖业存在的问题，降低动物死亡率，降低人工成本，同时为中国农业、养殖业的发展带来新的突破。然而，在享受高科技养猪的诸多优势之时，我们需要思考的另外一个关键问题，就是人工智能的成本。

近年来，人工智能的发展呈现井喷之势，这大大降低了技术开发的门槛。人工智能在替代人工的一些应用场景也表现卓越。就拿车牌识别来说，就取代了停车场收费的人员。按照这一思路类比，把已经成熟的人工智能技术搬到养猪场，其削减的人力成本，就足以补贴其建设成本。遗憾的是，这个预期超出了现实。人工智能技术本身是一套方法的集合。在应用方法的同时，除了要尝试方法组合，还需要迭代尝试来获得最佳参数。如果不考虑实际情况，直接套用其他行业案例，那实施者在付出巨大成本的同时，还很有可能达不到预期的效果。

京东金融 2017 年的"猪脸识别"比赛，就向我们展示了问题所在。"猪脸识别"就是套用"人脸识别"来确定猪的身份。这项技术可以通过识别出的身份来为活猪保险提供真实数据。在知乎上，就有"如何看待京东金融 JDD 大赛今年举办的猪脸识别比赛"的讨论。在京东金融官方号的回复中，就列出了"猪脸识别"技术应用的困难点：①猪的生长周期短，外貌变化快，识别难度高。②猪总是运动，很少正对镜头，数据采集难度高。③面临智能耳标等成熟技术的竞争。

就拿采集难度这一条来说。在采集数据的过程中，京东金融派出了 20 人的团队，花费了两天时间，才采集到 105 头猪的图像数据。考虑到大型养殖集团千万头的养殖级别，"猪脸识别"几乎是不可能完成的任务。

再举个例子，用声音识别来分辨产房中被压仔猪尖叫声，从而防止母猪压死仔猪。母猪压死仔猪确实是引起仔猪死亡的一大原因。根据现有的声音识别技术，识别出仔猪被压也并非难事。然而，仔猪被压超过 1 分，就很有可能窒息死亡。因此，从识别信号到人工干预，必须在不超过 3 分的时间内完成。这种情况下，时间就是生命。一些小型猪场甚至会派工人轮流住在猪舍中。工人听到尖叫即行动，才有可能完成拯救。在这一应用场景中，上行声音数据的识别，必须和下行干预结合，才能来得及解救被压仔猪。遗憾的是，市场上现在还没有成熟的自动化干预设备。因此，很难通过人工智能来拯救仔猪。

在应用人工智能算法时，猪场很难直接套用其他场景。想要在这方面有所作为，必须同时理解养殖和算法，通过综合多种技术方法，创造出低成本而实用的工具。例如，京东金融提到的耳标可以低成本地完成身份识别，但采集到的数据维度太低。把耳标技术和动态追踪结合，就可以确定每头猪的位置、行为和状态。这样的产品在现阶段既有实用性，又避免了养殖企业在盘点和转圈过程中常见的人工错漏。当然，即使是这样一个产品，也需要反复尝试和迭代，不可能一蹴而就。从这个角度上说，已经习惯了长周期投入的养殖集团，可能会更有耐心在人工智能养猪行业耕耘。

2. 如何解决传统产业的痛点

在养猪行业，养殖户有自己的思维，就是痛点思维。养猪的"痛点"包括成本、疾病、环保、猪价等，养殖户能不能接受互联网这一套，肯定要看互联网能不能解决他们的痛点。

不妨把网络与手机做对比。我们用网络搜索引擎，要的是网络速度快，搜索准确。但是用一台手机，就不光要求网络速度快，还要屏幕耐摩擦，热天不汗手、冷天不死机，耐摔、耐磨等，这其实就是可靠性的问题。

网络产品进猪场也是这样，假如你在猪场里装一台电子设备，要考虑网络测试、用电要求、氨气腐蚀、温湿度耐受、猪行为干扰等，这就是工业产品的可靠性测试。例如，互联网养猪系统做一个"自动称重"，这在工业里不算难。但是称猪，就要考虑：一群猪连续前进时，是要等猪完全站稳称，还是连续走动时称？称多长时间？还没称好时，下一头猪也跑上称重板怎么办？这些细节涉及参数设计，还要懂猪的习性。解决不好，一个最基础的体重数据都很难保证准确。不是硬件科技含量问题，而是科技要适应猪场实际情况，解决不了这个，改变世界的高科技恐怕也称不好一群活猪。可能最简单的一个小细节就能难倒 IT 专家。

第三篇

后非洲猪瘟时代高效养猪解决方案

　　中国养猪业历经 40 多年迅猛发展，已经形成以外源种猪为主导品种，以西方集约化工厂式生产为模式，以玉米—豆粕型饲粮为营养基础，以药物保健为常规的养猪格局。可以说西方的养猪技术已经全方位渗透到中国的养猪业。长期以来人们原本以为翘首以盼的西方养猪技术，会大幅度提高国人的养猪水平，可是，事与愿违——规模化程度推进了，但生猪养殖的效率并没提高。据有关资料统计：2015 ～ 2018 年平每头母猪年可提供生产育肥猪 16 ～ 18 头（就连那些号称有几万头母猪的大型养猪公司，也只有屈指可数的猪场勉强维持在 20 头商品猪的水平）；饲料转化率（3.6 ～ 3.8）：1，出栏率 138% 左右，生产效率低下，已成为制约养猪业经济效益的软肋。养猪生产者要想走上高效健康养殖之路，就必须抛弃过去陈旧落后的观念，在体制上吸纳创新养猪模式并分析理清主次，以动物福利、环保、低碳观念为指导，应用真正适于我国国情的饲养方式，练好内功，降低成本，从而获得更多且更优质的猪肉产品，促进生产有序地进行。

第九章
猪的高效繁育体系

　　种猪的品种可分为外种猪、地方品种、外种猪与地方品种杂交体三大类。国内大型养猪企业几乎无一例外地选用外种猪作为主导饲养品种，即杜洛克、长白、大约克猪，其生长速度快、饲料效率高、胴体瘦肉率高；在我国科学工作者的努力下，相继培育出了光明配套系、华特猪配套系、中育配套系猪、罗牛山瘦肉猪配套系、撒坝猪配套系、鲁农配套系、华农温氏Ⅰ号猪配套系、渝荣Ⅰ号猪配套系等。我国种猪配套系的大量培育，也给优质猪肉的生产及市场的需要提供了可靠的保障。猪品种的选择要依据企业的经营模式来确定。

第一节
种猪的选择及杂交利用

完整的良种猪杂交繁育体系是现代集约化养猪业的主要标志。以育种场为中心、繁殖场为中介、商品场为基础的宝塔式繁育体系既能够把猪群的遗传改良成果迅速转化为生产力，又能充分利用猪的杂种优势，从而使养猪业得以均衡、有计划、优质、高效地生产商品猪。

一、高效种猪的选择

种猪成本占生猪养殖成本的比重高达 40 %，种猪资源的培育在提升猪业生产方面起着决定性的作用。外来品种杜洛克猪、长白猪、大约克猪对我国的种猪育种起着推进作用，现做以下介绍。

1. 具有至少 50% 中国猪血统的大约克猪

大约克猪亦称大白猪（如图 9-1）是引入的外国猪种中目前在我国饲养较普遍的一个猪种。它原产于英国北部的约克郡及其邻近地区。当地原有的猪种体型大而粗糙，毛色白，皮肤具有黑色或浅黄色斑点。为了改良它，英国人用当地猪种作为母本，引入中国广东猪种和含有中国猪种血统的莱塞斯特猪与它杂交，1852 年正式确定为新品种，称约克夏猪，至少有 50% 的中国猪血统。后来逐渐分为大型、中型和小型。大型猪为腌肉型种猪，瘦肉较多，称大白猪，小型猪属脂肪型，称小白猪，后被淘汰。中型猪为肉用型，称中白猪，目前国外分布亦不多。该猪体型大，耳直立，鼻直，背腰多微弓，四肢较高，全身被毛白色，少数在额角或臀部皮上有小暗斑。育肥猪在良好的饲养条件下，日增重 800 ～ 1 000 克，瘦肉率 61% ～ 64%。不同国家育成的品种在外形和性能上均有所差异，近几年来我国先后从英国、法国、加拿大、美国、德国、瑞典、丹麦等多国进行了大批次的引进，给我国猪病的防控带来了一定的风险。

图 9-1　大约克猪

2. 肋骨数比别的猪多的兰德瑞斯猪

兰德瑞斯猪（图9-2）是原产于丹麦的一个猪种。由于体躯较长宽，毛色全白，在中国通称为长白猪。丹麦的兰德瑞斯猪在1887年前是脂肪型，出口德国。1887年后，从英国引入大约克夏猪与之杂交（说明也有中国猪的血统），1908年建立兰德瑞斯猪改良中心，经长期选育，于1952年达到选育目标，1961年正式定名为丹麦全国唯一推广品种。我国1964年首次从瑞典引入，以后陆续从多国引入，现全国均有分布。该猪外貌清秀，全身白色，头狭长，耳向前下平行直伸（这一点与大约克猪不同），背腰较长，肋骨15～16对，（一般猪14对）育肥猪在良好条件下，日增重可达900～1 000克，瘦肉率60%～63%。

图9-2 长白猪

3. 毛色上较特殊的红毛猪——杜洛克猪

杜洛克猪（图9-3）的毛色绝大多数是黑、白和黑白花3种。只有两个猪种是例外：一个是产于我国云南省的大河猪，呈"火毛"色（猴毛色）；另一个就是原产于非洲大陆后被引入美国，称为杜洛克猪。杜洛克猪的起源可追溯到1493年哥伦布远航美洲时，从原产于西非海岸几内亚等国带入美国的8头红毛猪。经过多年选育，形成成熟迟的脂肪型猪种。20世纪50年代在人们的选育下，开始转向了肉用型发展。我国早在1936年就引入该猪，1972年尼克松访华时第一次带入肉用型杜洛克猪，以后我国陆续引入数百头之多。该猪体型大，毛色呈红棕色，但从金黄到暗棕色深浅不一。皮肤上可能出现黑斑，但不允许有黑毛或白毛。母猪产仔不多，育肥猪胴体瘦肉率62%～63%。其肌肉内脂肪含量在2%～3%，被认为是在外国种中较好的一个。

图 9-3　杜洛克猪

4. 汉普夏猪

汉普夏猪（图 9-4）原产于美国肯塔基州布奥尼地区，是美国第二个普及的猪种，广泛分布于世界各地。早在 1936 年引入中国，并与江北猪（淮猪）进行杂交试验。汉普夏猪毛黑色，前肢白色，后肢黑色。最大特点是在肩部和颈部接合处有一条白带围绕，包括肩胛部、前胸部和前肢，呈一白色带环，在白色与黑色边缘，由黑皮白毛形成一灰色带，故又称银带猪。头中等大小，耳中等大小而直立，嘴较长而直，体躯较长，背腰呈弓形，后躯臀部肌肉发达，性情活泼。汉普夏猪性成熟较晚，母猪初情期一般在 5 月龄，产仔数达 9.78 头，母性好，体质强健，生长快，日增重 700 克左右，瘦肉率达 61%，屠宰率 72% 以上。

图 9-4　汉普夏猪

二、猪的杂交

杂交在养猪生产中作用非常大，应用广泛，杂交的目的是生产比原品种、品系更能适应当地条件和高产的杂种。杂种优势的产生主要是由于优良显性基因的互补和群体中杂合子频率的增加，从而抑制或减弱了不良基因的作用，提高了整个品种的平均显性效应，生物机体表现生活力、耐受力、抗病力和繁殖力提高，饲料利用率改善和生长速度加快，这就是经济杂交的理论依据。

1. 杂交的概念

杂交是指不同品种或不同品系个体间的交配。在杂交中用作公猪的品种叫父本，用作母猪的品种叫母本，杂交所产生的后代叫杂种。对杂种的名称一般父本品种名称在前，母本品种在后，如用长白作父本、大白作母本生产的二元母猪叫长大母猪。养猪生产中利用杂交方式，目的是希望培育的后代具有更优良的生产性能。不同品种的猪杂交所生产的杂种，往往在生长速度、繁殖性能、适应性等方面的表现在一定程度上优于其亲本，这就是所谓的"杂种优势"。是不是只要是"杂种"，就必定有"优势"呢？其实不然，杂种是否有优势，有多大优势，在哪些方面有优势，杂种群中每个个体是否都能表现程度相同的优势，主要取决于杂交用的 2 个亲本群体及相互配合情况。因此，要充分发挥杂种优势就必须选择理想的杂交模式。

2. 杂交的方式

（1）二元杂交　利用 2 个不同品种的纯种猪进行杂交，叫二元杂交。人们常说的几"元"杂交是指品种而言，后代中含有几个纯种猪的血液就叫几"元"。目前理想的杂交是用大约克猪作母本，用长白猪作父本生产二元母猪的杂交方式。

（2）三元杂交　三元杂交是商品猪生产中普遍采用的杂交模式，并获得了满意的效果。目前我国大部分商品猪场都是采用杜洛克作父本，用"长大"二元母猪作母本的三元杂交方式，这是最为理想的杂交模式。

（3）四元杂交　即用两个不同二元杂种公、母猪进行交配以生产商品猪。由于父、母本都是杂种，所以能充分利用个体及亲本的杂种优势。

（4）轮回杂交　由 2 个或 3 个品种（系）轮回参加杂交，轮回杂交中部分母猪留作种用，参加下一次轮回杂交，其余杂种均作为商品猪育肥。

（5）正反反复杂交　利用杂种后裔的成绩来选择纯繁亲本，以提高亲本种群的一般配合力，获得杂交后代的最大优势。

三、商品猪生产的杂交繁育体系

商品猪生产的杂交繁育体系是将纯系的改良、良种的扩繁和商品肉猪的生产有机结合起来形成的一套体系。在杂交繁育体系中，将育种工作和杂交扩繁任务划分给相对独立而又密切配合的育种场和各级猪场来完成，使各个环节的工作专门化。一个完整的繁育体系形似一个金字塔，由核心群、繁殖群和生产群组成。

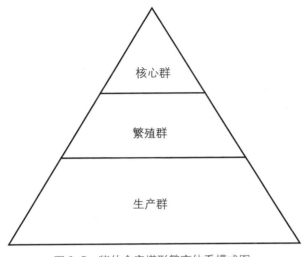

图 9-5　猪的金字塔形繁育体系模式图

（1）核心群　核心群即育种猪处于金字塔塔顶位置，主要的选育措施都在这部分进行，其工作成效决定整个繁育体系的遗传进展和经济效益。在这里同时进行多个纯系的选育工作。为了保证育种核心群能够进行准确可靠的选择，欧洲一些国家普遍建立了国家级和地区级的测定站和人工授精站为核心群服务，形成核心群—测定站—人工授精站三位一体，密切配合协作，推动整个猪群的遗传改良。

（2）繁殖群　繁殖群在繁育体系中处于中间阶层，起着承上（核心群）启下（生产群）的重要作用。它的基本任务是将育种场所选育的纯种（系）猪进行扩繁，或按照统一的育种规划进行品种或系间杂交生产杂优母猪，以提供商品场所需要的后备母猪，有的国家将繁殖群划分为纯种繁殖群和杂种繁殖群。

（3）生产群　生产群处于金字塔体系的底层，构成繁育体系的基础。它的基本任务是组织好父母代的杂交，以生产有计划杂交的商品世代肉猪。

在金字塔式的杂交繁育体系中，核心群内获得的遗传进展经繁殖群传递下来，最终体现在商品群，使商品代猪的生产性能得以提高。这里基因的流动是自上而下的，不允许基因逆向流动，即祖代猪只能生产父母代猪，而父母代只能提供商品代猪，商品代猪是整个繁育体系的终点，不能再作种用。

第二节
非洲猪瘟背景下三元商品母猪的选择与培育

在非洲猪瘟肆虐的大环境下，猪场存栏量大幅减少，导致种源缺少，且外部引种风险较大。在这种特殊背景下，绝大部分猪场开始大胆创新地将三元母猪作为种源进行生产，既是一种无奈之举，也是一种明智之举。一方面，我们看到三元母猪存在发情困难、产仔数少和泌乳力差的种用劣势；另一方面，也看到将三元母猪种用符合猪场安全生产和产能快速恢复的需求；因此，养猪人既要肯定三元母猪留种的价值，也要直面其种用劣势，采取综合性改善措施来挖掘其最大的种用价值。

一、三元母猪的种用价值

三元母猪种用需符合闭环生产模式要求。在非洲猪瘟背景下，面对猪种源日益稀缺、引种风险越发高涨等现状，猪场亟须一种安全和高效的生产模式，而利用剩余母猪（包括三元母猪）进行留种繁育的闭环生产模式无疑是符合当前形势下的有效手段之一。

1. 供种数量优势明显

对商品猪场而言，基础母猪存栏数和商品三元猪存栏数（含保育猪和育肥猪）的比例为 1 ：9，即 100 头母猪规模商品猪场，商品三元猪存栏量在 900 头左右。假设商品猪场母猪年淘汰率为 40% 左右，后备母猪利用率为 80% 左右，则选留 50 头三元母猪即可，选留率仅为 5.6%。因此，相对二元或纯种母猪而言，三元母猪具有供种数量大的绝对优势。

2. 缩短产能恢复时间

非洲猪瘟背景下，二元母猪稀缺问题越发凸显，猪场在不选择三元母猪留种的情况下只能引进纯种母猪来重新扩繁。纯种扩繁到商品猪出栏的周期为 22 个月，猪场恐难以接受；相比之下，三元母猪扩繁到商品猪出栏的周期只有 10 个月，极大缩短了产能恢复时间。此外，据行业专家预测，未来高猪价行情可能维持 1.5～2 年，而加快产能恢复速度能够让猪场更快享受到高额利润行情。

二、三元商品母猪存在的问题

目前很多农户选择将发情的三元商品母猪进行配种留用，但也因此出现了一系列的问题，其主要表现为：

1. 因营养配比不合适造成性成熟晚

由于三元猪在饲养过程中一直使用肥猪料，生长速度快，缺乏必要的维生素、氨基酸、微量元素，如维生素E、β-胡萝卜素、生物素、精氨酸等严重缺乏，铜、锌严重超标，生长速度快，骨骼发育不好，虽然体成熟到了，但是性成熟却不到时间；饲料中长时间维生素、氨基酸不足和铜超标，引起生殖器官发育不好，甚至退化，容易造成母猪不发情，发情不明显，产仔数少。虽然不少猪场使用PG600等，但是由于卵泡发育不好，出现不排或者少排卵细胞，甚至假发情。

2. 性情不温驯

因有50%的杜洛克血统，所以母猪体型较大，脾气暴躁。生产仔猪之后，不如二元母猪会照顾仔猪吃奶。需要人来进行细致地协助。由于三元杂交母猪的体形硕大，更显得笨拙，在喂奶时，下方的一排乳头不容易翻出来让仔猪吃。如果强行将母猪赶起来翻身，有一些母猪十分地不配合，还很容易把仔猪压死。特别在夏季，由于天气热，母猪只管自己凉快，在给仔猪喂奶时，由于怕热，拒绝仔猪靠近吃奶。

3. 初产母猪难产率增加

由于从商品猪中挑选的三元母猪一直按育肥猪去饲养，猪主要表现出生长速度快、骨盆发育滞后和骨盆口狭窄，容易导致头胎仔猪难产率增加，产活仔数下降。

4、初产母猪流产、产黑胎率增加

挑选出的三元商品母猪并未按照后备母猪的留用去防疫，使得母猪更易感染疫病，同时流产、产黑胎概率大大增加。后备母猪一般要按要求做好猪瘟、猪伪狂犬病、口蹄疫、乙脑、猪细小病毒病、猪圆环病毒病等疫苗的接种。

三、改进措施

据测定3年内母猪源缺乏的情况依旧严峻，所以三元母猪的繁育将必然成为常态。三元商品母猪由于自身遗传特性的缺陷，在管理策略上应从三元母猪优选、饲料营养、科学管理、遗传改良等方面进行梳理细化，扬长避短，科学调整三元母猪的健康繁殖周期，更好地挖掘三元商品母猪价值，以提高生产效率及经济效益。

1. 高标准选留母猪

相较于二元母猪，三元母猪体型较短、腹部较小、生殖系统发育差，会导致产仔数偏低。因此在筛选三元后备母猪时要提高标准，选育标准要适当高于二元母猪，选择长体型、大腹部、奶头多及大阴户的个体，为高产仔数打好基础，具体鉴定步骤如下：

（1）鉴定方法　选择地势平坦、光线充足、环境清洁、相对安静的场地进行，鉴定人员与被鉴定个体间保持一定距离，以 3 倍于猪体长的距离为宜。首先观测总体印象，然后从前面、侧面和后面进行一系列的观测和评定。

（2）整体看　猪的各部位发育是否均衡，衔接是否良好，背线是否平直或微弓，体质是否结实，膘情是否适中，运动是否灵活协调，是否符合种用体况，性情是否温顺。

（3）前视头颈部　上下腭、唇吻结合是否良好，鼻面部有无变形；眼角有无泪斑或眼屎；颈肩结合是否良好，有无明显肥腮。

（4）前视前躯　肩胛是否平宽，胸是否宽深，肌肉是否丰满；鬐甲与颈、胸、背部结合是否良好，有无凹陷或鬐甲高于颈背部现象。

（5）前视前肢　前肢间距是否宽，肢势是否正常，无肿块，有无内 / 外八字、O/X 形腿。

（6）侧视中躯　背腰是否平直，宽深而长，肌肉丰满；腹部是否略垂呈弧线形，胸腹侧有无皱褶，有效乳头数是否 6 对以上，排列是否均匀，是否无瞎乳头、副乳头、内陷乳头。

（7）肢蹄　侧视前后肢关节角度是否正常，肢蹄是否卧系，蹄大小是否相同，有无分叉、蹄裂。

（8）后视后躯　腿臀发育是否良好，肌肉是否丰满结实；荐尾部结合是否良好，尾根是否较高；外阴发育是否良好、不上翘，有无外伤。

（9）后肢　后肢是否结实、有肿块；有无内 / 外八字、O/X 形腿，飞节是否正常。

将符合条件的三元商品代母猪留作"后备种猪"，打上耳标，制作系谱档案；其他不符合条件的育肥出售，供应市场。

2. 营养方面

三元母猪的问题主要由遗传因素决定，但针对当前的现状，可通过营养调控的策略，以尽量弥补母猪的缺陷，改善三元母猪的繁殖性能，提高后代的生长性能，获取尽可能高的养殖收益。

（1）调整后备母猪的营养　三元母猪的生长速度较快，后备母猪容易出现体重超标。因此，后备母猪的限饲时间应该相应提前，或者适当增加日粮纤维的水平，降低日粮营养（能量和蛋白质）水平。但为保证骨骼的发育，应提高日粮钙磷水平及相关微量元素和维生素的供给水平。在后备猪体重80千克——配种阶段适当调低能量，控制好膘情，提高有机锌、有机硒、维生素E、生物素等功能性物质添加，可促进后备猪性腺发育与性成熟。后备母猪饲料，日粮营养标准为：消化能13～13.5兆焦/千克、粗蛋白质15.5%～17%、赖氨酸0.6%～0.8%、钙0.85%～1.0%、磷0.65%～0.8%。此外，在体重6千克至配种阶段，在饲料中补充生殖维生素E（150毫克/千克）、维生素C（100毫克/千克）、叶酸（5毫克/千克）、生物素（500微克/千克）等。其中，维生素E可以促进胚胎发育，提高受胎率；生物素通过增加子宫角体积，促进胚胎成活，从而提高产活仔数、减少弱仔和死胎的比例。

（2）改善母猪的母性，提高母猪的繁殖性能　针对三元母猪怀孕后母猪容易应激、胚胎着床率低、容易出现流产的问题，配方设计中要考虑增加日粮纤维水平，延长饱感的时间，减少怀孕母猪限饲导致的饥饿应激，减少刻板行为的发生。提高日粮纤维水平还可显著提高血浆孕酮水平，提高胚胎存活率。适当提高维生素C和维生素E的水平，有利于减少糖皮质醇等应激激素的分泌，而较高糖皮质激素水平会导致胎盘细胞凋亡加速以及胎儿发育滞缓；三元母猪与二元母猪相比，胎盘容量（子宫满足胎儿营养需要的能力）更小，增加精氨酸或者精氨酸家族成员如谷氨酰胺、甲酰谷氨酸等，有利于促进胎盘的血管化及血管扩张，提高胎盘效率，增加胎盘的供养（氧）能力，促进胎儿的发育，提高胎儿的存活率，减少流产。

（3）提高三元母猪产程偏长、死产率较高的措施　通过可能的营养手段提高初生仔猪的均匀度，特别是杜绝、减少超大胎儿的数量和比例。在缩短母猪产程方面，给母猪提供慢速可发酵纤维以及增加钙的供给等。补充纤维一方面可以减少母猪的便秘，避免对产道的压迫，另一方面纤维的缓慢发酵可为母猪分娩时提供额外的能量。补钙是因为钙是肌肉收缩的启动因子，补钙有利于提高宫缩的力量，同时，因为分娩过程会消耗大量的钙，补钙有利于避免母猪产后瘫痪。

（4）针对三元母猪泌乳力低，奶水不足的营养调节策略　①增加怀孕母猪纤维的供给。研究表明，提高怀孕母猪日粮纤维水平，一方面可以增加母猪哺乳期的采食量，另一方面可以促进哺乳母猪泌乳激素的分泌，从而增加母猪的泌乳量。②提高妊娠后期及哺乳期日粮氨基酸水平，有利于维持乳腺组织的生长及乳汁的合成；在增加赖氨酸水平的同时，应考虑日粮缬氨酸与赖氨酸的比例，缬氨酸对乳腺的生长发育具有重要的意义。③添加大豆异黄酮或全脂膨化大豆，因为大豆异黄酮具有雌激素样作用，可以作用于下丘脑，促进催乳素的合成和分泌，催乳素能增加乳腺组织雌激素的水平，作用于乳腺组织，使乳腺血流量增加，刺激乳腺上皮细胞分化成分泌细胞，从而提高母猪的产奶量。④母猪日粮添加小肽可以提高母猪的泌乳量13.2%。⑤添加脂肪。在妊娠后期或哺乳期，日粮添加脂肪可增加产奶量、初乳和常乳中的乳脂率。

（5）提高母猪的抗病力，延长母猪的使用寿命　三元母猪遗传特性是生长速度快，但抗病力比较弱。因此在营养调控方面，应注意提高母猪的免疫机能，增强母猪的抗病力，这样不仅有利于胎儿的发育，而且有利于延长母猪的使用寿命，降低淘汰率。①选择清洁的原料并预防性添加霉菌毒素吸附剂或处理剂，避免霉菌毒素对繁殖性能的不利影响及由此造成的免疫抑制。②增加日粮纤维水平，促进肠胃蠕动，减少内毒素的积累，改善肠道微生物区系，增加黏液素的分泌，提高肠道免疫机能。③日粮添加免疫调节剂如酵母多糖，可以有效地调节机体的免疫机能，在病原感染的情况下，激活非特异性免疫系统（如提高巨噬细胞的活性），并通过特异的信号途径，调节特异性免疫功能，从而增加抗病能力。④适当增加钙磷、微量元素（如有机锌）和维生素的水平，确保母猪骨骼发育良好，保持肢蹄健康。

3. 管理方面

通常情况下，二元后备母猪的管理主要包括疾病、饲喂、密度、配种4个方面。三元后备母猪的管理同样也包括这几个方面。

（1）疫病监测和保健

1）疫病监测　三元母猪完成选留以后，要做好非洲猪瘟、猪蓝耳病和猪伪狂犬病等疾病的防控工作，建议在选留和配种前进行2次疾病检测。此外，在配种前要完成三元母猪的基础疫苗免疫（如猪瘟、猪伪狂犬病、乙脑、猪细小病毒病和腹泻等）和2次驱虫工作。

2）做好生物安全措施　一方面，要降低环境中的病毒载量，如控制人员、车辆、物品、猪群、水料的流动和消毒（包括环境消毒）；另一方面，要提高猪群的感染阈值，在饲料中长期添加调节猪群非特异性免疫力的中药制剂。

（2）科学的饲喂管理

1）培育阶段 因长期饲喂育肥饲料不利于后备母猪的正常发情，三元母猪从体重 60 千克开始要饲喂后备母猪饲料；三元母猪生长速度比二元或纯种母猪要快 10%～ 30%，在体重 75 千克以后要逐渐控制采食量，平均饲喂量为 2.5 ～ 2.7 千克 / 天。

2）妊娠阶段 饲喂标准采取"低—中—高"的模式，前期饲喂量为 2.0 ～ 2.4 千克 / 天，中期饲喂量为 2.4 ～ 2.8 千克 / 天，后期饲喂量为 2.8 ～ 3.0 千克 / 天，同时还要结合母猪实际膘情调节具体饲喂量；攻胎时间为妊娠 95 天至临产前 3 天，平均饲喂量为 2.8 ～ 3.0 千克 / 天。

3）哺乳阶段 乳腺发育不良和奶水不足是三元母猪在哺乳阶段的最大问题。分娩过程中要关注好三元母猪产程问题并及时介入助产，分娩后要跟踪母猪采食量和仔猪拱乳情况；此外，哺乳期间，在饲料中添加植物提取物、木瓜酵素和蛋氨酸铬等微营养元素预混剂调控乳腺发育和泌乳，促进断奶仔猪的增重。

（3）适宜的环境控制

1）保持合理的饲养密度及光照时间 在非洲猪瘟背景下，适当降低饲养密度是减少疾病接触性传播的有效途径。对三元母猪而言，大栏饲养（每栏 6 ～ 8 头）要优于限位栏饲养，因为大栏饲养可以能够让母猪充分爬跨和适当活动，从而促进发情，后备母猪的最佳占栏面积为 1.8 ～ 2 米 ^{2} / 头；延长光照时间能够有效提高母猪的繁殖能力，在三元母猪培育阶段要改善猪舍光照条件，并且执行"16 小时光照 + 8 小时黑暗"模式。相对而言，日光灯最佳，灯带比灯泡效果明显。

2）控制好猪舍"四度（温度、湿度、洁度、密度）一通（通风）" 如温度控制在 18 ～ 23 ℃，空气相对湿度控制在 55% ～ 70%，并保持良好的通风。天气骤变时，在饲料中或饮水中添加抗应激药物，连续使用 7 天。

（4）正确的诱情管理

初情期可以影响后备母猪的繁殖性能和寿命，初情期较晚的后备母猪繁殖性能要比初情期早的差。鉴于三元母猪的发情困难比例较高，需要尽早加大力度开展诱情工作。利用成年公猪与性成熟前的后备母猪接触，可促进后备母猪提前达到初情期，效果明显。因此，三元母猪要从 160 日龄开始诱情工作：每次喂料后 1 ～ 2 小时内，诱情公猪（可以是自留公猪或使用诱情气味剂）进栏与母猪口鼻接触 5 ～ 10 分，每天 2 次，做好情期记录。此外，配合适当运动（每天公猪追逐 0.5 小时，每周 3 次）、合群、调栏和人工刺激等方法后，促发情效果会更好。

从猪场的生产数据调查后发现，初胎母猪在 7.5 ～ 8 月龄、体重 130 ～ 150 千克配种时其繁殖性能最佳。三元母猪的初配条件为：7.5 ～ 8 月龄、体重 130 ～ 150 千克、至少第 2 个情期。满足以上初配条件的三元母猪出现静立反应即可配种，每头母猪在情期配种 2 ～ 3 次，配种时间间隔 8 ～ 12 小时。

4. 改良方面

对于三元商品代母猪留种的"后备母猪"，配种时不宜再使用杜洛克配种生产商品猪，选择大白公猪或者长白公猪进行杂交生产商品猪，切记不选择 3 代以内有血缘关系的公猪杂交，否则后代会增加患遗传疾病的概率。

（1）三元母猪轮回杂交技术　三元母猪轮回杂交技术，将每胎符合种用（15% 左右）的三元母猪培育后与纯种大白或长白公猪或精液杂交，子代中符合种用（15% 左右）的母猪继续轮回杂交，余下母猪（85% 左右）与杜洛克公猪或精液杂交提供商品肉猪。该技术既能优化猪场核心猪群的繁殖性能，同时又能为猪场提供一定的商品猪出栏量，比较符合当下亟须产能恢复的市场需求。

（2）三元母猪育种改良技术　三元母猪育种改良技术是将符合种用的三元母猪与纯种大白或长白公猪或精液杂交，子代的杜洛克血缘占比不断降低，到 F3 代时子代杜洛克血缘占比只有 6.25%，即可作为猪场的核心猪群进行扩繁生产。该技术是通过对选留的三元母猪进行不断的血缘稀释和优化，达到接近种猪的标准，从而改善基础母猪的繁殖性能。

第三节
猪的人工授精

人工授精是用器械采集公猪精液，再将精液输入母猪生殖道，达到配种效果的一种区别于自然交配的方法，它不仅是养猪生产中经济有效的技术，也是实现养猪生产现代化的重要手段及培育种猪和商品猪生产的有效方法。

一、人工授精的优越性

1. 提高良种利用率

通过人工授精技术，将优良公猪的优质基因迅速推广，促进种猪的品种品系改良和商品猪生产性能的提高。同时，可将差的公猪淘汰，留优汰劣，减少公猪的饲养量，从而减少养猪成本，达到提高效益的目的。

2. 充分利用杂种优势

利用人工授精技术，只要母猪发情稳定，就可以克服公母猪体型大小的差异及公母猪的偏好造成的配种困难，根据需要进行适时配种，这样有利于优质种猪的利用和杂种优势充分发挥。

3. 减少疾病的传播

进行人工授精的公母猪，一般都是经过抽血检查为健康的猪，只要严格按照人工授精操作规程进行配种，尽量减少采精和精液处理过程中的污染，就可以减少部分疾病的发生和传播，从而提高母猪的受胎率、产仔数和利用率。但部分通过精液传播的疾病可通过人工授精传染，故对进行人工授精的公猪，应进行必要的疾病检测。

4. 适时配种

采用人工授精可以克服母猪发情但没有公猪可利用，或需进行品种改良但引进公猪不易等困难，且公猪精液可进行处理并保存一定时间，可随时给发情母猪输精配种，携带方便，经济实惠，并能做到保证质量和适时配种，从而促进养猪业社会效益和经济效益的提高。

5. 提高经济效益

人工授精和自然交配相比，饲养公猪数量相对减少，节省了部分的人工、饲料、栏舍及资金，即使需要重新建立一座合适的公猪站，但总的经济效益还是提高了；若单纯买猪精液，将会创造出更多的经济效益。

二、猪人工授精实验室的基本要求

1. 猪人工授精实验室的设计

一般建筑面积大约为 20 平方米，要求保持洁净、干燥的环境，相当于 GMP（生产质量管理规范）清洁室的标准。室内温度控制在 22 ～ 24℃，空气相对湿度控制在 65% 左右。地板、墙壁、天花板、工作台面等必须是易清洁的瓷砖、玻璃等材料，真正达到无尘环境。实验室的位置很重要，应直接同采精室相连以便最快地处理精液。也可用一窗口来连接人工授精实验室和采精室，以减少污染。窗口正中间置一紫外线灯，可消毒灭菌，以使精液处理室内保持无菌状态。人工授精实验室不允许其他人员出入，以避免将其鞋子和衣服上的病原带入人工授精实验室。如图 9-6。

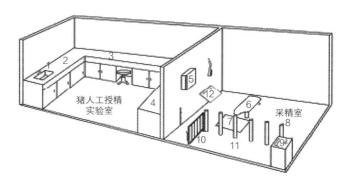

图 9-6　猪人工授精实验室和采精室（实验室 3.5 米 ×3 米，采精室 3.5 米 ×3 米）

1. 水槽　2. 湿区（稀释液配制、用品清洗）　3. 干区（精液品质检查）　4. 分装区（进行精液稀释分装、排序、标记、精液保存）　5. 实验室—采精室用品传递口（两侧均有门）6. 假母猪　7. 防滑垫　8. 防护栏（直径 10～12 厘米，高 75 厘米，净间距 28 厘米）　9. 水槽 10. 栅栏门（防止公猪逃跑和进入采精室时跑进安全区）　11. 安全区　12. 赶猪板

2. 猪人工授精实验室的必备设备

（1）显微镜　不同的人对显微镜的质量要求不同，但显微镜需要有完整的光源，其放大倍数可为 100 倍、400 倍和 1 000 倍（油镜），最好有两个目镜（经常使用显微镜来检查精子形态时很有用）。最好配备恒温加热板（放在载物台上，用于预热载玻片、盖玻片等）。

（2）精子密度测定仪　能比较准确地分析出原精子密度，确定稀释倍数。其优点是检测速度相当快，12 分即可出结果，从而减少了对原精子的影响。

（3）电子台秤　用于称量精液质量（1 克相当于 1 毫升）。

（4）数显恒温水浴锅　加热精液稀释液以及用于控制精液稀释液的温度。

（5）17℃数显恒温精液保存箱　波动范围在 ±1℃，用于精液的存放。

（6）量筒或烧杯　1 000 毫升、2 000 毫升各两个，用于准备稀释液、稀释精液以及将精液分装到输精瓶。

（7）微量可调移液器及吸头　用于精液的微量转移（用精虫计数器测精子密度时用）。

（8）温度计　用于测量稀释液和精液的温度。

（9）保温瓶　各种不同的容器可用于采精，但重要的是要能保温隔热、能被消毒。

（10）pH 计　测量精液的 pH。

（11）玻璃棒　稀释精液搅拌用。

（12）温度计2支　分别用于测量精液和稀释液的温度，但要保证这2支温度计都必须是校正好的，至少是这两个温度计测量同一液体时表示的温度一致。这样才能保证精液和稀释液测量处于等温。

（13）其他　采精杯、消毒外科用纱布、输精瓶（装100毫升）、蒸馏水（最好是双蒸水，要求所用蒸馏水最好为3天内制的新鲜蒸馏水，有条件的场可配备蒸馏水机，以保证所用蒸馏水的新鲜）、浴巾（保温用）、市售成品稀释粉或一些配制精液稀释液所用的药品。

三、加强公猪的管理以提供高质量的精液

1. 购买公猪或精液

俗语讲"公猪好，好一坡；母猪好，好一窝"。选择一家优秀的种猪企业购买公猪和精液，虽然价格上略高，但性能和健康应该有保证。优质的种公猪应该四肢强健、姿势端正、大腿丰满，腹部既不下垂也不过分上收，乳头7对以上。如图9-7。

图 9-7　优质种公猪

2. 公猪的调教

对于青年后备公猪调教，一般在7～8月龄开始，调教时间需要4～6周，其措施如下：

（1）调教要求　一是后备公猪达7～8月龄，体重120千克以上，健康无病、营养良好、精力充沛，并已经有过与母猪接触训练者，方可开始采精调教。调教宜在早上喂食前（如已喂食，则不能马上调教，需休息半小时以后进行），尽量选择晴天，调教前公猪在室外适当运动对调教工作有一定好处。二是采精栏要清扫干净，移去一切能影响公猪注意力或可能妨碍调教的杂物，然后将公猪赶入采精栏调教。调教前应剪除公猪包皮外长毛，挤去包皮内积尿，

用0.1％高锰酸钾溶液擦拭消毒包皮周围和腹下部位，用清水洗净擦干。三是采精人员要使公猪集中精力于采精台并诱导其爬跨，调教时间以 10～20 分为宜，一次不成第二天再进行；在调教中如若发现公猪有厌烦、对假母猪无兴趣或爬跨受挫、情绪不佳时应立即停止本次调教。在整个调教过程中切忌对公猪粗暴鞭打和大声呵斥，爬跨姿势不当要耐心帮助纠正。适当保持与公猪的距离，以防公猪攻击。公猪如果调教成功，应隔天再采精，以巩固调教效果。以后每周采精 1 次，坚持 1 个月。

（2）调教措施　一是采精台上可泼洒适量发情母猪尿液、其他公猪的精液或唾沫，通过强烈气味刺激公猪性欲和爬跨。二是公猪包皮外按摩阴茎有促使勃起的作用，或站在采精台一侧，与公猪相对诱导其爬跨。三是在其他公猪采精时让被调教公猪隔栅观摩以激起其性欲，但要注意隔离，不能任两头公猪直接接触而发生斗殴。四是采精时可先采已调教好的公猪，结束后再赶入需调教公猪，让其嗅闻前一头公猪在采精台上留下的强烈气味，以激起性欲。五是将一头发情旺盛的母猪带至采精台旁，任被调教公猪爬跨，经过数次爬跨公猪性欲达到高潮时赶离母猪，转而引导公猪爬跨采精台。如图 9-8。

图 9-8　公猪的调教

四、采精前准备

1.采精栏和采精台清扫

采精栏和采精台要打扫干净，移去一切可能影响公猪注意力或妨碍采精的杂物，但不能用水冲洗，防止地面湿滑。采精栏内不能抽烟和留有烟味及其他异味。

2.采精用品

准备采精用品包括采精杯、玻璃棒、温度计、载玻片、盖玻片、滤纸、橡皮筋、一次性保鲜袋及手套、光学显微镜等。直接接触精液的物品均须严格消毒，使用前放入 40℃的恒温鼓风干燥箱中干燥和预热。

3. 稀释液制备

应用蒸馏水器具制备足够双蒸水，倒入 1 000 毫升放有磁珠的烧杯中，一般加入一包稀释粉，然后放置搅拌器上搅拌，待烧杯中稀释液完全澄清后（一般需 15 ～ 30 分）停止搅拌，最后将稀释液倒入消毒后的干净瓶内（如 50 毫升生理盐水玻璃瓶），置于 35 ～ 36℃的恒温水浴锅内加热。新配制的稀释液应静置 1 小时左右以稳定 pH 和渗透压，方可用于稀释精液。

4. 公猪的准备

采精员将待采精的公猪赶至采精栏，关上采精区的栅栏门，并用毛刷刷拭假母猪的台面和后躯下方；然后再清扫公猪两侧肋腹部及下腹部，必要时可将公猪的阴毛剪短（留 3 厘米）。如图 9-9。

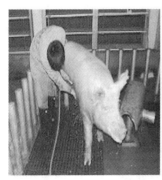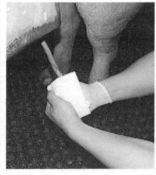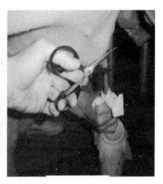

图 9-9　公猪体表的清洁消毒

5. 采精流程

（1）采精时的准备工作　①采精员从采精栏与实验室之间的壁橱里，从手套盒中抽取手套，在右手上戴两到三层乳胶手套。②采精员站在假母猪头的一侧，轻轻敲击假母猪以引起公猪的注意，并模仿发情母猪发出"呵——呵——"的声音引导公猪爬跨假母猪。

（2）确保公猪上架成功　当公猪爬跨假母猪时，采精员应辅助公猪保持正确的姿势，避免侧向爬，或阴茎压在假母猪上。

（3）注意公猪的卫生消毒　确定公猪正确爬跨后，采精员迅速用右手按摩挤压公猪包皮囊，将其中的包皮积液挤净，然后用纸巾将包皮口擦干。

（4）锁定龟头　脱去右手的外层手套，右手呈空拳，当龟头从包皮口伸入空拳后，用中指、无名指、小指锁定龟头，并向左前上方拉伸，龟头一端略向左下方。

（5）防止精液被包皮积液污染　包皮积液混入精液会造成精液凝集而被废弃，为了防止未挤净的包皮积液顺着阴茎流入集精杯中，采精时要保证阴茎龟头端的最高点高于包皮口。

（6）不要收集最初射出的精液　最初射出的精液不含精子，而且混有尿道中残留的尿液，对精子有毒害作用，因此最初的精液不能收集，当公猪射出部分清亮液体（约5毫升）后，左手用纸巾擦干净右手上的液体及污物。

（7）只收集含有精子的精液　当公猪射出乳白色的精液时，左手将集精杯口向上接近右手小指正下方。公猪射精是分段的，清亮的精液中基本不含精子，应将集精杯移离右手下方，当射出的精液有些乳白色的混浊物时，说明是含精子的精液，应收集。最后的精液很稀基本不含精子，不要收集。

（8）要保证公猪的射精过程完整　采精过程中，即使最后射出的精液不收集，也不要中止采精，直到公猪阴茎软缩，试图爬下假母猪，再慢慢松开公猪的龟头。不完整的射精会导致公猪生殖疾病而过早被淘汰。如图9-10。

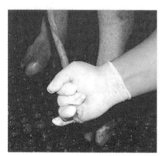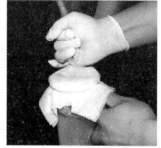

图9-10　采精操作

五、精液品质检查

公猪精液的品质检测是关系人工授精技术实施效果的重要技术环节，也是人工授精技术的优势之一，可以对精液质量进行完全的监测。精液品质的检测包括两项，即表观检测和设备检测。如图9-11。

图 9-11 精液表观检查

1. 精液量

精液的密度近似于 1 克／毫升，所以可通过电子秤称重来计算精液量。

2. 色泽和气味

正常的猪精液为乳白色，略有腥味，乳白色程度越深说明精子密度越大。如呈粉红色则可能混有血液，黄绿色带有异味则混有脓液，黄色则混有尿液。各种色泽、气味异常的精液应废弃禁用，并查找发生原因，及时采取措施。

3. pH

新鲜精液可用精密 pH 试纸或酸度计测定。正常猪精液 pH 为 7 ～ 7.5，如果精液中含有大量微生物污染或含大量死精时，可使 pH 上升而呈偏碱性，可使精子存活率、受精力和保存效果受到明显影响。

4. 活力

采精、稀释后，保存、输精前都要进行精子活力检查。观察精子活力必须在 35 ～ 38℃的显微镜恒温台或可置入显微镜的保温箱中进行，在 100 ～ 150 倍显微镜下观察。低温保存的精液必须先缓缓升温。将需要检查的精液轻微摇动或用玻璃棒稍稍搅动至均匀，滴在载玻片盖上盖玻片后检查。活力采用十级评分，即按一个视野中直线前进运动精子的估计百分比分成十级，从 0 开始，活精子每上升 10%，评分上升 0.1 分。凡做旋转运动、原地摆动的精子均不按活精计算。旋转运动或倒退运动的精子往往是受到冷休克或稀释液与精液不等渗等原因所致，有可能恢复正常；原地摆动则是精子衰老即将死亡的标志。一般精子活力在 0.6 以下不宜作输精用；用于稀释保存或做冻精的原液精子要求活力在 0.8 以上。如图 9-12。

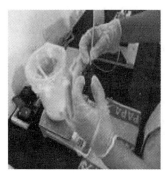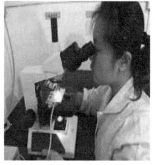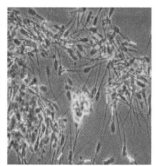

图 9-12　精液活力检查

5. 密度

测定精子密度，一般可采用估测法或光电比色计法测定。估测法估测精子密度简便易行，常与精子活力测定（原精）同时进行，根据显微镜观察精子间的间隙大小分为密、中、稀三级。密级：精子间空隙很小，小到容不下 1 个精子；中级：精子间有一定空隙，可容纳 1 ～ 2 个精子；稀级：精子间空隙很大，可容纳 2 个以上精子。

6. 死活精子比例

以伊红（刚果红）—苯胺黑（苯胺兰）染色涂片检查，死精主要因精子头部在苯胺黑的暗背景中可被染成红色，活精则因其机能的半透过性膜能防止色素侵入，故不着色。由于非直线前进运动的精子亦不着色，故采用该法得出的测定结果常比直接镜检方法要高，一般只适用于新鲜精液检查。

7. 畸形精子的检测

畸形精子指巨型精子、短小精子、断尾、断头、顶体脱落、有原生质、头大、双头、双尾、折尾等精子，一般不能直线运动，虽受精能力较差，但不影响精子的密度。精子畸形率是指畸形精子占总精子的百分率。若用普通显微镜观察畸形率，则需染色；若用相差显微镜，则不需染色可直接观察。公猪的畸形精子率一般不能超过 20%，否则应弃去。采精公猪要求每两周检查一次畸形率。畸形精子的检查方法：取原精液少量进行 10 倍稀释→对精子进行染色→ 400 ～ 600 倍显微镜下观察精子形态，计算 200 个精子中畸形精子占的百分比。

8. 精子存活时间

精子存活时间是指精子在体外的一定条件下能生存的时间。通常将精液稀释后置于 0℃冰箱中，定时取出少量精液逐步升温至 37℃，用显微镜检查，每天 2～3 次，直到精子全部死亡或只有摇摆运动时止，所需总的时数即为精子存活时间。存活时间越长，说明精子活力越强，品质越好。

9. 亚甲蓝褪色时间

亚甲蓝是氧化还原指示剂，氧化时呈蓝色，容易氢化还原而褪色。因为精液中有去氢酶，活精在呼吸时氧化脱氢而使亚甲蓝还原成无色。亚甲蓝褪色时间也就可以作为精子代谢能力的一个简明标志，也能反映出精子活力和密度的高低。一般以含 0.02% 美蓝的生理盐水与 4 倍量的精液混匀，装入 1 毫升小试管中，以石蜡封口隔绝氧气，放在 40℃下观察褪色所需时间。

10. 抗力系数

抗力可大致表示出精子在体外对所处环境的生活力。方法是在 0.02 毫升精液中逐次加入 1% 氯化钠溶液 10 毫升，同时用显微镜观察精子的存活状况直至精子全部死亡，加入氯化钠溶液总量与精液量之倍数即为抗力系数。

六、精液稀释

通过检查精液的精子密度、活力、数量，结合输精的母猪头数，以确定稀释倍数。一般要求每毫升稀释精液中含有 0.5 亿个以上的精子数，保证每头母猪每次输精后获得 80 毫升输精量时能有不少于 40 亿个有效精子。

例如：某公猪一次采精量为 200 毫升，活力为 0.8，密度为 2 亿个 / 毫升，则总精子数为 400 亿个，按每瓶需要 40 亿个精子，可以稀释成 10 瓶，按每瓶精液 80 毫升，需要向 200 毫升精液中加入稀释液 600 毫升。

用稀释液稀释精液时，先用温度计检查稀释液和精液温度，当两者温差不超过 1℃时才能稀释，稀释时最好用玻璃棒引流，将稀释液沿玻璃棒缓慢导入精液中，并用玻璃棒缓慢搅拌。当稀释倍数大时，先低倍（2 倍）稀释，静置 1 分后，再稀释。精液稀释后静置片刻对精子的活率再次镜检，确定正常后分装，或输精或逐步降温、保存。

七、精液的分装、保存与运输

1. 精液的分装

稀释后的精液经再次检查合格后，方可进行分装（每瓶 80～100 毫升），将精液缓慢沿瓶壁倒入输精瓶内，挤出瓶内的空气，最后盖上盖子，贴上标签，标明公猪品种、耳号、采精日期。

2. 分装精液的保存

分装好的精液置于合适温度下（22～25℃）1 小时，其间要避免强光直射，待精液冷却后平放入 17～25℃冰箱中。保存期间每隔12小时摇匀一次精液（上下颠倒），防止精子沉淀凝集死亡。如图 9-13。

图 9-13　对精子要认真检查和妥善保管

3. 确保适宜的温度

定期检查冰箱内温度，确保冰箱内温度的准确性。平时应尽量少开启冰箱门，以免内外温差对精子活力产生影响。

4. 精液的运输

精子是十分脆弱的，任何的不利因素都会造成大面积的死精，所以不论长短途运输都要保护好精子。在运输过程中要避免阳光照射、避免颠簸震动、避免温差大起大落。使用专门的恒温运输箱或者泡沫箱，夏天放冰水袋，冬天放棉花，箱底铺棉胶垫，测试箱内温度在 15～20℃。

八、猪的人工输精配种程序和注意事项

1. 配种程序

①检查母猪耳号，确定输精公猪的品种和耳号。②赶母猪到配种栏。③先用清水冲洗母猪外阴及臀部，再用消毒液（1∶200百毒杀溶液）清洗母猪的外阴部及尾巴，再用生理盐水冲洗干净。④赶公猪到母猪前面，输精人员倒坐在猪背上并刺激母猪乳房等部位。⑤插入输精管：用 0.9％生理盐水冲洗，缓慢以偏上 45°插入母猪性器官，插入 10～15 厘米后改为水平方向插入，直至感到有阻力时，改为逆时针旋转插入，直至子宫颈锁定输精管螺旋头。子宫颈锁住输精管的检查：不能继续逆时针旋转，往后拉感觉到有阻力即可。⑥刺激母猪乳房，促使精液的吸收，输精时间以 5 分左右为宜。⑦等精液吸收完全后，顺时针取出输精管。⑧让母猪在配种栏停留 5～10 分后赶回定位栏。如图 9-14 至图 9-21。

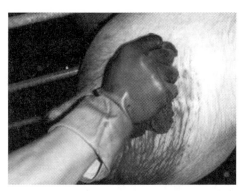

图 9-14　用消毒水清洁母猪外阴周围、尾根

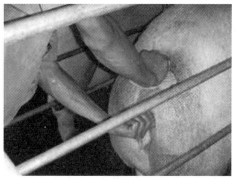

图 9-15　用生理盐水洗去消毒水，用纸巾擦干外阴

图 9-16　将试情公猪赶至待配母猪栏前，使母猪在输精时与公猪有口鼻接触

图 9-17　从密封袋中取出输精管时不准触其前 2/3 部，在前端涂上对精子无毒的润滑油

图 9-18　输精前精液应放在输精箱中，输精时应小心混匀精液（上下颠倒数次）

图 9-19　尽快找到母猪的敏感点进行充分的按摩，以增强母猪的性欲

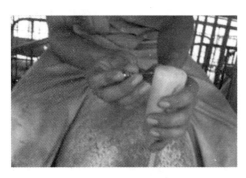 

图9-20 输精2分后在瓶顶空气部用针头扎　　图9-21 输完一头母猪后，立即登记配种记
孔，调节输精瓶的高低来控制输精　　　　　　录，如实评分
时间

2. 注意事项

①若在输精过程中精液流动不好或不流，可采取将输精管稍退或稍挤输精
瓶等措施。②对于已产多胎的母猪，会有锁不住输精管的现象，输精时应尽量
限制输精管的活动范围，对于此类母猪应该适当地延长输精时间，通过刺激母
猪敏感部位加强精液吸收。③若在输精时有出血现象，应分析流血部位，但最
好完成这次配种。

九、不同季节猪人工授精的操作管理

猪的人工授精工作，不同季节的工作重点也不同。不同季节其操作要点如
下。

1. 春季的管理

春季一般多雨，春雷多，天气潮湿，经常有异常气候变化。

打雷天气出现的时候，不要对公猪进行采精，不调教后备公猪，也尽量不
要输精。这个时候，各种猪都会有应激，调教、采精、输精均不会有好的效果。

天气潮湿，猪舍地面也容易潮湿。人工授精时，多注意待配母猪后躯特别
是阴户外围的卫生，配种前，冲洗之后还要擦拭一下，不要让细菌、异物在输
精时带入母猪的阴道；公猪采精时，采精栏的地面尽量使用防滑垫，以防公猪
因地面太滑而跌落下来损伤肢蹄。

精液稀释处理室保持干燥，可以利用空调除湿，以减少精液处理过程中被
污染的机会；过滤用的过滤纸或纱布，尽量不要裸露放置，以减少吸附异物、
细菌的机会。

春节期间人手比较紧张，如果做不过来，可以让发情母猪推迟一个情期配

种，但是不要乱做。输精前没时间检查精子活力、待配母猪卫生搞得不好、输精时间过快导致精液倒流、配种日期不登记或乱登记导致母猪预产期不准确、拿错精液配错母猪导致品种搞乱等，都会影响猪场的正常生产。

2. 夏季的管理

如果处理不当，夏季高温天气对猪的影响最大，如发热、采食量下降、公猪精液品质变差或根本无精子、单侧或双侧睾丸肿大、母猪返情率高、不发情等，有的是一头，有的是同时发病，持续时间短的要半个月，长的甚至1个多月，影响生产成绩的正常发挥。因此，夏季猪的饲养管理尤为重要。

（1）公猪的饲养　夏季公猪的饲养管理，主要在于细心，由于高温要注意采食量是否正常、体温是否正常、观察睾丸的变化、常规性梳毛、连续采精情况的比较等。每天饲喂 0.5～1 千克青绿多汁、适口性好的青饲料或 0.3 千克左右维生素含量高的胡萝卜 1 千克；至少每周 2 次的舍外运动等，这些都可以及时反映公猪的健康状况，便与及时处理。由于采食量多少会受高温的影响，饲料保持质量的前提下，还要通过添加脂肪粉等增加其能量，以满足公猪的正常需要。

（2）母猪的管理　由于天气炎热，母猪的食欲一般明显下降，或根本没有食欲，这段时间的主要工作就是想办法提高母猪的采食量。

（3）公母猪的防疫　无论是夏季还是冬季，公母猪的防疫工作不能放松。猪瘟、口蹄疫苗、伪狂犬、乙脑、细小病毒要常规性注射，以前乙脑和细小病毒是终生免疫 1 次，由于多年来，不同病毒、细菌的增加和交叉感染，最好每年都进行 2 次的免疫，即 3 月、9 月各对乙脑和细小病毒免疫 1 次。蓝耳病疫苗、流感疫苗等要根据场里的具体情况区别使用，不能盲目学别人；饲料中长期坚持添加 0.1%～0.2% 的一水柠檬酸；通过饲料加药的方式每年 4 次驱虫。

（4）公母猪的降温　超过 32℃ 的高温天气，都会对公猪、母猪造成一定的影响。公猪、母猪舍常用的降温方法有屋顶喷淋水降温、滴水降温、风扇吹风降温、舍内喷淋水降温、水帘降温。

（5）公猪的管理　精液品质下降的公猪，在确定不是疾病原因引起的前提下，首先检查饲料（最好用公猪专用料）是否正常，然后加强运动、青绿饲料饲喂、维生素和蛋白质的补充，并用睾酮处理。之后每隔 10 天检查 1 次精液品质，一个半月后，如果效果不明显，要考虑淘汰。公猪舍的地面，最好采用红砖或青砖（水泥砖容易损坏，换起来比较麻烦，也容易损坏肢蹄，不宜使用）铺地，如果卫生清理得当，即使夏季比较潮湿，也不会太滑；与水泥地面相比，碱性不强，可以减少腐蚀肢蹄。

夏季人工授精时，时间一般选在较为凉爽的早 7 点前、下午 6 点后，这时母猪的受胎率、产仔数相对比较高。

3.秋季的管理

一般来说，秋天比较干爽，雨水较少，温度也不太高，是一年中比较适合养猪的季节。这个季节，人工授精工作主要注意以下几点。

公猪的室外运动场，一般采用沙质地面或泥地面，由于雨水少，要经常洒水，从而降低公猪呼吸道疾病发生的机会。

秋季的公猪，精液质量一般比较好，经常存在采一头公猪稀释 20 头份精液的情况，因此，精液比较充足。这个时候，可能有的公猪两个星期甚至更长时间都轮不到 1 次采精，即使采了不用，至少每个星期也坚持采 1 次，以免时间太长影响公猪的性欲和精液质量。

4.冬季的管理

无论是空气湿度较低的"干冬"，还是北方降雪的"湿冬"，低温寒冷是冬季气候的主要特征，防寒保温及病毒性疾病的防控工作是最主要的工作。

（1）公母猪疫病的防治　冬季气温低，并且经常常有冷空气等异常天气出现，因此也是一些病毒性疾病（如口蹄疫等）的高发期，防疫工作做得不好，容易引起严重的后果。每个猪场都有符合自己猪场实际情况的一套防疫操作规程，一般来说都是经过实践证明有效的，不会有太大的偏差，凡是形成的程序化规程，一定要严格执行，不能朝令夕改，要有一定时间的延续性。正确操作免疫规程的同时，还要进行定期或不定期的抗体监测，以观察猪群的健康状况。一般来说，猪瘟、伪狂犬、口蹄疫是必检项，有些专家建议蓝耳病也属于必检项目，猪场可以根据自身情况而定。现在的猪病比前几年多了许多，特别是外来病，用现行的方法治疗时效果也不明显，于是有些疫苗就应运而生，有的猪场注射了之后有些效果，但有的猪场注射之后不但没效果还有副作用。在疫病防治方面，消毒工作也不容忽视。根据冬季的特点，在管理到位的前提下，病毒性疾病的防治应该是工作的重点，因此，消毒工作应根据病毒的生理特点而做，每周消毒 2 次，并不断变换酸、碱性消毒剂，以降低病毒的耐药性，从而提高消毒的效果。

（2）饲料营养　冬季气温不高，猪的采食量一般不会存在问题（健康状况异常的情况除外），只要营养水平跟得上、饲料没有发霉变质现象，母猪哺乳性能、猪生长速度都会表现良好。对于冬季常发的猪喘气病，在注射好疫苗（相当一部分种猪场对种猪注射了进口的喘气病疫苗）的基础上，通过调整饲料颗粒粒径的大小、采用湿料或半干湿料的饲喂方式，也可以起到一定的减轻或缓解作用。有条件的地方，如我国的南方，冬季除了气候不同外，还有一个非常有利的条件可以充分利用，就是青饲料充足，除了人工每年种植的番薯藤、青菜、青草外，鱼塘边的多年生植物如橡草等，都是一年四季常青，不影响收割，因此能够保证猪特别是种猪对青饲料的需求，一定程度上能促进猪的生长、母猪哺乳性能的充分发挥、公猪正常的性欲和精液品质。南方的猪场均应充分利用好这一有利的条件，以获取更好的效益。

（3）猪舍通风保温　猪场冬季也要进行御寒保温工作，在保温的同时，通风工作也要做好。有的猪场为了保温，在气温比较高的中午也不开窗或打开一部分卷帘，天长日久造成猪喘气的比例增加甚至影响到正常的生长速度；有的猪场人员进去猪舍后眼睛和鼻子都非常的难受，异常闷热，猪生长也不会正常。因此，冬季天气气温没有明显下降、中午温度比较高时，都要定时进行开窗，做到及时通风换气，保持合内空气的新鲜和清洁，从而促进猪的正常生长。

（4）卫生保健　冬季气温变化多端，也是某些猪病的高发期，因此，除了正常的生产管理、防疫外，还需要在饲料或饮用水中添加一定的药物或食品添加剂进行正常的保健。一是在饲料或饮用水中添加0.1%～0.2%的一水柠檬酸，作用是可以增加食欲和减少某些烈性传染病的发生率，减少仔猪的下痢；二是根据需要添加一部分板蓝根或鱼腥草，以预防由于天气的变化引起的感冒，从而达到预防疾病、促进猪正常健康生长的目的。冬季的卫生要求也不能放松。栏上面有猪粪时马上要进行清理，特别是分娩舍和保育舍有仔猪或小猪下痢时，要及时清理并用拖把拖干净，根据条件，栏下面的地面可以每周清理或冲洗1～2次，但要注意不能使猪舍内的湿度过大。

（5）生产管理　冬季猪场还要注意生产、运动的管理。冬天的猪容易饲养，母猪发情很正常，因此，要注意配种工作的调控和分娩的安排，根据猪场实际配套的分娩床的数量和保育栏的大小来安排生产。不顾实际条件而盲目地配种，造成分娩母猪多而产床少的结果时，仔猪的发病率、死亡率增加，结果只会得不偿失，并且还会打乱生产计划，新建场应该特别注意这一问题。种猪的冬季运动不容忽视，但一般要选在上午或下午气温比较高的时候进行，以保持其正常的体况和生产性能。

第四节
非洲猪瘟下提高猪繁殖性能的途径

猪批次化生产是指根据母猪群体的规模按计划分群（组）并利用生物技术使母猪同期发情、同期配种，以达到组织批次生产的一种生产方式，是一种可以使母猪高效繁殖的管理体系，也是实现猪场全进全出生产模式的关键。批次化生产的关键控制点是利用生物技术使母猪达到卵泡发育、发情、排卵、配种和分娩的同步化。

一、猪批次化生产的概念

猪批次化生产模式，是借鉴早期的工业化批次式生产模式，在实际应用中逐渐转变为猪等畜禽批次生产模式。此模式利用了全进全出的生产方式，将生产阶段或日龄在同一批次的猪圈养在一起，又同一批次转群或出栏，使猪群的健康状况、生产性能（增重速度、饲料报酬及上市日龄等）保持在最佳的状态。

二、猪批次化生产的意义

我国现阶段的中小规模养猪主要以"后备—配种妊娠—分娩哺乳—保育—肥育"传统连续式流程生产养殖模式进行常规自繁自养式养殖单元的养殖生产。这种生产模式存在的生产弊端：①疾病防控风险较大，不同日龄、体重的猪混养在同一栋猪舍，共用通风、排污系统，不同日龄猪抗体水平差异大、疾病传播速度快、猪容易交叉感染。②疾病得不到有效净化，这种连续性养殖模式不易做到彻底的清洗、消毒及有效的空栏。③猪应激性大，生长速度、饲料利用率较低；猪群的整齐度较差。④员工工作无规律、劳动强度大，休息时间无法保证。

与传统连续式流程生产养殖模式相比，批次化养猪生产模式具有的优点：①批次间猪不混养、不并栏，减少猪应激反应，不同日龄的猪分别在隔离的空间饲养，可以有效防止水平感染，阻断疾病的传播，进而提高猪群健康水平。②批次化生产可提高猪群健康水平，与连续式饲养模式比较，可以减少预防性药物的使用，日增重、饲料利用率、成活率及用药成本皆有明显改善。③将每天或每周都需要执行的配种及分娩等工作，集中于短时间内完成，可节省工作时间，提高管理效率。可以改变员工没有休息日的现状，让工作变得有计划性和可预知性。计划生产使得工作量相对集中，便于在工作量大的日子调动员工或聘请临时工人支持。④按照批次生产，制订完善的生产计划，能够更大程度地利用栏舍，提高栏舍的利用效率，分摊栏舍的成本。⑤批次之间空栏时间容易控制安排，猪舍硬件的维修、清洗及消毒可大规模进行，可为新批次猪提供洁净的饲养环境。⑥批次之间猪舍隔离性良好，环境温度及通风容易个别控制，营养需求可依照不同生产阶段、不同日龄体重猪分栏饲养，提供最佳配方，减少饲料营养的浪费。

总之，批次化生产模式能够提高猪群的健康状况和生产性能，提高猪场管理效率，降低生产成本、节约劳动力，更有利于组织生产、提高猪场的经济效益。

三、批次化生产猪群运转计算

计算猪场的猪群运转是很重要的，这样能找出生产体系的瓶颈。

1. 需要计算的基本数据

计算猪群运转时，需要这些信息：循环运转的组群数量，每头母猪每年分娩窝数，每头母猪每年生产的断乳仔猪头数（PSY），母猪数量；每个组群分娩母猪头数，每个组群的后备母猪数，公猪数量。

（1）循环运转的组群数量　循环运转的组群数量 =（哺乳期天数 + 断配间隔 + 妊娠天数）/（7× 组群间隔周数）。

（2）年产仔窝数　年产仔窝数 = 365（1 年天数）/ 分娩间隔。分娩间隔 = 妊娠期天数 + 哺乳期天数 + 非生产天数。

（3）PSY　PSY = 每头母猪窝均断奶数 × 年产仔窝数。

（4）母猪数量　如果从每个组群分娩母猪数量算起：母猪数量 =（每个组群分娩母猪数量 × 分娩间隔）/（7× 组群间隔周数）。

（5）每个组群分娩母猪数量　如果母猪数量已定：每个组群分娩母猪数量 =（母猪数量 ×7× 组群间隔周数）/ 分娩间隔。

（6）每个组群后备母猪数量　每个组群后备母猪数 =1 胎母猪占比（%）× 每组群分娩母猪数量 / 分娩率。

（7）猪场公猪数量　猪场需要用有气味公猪来查情和刺激母猪及后备猪，比例为每 300 ～ 400 头母猪需 1 头公猪。根据以上公式就可以算出猪场的猪群运转量。

2. 需要计算的部门

（1）分娩舍　分娩舍中母猪的组群数 =（冲栏时间 + 提前进产房天数 + 哺

乳天数）/（7×组群间隔天数）+1。计算出分娩舍中母猪的组群数后，应再加1个组群为周转组群，即为猪场运转的确切组群数。分娩栏数量＝每个组群分娩母猪数量 × 分娩舍中母猪组群。

（2）配种舍 如果没有设定分娩率，计算公式为：分娩率＝每个组群分娩母猪数量/每个配种组群的母猪数。如果分娩率已定，计算公式为：每个组群配种母猪和初配母猪＝每个组群分娩母猪数量/分娩率。每个组群需要后备母猪数量＝每个组群配种母猪和初配母猪数量 ×1 胎母猪占比（%）。

（3）公猪区 公猪栏位数和公猪的数量＝母猪数量/300。

（4）妊娠舍 妊娠舍中初配母猪数量＝妊娠舍中母猪总数量 ×1 胎母猪占比（%）。

（5）后备母猪培育舍 后备母猪总栏位＝（每个组群后备母猪数 × 配种前在场周数）/组群间隔周数。

与配种后备母猪数相比，后备母猪进场越早，那么需要引进的数量就越多，要计算每年所需后备母猪总数（包括最后不入选的后备母猪），需要知道何时接收后备母猪，后备母猪进场越早，就会有越多的后备母猪因为各种缺陷最终不能使用。

以下是在不同日龄挑选后备母猪时的利用率：断奶时挑选，50% 利用率；25～30 千克时挑选，65% 利用率；100～105 千克时挑选，90%～95% 利用率。计算公式如下：

每年进场后备母猪数量＝1 胎母猪占比（%）× 年产仔窝数 × 母猪数量/利用率

猪场后备母猪数（引种到配种）＝（每年进场后备母猪数 × 在场周数）/52（每年周数）

对于后备母猪总栏位的数量需求，会因引种日龄的不同而有所变化。

（6）保育舍 计算保育舍的运转之前，需要先设定几个关键的生产指标和因素：进入保育时的体重、出保育时的体重、平均日增重、保育冲栏天数。

保育天数＝增重千克数（出保育体重－进保育体重）/平均日增重（千克）+冲栏天数。

保育组群数＝保育天数/（7× 组群间隔周数）+1

计算出保育舍的组群数后，应再加 1 个组群为周转组群，即为保育场运转的确切组群数。

每个组群保育猪数量 = 窝均断奶数 × 每个组群断奶母猪数量

满负荷运转的存栏 = 保育组群数 × 每组群猪数量

需要为满负荷运转的存栏设计栏位，可以根据保育猪的组群数来确定栋舍的数量，然后根据每个组群猪的数量和猪群的密度（0.35 米²/头）确定每个单元的栏位数。

（7）生长肥育舍　计算生长肥育舍运转之前，也需要先设定几个关键的生产指标和因素：进入生长肥育时体重、肥育结束时体重、平均日增重、肥育冲栏天数、保育死亡率。

肥育天数 = 增重千克数（出生长肥育舍体重 − 进生长肥育舍体重）/ 平均日增重（千克）+ 冲栏天数

肥育组群数 = 肥育天数 /（7× 组群间隔周数）+1

计算出肥育舍的组群数后，应再加 1 个组群为周转组群，即为肥育场运转的确切组群数。

每组群肥育猪数 = 每组群保育猪数 ×（1 − 保育死淘率）

满负荷运转的存栏 = 肥育组群数 × 每组群猪数量。

需要为满负荷运转的存栏设计栏位，可以根据生长肥育猪的组群数来确定栋舍的数量，然后根据每个组群猪的数量和猪群的密度（0.75 米²/头）确定每个单元的栏位数。

四、猪批次化生产的关键控制点

母猪生产批次化管理技术的主要包括合理的应用激素药物调节母猪的性周期，采用定时输精技术使其达到分娩同期化。

1. 常用激素药物应用于后备母猪和经产母猪的技术要点

（1）后备母猪　目前广泛使用的方法是通过对后备母猪经口灌服 15 毫克烯丙孕素 14 ～ 20 天，使得促性腺激素的分泌被抑制，在此期间黄体退化部分卵泡能够充分发育，85% 的青年母猪在停止饲喂后的 4 ～ 9 天内发情。

目前在欧美被广泛使用用于青年母猪诱导发情和排卵的药物商品名为 PG600，是一种含有 400 国际单位孕马血清促性腺激素和 200 国际单位人绒毛膜促性腺激素。大量的研究表明，通过肌内注射 PG600 能够有效地诱导 50% ～ 90% 达性成熟的母猪在 5 天以内发情。但是有超过 30% 的青年母猪在下个发情期会出现发情周期的异常。

（2）经产母猪　多数研究都表明在母猪断奶后注射 PMSG 或 PG600 会使

得母猪在 5 天内发情，尽管能够缩短母猪的断奶—发情间隔，但发情的同期性以及输精配种后的分娩率和产仔数与对照组没有显著差异。目前临床上较多用于治疗一胎母猪产后不发情或季节性乏情，而 PG600 则多是用于母猪断奶后的发情同期化处理。

2. 母猪的定时输精技术

（1）母猪定时输精技术的概念与分类　母猪定时输精技术是利用外源生殖激素人为调控群体母猪的发情周期，使之在预定时间内同期发情、同期排卵，并进行同期输精的技术。结合同期分娩技术，可促使猪场实现"全进全出"和批次化生产。

因后备母猪和经产母猪生殖内分泌的差异，后备母猪和经产母猪定时输精程序存在着差异，经产母猪一般通过仔猪断奶实现同期发情，而后备母猪则采用饲喂烯丙孕素调控发情。对于后备母猪的处理，又分为简式定时输精与精准定时输精。二者的区别在于精准定时输精需要多种生殖激素配合以达到预期时间点进行同期配种，不需要大量繁杂的发情鉴定工作；而简式定时输精技术仅使用烯丙孕素处理，然后进行常规发情鉴定和适时配种。尽管精准定时输精激素处理成本高于简式定时输精，但其避免了因后备母猪隐性发情造成的漏配情况，作为一项管理措施，可优化猪场生产管理方式，提高生产效率，节约人力成本，增加经济效益。如图 9-22 至图 9-26。

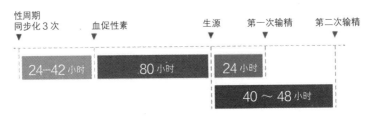

图 9-22　后备母猪定时输精技术流程

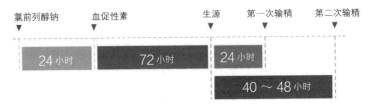

图 9-23　不发情后备母猪定时输精程序

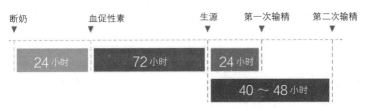

图 9-24　经产母猪定时输精技术流程

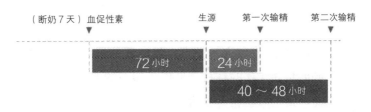

图 9-25　断奶 7 天内不发情母猪的定时输精程序

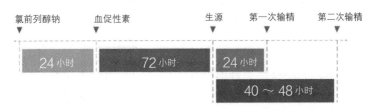

图 9-26　不发情经产和空怀母猪定时输精程序

（2）实现母猪定时输精技术的四个关键环节

1）性周期同期化　母猪性周期同步化是母猪群进行定时输精的基础。烯丙孕素是一种具有生物活性的口服型孕激素，与天然孕酮的作用模式相似，可抑制促性腺激素的释放，阻止母猪卵泡发育和发情。规模化猪场中，对达到配种要求的健康、适龄后备母猪，连续 18 天拌料或通过饲喂枪定量饲喂烯丙孕素 20 千克 / 天，可有效抑制卵泡的生长发育。当停止饲喂烯丙孕素后，由于同时解除了对后备母猪垂体促性腺激素分泌的抑制作用，母猪卵泡开始在同一水平上进行同步发育。对经产母猪而言，母猪分娩后的仔猪吮乳抑制促性腺激素的分泌，可抑制卵巢卵泡生长发育。仔猪断奶后解除了吮吸对垂体的抑制作用，使垂体释放促性腺激素 FSH、LH，促进卵巢卵泡同步生长发育，从而达到母猪群的性周期同步化。

2）卵泡发育同期化　卵泡的生长发育受到许多内分泌、旁分泌和自分泌因素的共同调控。其中垂体前叶分泌的 FSH 可促进小卵泡发育至中等卵泡。虽然后备母猪通过饲喂烯丙孕素、经产母猪通过断奶可实现性周期同期化，但在实际生产中，母猪个体差异较大，卵泡发育速度不一致，导致母猪发情时间分散，为此，生产上通常采用注射孕马血清促性腺激素来促进母猪卵泡发育。PMSG 兼有 FSH 和 LH 活性，在畜牧生产和兽医临床上被广泛应用。国外在应用定时输精技术过程中，后备母猪肌内注射 PMSG 剂量通常为 800 ～ 1 000 国际单位，经产母猪注射剂量为 600 ～ 1 000 国际单位。由于国内同类产品活性或生产标准不同，后备母猪和经产母猪目前推荐注射剂量均为 1 000 国际单位。

3）排卵同期化　随着卵泡的发育，雌激素分泌水平逐渐提高，抑制垂体 FSH 的释放，同时促进 LH 的释放，形成排卵前的 LH 峰，引起卵泡的成熟和排卵。为了实现母猪定时输精，母猪需在相对集中的时间内排卵，通过注射戈那瑞林（国内商品名称为生源）可促使母猪在同一时间段内集中进行排卵。戈那瑞林可作用于垂体，引起内源性 LH 的合成并分泌，使 LH 的分泌更接近其生理学规律，促使后备母猪在 40 ～ 42 小时内发生排卵。目前，国外已经在开发应用更稳定的戈那瑞林类似药物，比如布舍瑞林、戈舍瑞林、曲普瑞林等以取代戈那瑞林，从而获得更好的排卵效果。随着国内生猪养殖企业批次化生产规模的快速推广，相关生物制药企业也在加速开发研制高效戈那瑞林类似物，这将对国内生猪养殖企业应用定时输精技术提供更优质的技术保障。

4）配种同期化　精子在母猪生殖道内可以存活约 48 小时，但具有受精能力的时间只有 24 小时左右，卵子在输卵管中保持受精能力的时间仅有 8 ～ 12 小时，如果在这个阶段精卵不能相遇，那么卵子将不能成功完成受精，因此，定时输精程序应用过程中，输精时间极其重要。当外源性激素处理实现母猪排卵同期化后，通过对母猪群进行适时同步输精，达到配种同期化。国外通过大量研究表明，在注射戈那瑞林后 24 小时、40 小时分别输精一次，可使母猪成功受孕。

3. 公猪利用率

批次化生产模式的实施会减少对种公猪饲养量的需求，因此，如果是集团化的养猪公司，可考虑建设共享式的公猪站，集中饲养优秀种公猪，开展人工授精；如果是单一的中小规模猪场，则可考虑依托区域性的公猪站开展人工授精。人工授精技术在批次化生产的猪场是必备的技术，其技术成熟，值得推广。规模化猪场如果条件具备，在实施人工授精中可采用深部输精技术，如子宫体输精法（IUI）和子宫角输精法（DUI），与常规子宫颈输精法（ICI）相比，每头母猪每次输精剂量可由 30 亿个精子，降低至 10 亿～ 15 亿个精子（IUI）和 1.5 亿～ 2.0 亿个精子（DUI），可大幅提高公猪利用率。

4. 数据统计工作

实施批次化生产后，为保证生产秩序的有序和稳定，必须要有可靠的生产数据作为支撑，否则会完全打乱运转计划。为此，规模化猪场需要运用生产管理软件（例如 Herdsman 软件等）进行数据管理，方便高效。很多生产数据录入以后都能够整合，可以导出每天、每周、每月、每季度、每年的猪群生产指标以及每头的生产情况。只有将每一头猪的情况掌握好，才能够更好地做好批次化生产计划。

第十章
福利化养猪

　　福利化养猪就是要求饲养者善待生猪，重视关注其福利，为其提供良好舒适的生存、生活环境，使其免受或少受痛苦、压抑和虐待，更多地享受自由和快乐。福利化养猪是构建和谐社会，推动人类文明进步，促进养猪经济可持续发展的需要，是新时代的呼唤与要求。

第一节
福利化养猪的内涵及国内外发展现状

福利化养猪涵盖的对象包括人和猪，且福利不可单纯理解为高于基本保障的额外好处或利益。不管针对人还是猪，其理念的核心是善待、亲和和关爱，其实质是满足生理和心理的需求。通俗地讲就是创造条件，让人和猪活得更舒适、更自由、更健康，从而发挥其自身最大的价值。世界贸易组织的规则中也加入了动物福利的条款。到目前为止已有近百个国家和地区建立了完善的动物福利法规。

一、动物福利的内涵

动物福利通常被定义为一种康乐状态，在此状态下，动物的基本需要得到满足，而痛苦被减至最小。这是人们基于动物的实际需要做出的考虑，也是基于人应该关心动物生命的伦理要求做出的判断。

按照国际公认的标准，动物被分为农场动物、实验动物、伴侣动物、工作动物、娱乐动物和野生动物六类。这些动物的生活品质取决于人们对它们的态度和照顾程度。因而，动物福利对于这些动物来说是关乎生命需要和苦乐健康的事情。

满足动物的基本需要，既需要通过立法保障动物福利，使人们承担责任，保证动物基本利益；也需要饲养业从业人员富有人道主义精神，掌握科学知识，尊重生命，善待动物。英国的"农场动物福利委员会"提出并发展了农场动物的"五大自由"原则。这个福利原则基本上为人们所接受。《动物福利》一书的作者考林·斯伯丁把这些原则列表如下：①不受饥渴的自由——自由接近饮水和饲料，无营养不良，以保持身体的健康和充沛的活力。②生活舒适的自由——必须提供自由合适的环境，无冷热和生理上的不适，不影响正常的休息和活动。③不受痛苦伤害和疾病威胁的自由——饲养管理体系应将损伤和疾病风险降至最小限度，对动物应采用预防或快速诊断和治疗的措施，一旦发生情况时便于立即识别并进行处理。④生活无恐惧的自由——确保具有避免精神痛苦的条件，并予以救治，应提供必要条件使动物表现出在物种进化过程中获得强烈动机所要实施的行为。⑤享有表达天性的自由——提供足够的空间、合理的设施及同类动物伙伴。

二、世界各国对于猪福利的关注

欧盟制定了猪福利的指导条例。条例规定饲养者应逐渐取消小猪圈，要求饲养者扩大养猪场面积，并鼓励使用放养方式养猪，逐步取消圈养。为了让"猪与外界有更多的交流"，该条例要求饲养者为猪提供"可由猪自由操控的物品"，像干草、木块等。

2004年2月14日，英国已经把依据欧盟这项指导条例制定的《农畜动物福利规定》正式付诸实施。

1999年，英国就全面禁止了全封闭式猪圈饲养，后来还专门颁发了《猪福利法规》，对养殖户饲养猪的猪圈环境、饲养方式进行了细致的规定。而新的规定还配合欧盟条例，增加了给猪"玩具"的条文，并规定对不遵守该法规的养殖户将处以2 500英镑的罚款。

德国在这方面已经走在前列，该国政府鼓励饲养员每天与每头猪至少要有20秒的接触时间，并给猪提供两三种"玩具"，以避免它们觉得枯燥。

我国香港在20世纪30年代就有禁止残酷虐待动物的法律，并于1999年颁布了《防止残酷对待动物条例》。我国台湾地区在1998年11月4日公布实施了动物保护法，2000年1月19日颁布《动物保护法施行细则》。1988年我国同时也出台了《野生动物保护法》和《实验动物管理条例》，明确了野生动物和实验动物的法律地位。2002年我国对《实验动物管理条例》进行了修订，最引人关注的是增加了生物安全和动物福利的内容。自2006年7月1日起实施的《中华人民共和国畜牧法》总则中明确规定：国务院畜牧兽医行政主管部门应当指导畜牧业生产经营者改善畜禽繁育、饲养、运输的条件和环境。这在一定程度上体现了动物福利的要求。

2014年中国农场动物福利系列标准中推出的首部标准《农场动物福利要求 猪》，是在参考欧美等国先进的农场动物福利理念的基础上，结合目前中国科学技术发展和社会经济条件制定的。此标准已由中国标准协议发布，将作为行业推荐标准向国内生猪养殖企业推广实施。其亮点是：①农场动物在饲养、运输、屠宰过程中得到良好的照顾，避免遭受不必要的惊吓、痛苦或伤害。②对农场动物的居所进行有益的改善，即在单调的环境中，提供必要的材料和玩具供其探究玩耍，满足动物表达其生物学习性和心理活动的需要，从而促使该动物的心理和生理均达到健康状态。③减少猪应激、恐惧、肢体损伤和痛苦的宰前处置和屠宰方式。④猪场不应使用以促生长为目的非治疗用抗生素，不得使用激素类促生长剂；对于加药饲料的使用应明确标示并记录。猪场应每天连续向所有猪提供充足、清洁、新鲜的饮水。⑤猪场应设有弱、残、伤、病猪特别护理区，并能与其他猪舍隔开。猪场应保持适宜的猪舍温度；如4日龄至断奶的乳猪：26～30℃；生长育肥猪：15～22℃。猪舍环境中的可吸入粉尘应不超过10毫克/米^2，氨气浓度应不超过10毫克/米^3。⑥饲养人员应掌握动物健康和福利养殖方面的基本知识，并掌握本标准的具体内容且在其操作过程中有效应用。⑦装卸猪的过程应以最小的外力实施，尽可能引导猪自行走入或走出运输车辆，不得采取粗暴的方式驱赶。⑧猪的福利化养殖、运输、屠宰、加工全过程应予以记录，并可追溯。猪场的种猪档案应永久保存。其余养殖、运输、屠宰、加工全过程的所有记录应至少保存3年。

第二节
福利化养猪现存问题的分析

猪的饲养环境是指与猪生产生活关系极为密切的空间以及直接、间接影响猪健康的各种自然的和人为的因素。20世纪70年代以来，我国的养猪生产逐渐由传统的小规模生产方式向集约化、工厂化生产方式转变，极大地促进了我国畜牧生产水平的提高，规模化养猪也得到了快速的发展。目前，规模化养猪主要采用舍内圈栏饲养和定位饲养工艺模式，这种工艺模式多采用限位、拴系、笼架、圈栏以及漏缝地板等设施，饲养密度高、集约化程度较高，有助于方便管理和降低成本，但往往忽略猪福利。

一、猪舍环境的福利问题

猪舍内环境条件的舒适有助于猪发挥更好的生产性能，应保持舍内适宜的温度、湿度、光照、通风换气等。但很多猪场舍内小气候环境不稳定、空气质量差，冬季低温高湿、饲养密度高、通风不良、空气污浊，圈舍内卫生条件变差，严重影响猪的生产力和抗病力，降低饲料利用率，导致猪呼吸系统疾病及各种疾病的发生。猪舍的环境卫生管理跟不上，舍内空气中有害成分含量高，含有害气体（氨、硫化氢、甲烷、二氧化碳等）、微粒（尘、饲料粉末、皮屑等）和微生物（细菌、病毒等）等成分，这些污染物超过大气的自净能力时，会对人和动物造成危害。

二、猪舍设计的福利问题

许多猪场盲目追求规模化，为了节省土地，缩短畜禽饲养周期，还采用了高度集约化的饲养方式，使废弃物超过环境承载能力，使养殖场的小气候环境恶化。猪舍修建过程中，每栋猪舍之间的距离不达标，加剧猪场的疾病传播危险。猪舍地面多为石质或混凝土平地，没有采用先进的漏缝地板，地面清洗难度大，多采用水冲清粪的方式，产生的污水较多，且猪粪和废水大都没有经过分离，导致粪污不能合理利用。目前我国规模化养殖中对母猪、后备猪等普遍采用单体限位饲养，容易造成种母猪体质下降、使用年限缩短、肢蹄病严重、提前淘汰等。

三、饲养管理中的福利问题

规模化猪场高度密集饲养，不仅造成大量粪尿、臭气、噪声污染，还使有些猪吃不到料，饮不上水，处在饥渴状态，也使猪产生了打斗、咬尾、咬耳等行为怪癖，最终导致生长速度缓慢，肉质下降，猪群免疫功能下降而诱发各种传染病、群发病，特别是猪呼吸道疾病非常普遍。为了追求高生长效率和提高母猪的繁殖性能，目前生猪养殖中普遍存在提前断奶的饲养方式，容易造成仔猪断奶综合征，产生心理应激、环境应激及营养应激，从而影响其生长效率。

在生猪饲养环节，存在人为地或过分地用改善饲养配方的方法来提高生产效率，打乱动物自然生长规律的问题。有的企业甚至为了眼前的经济利益，在饲料中添加有害物质，使生猪处在非正常饲养状态，甚至处在中毒状态。这些有害物质的添加，不仅违背动物福利，而且危害人体健康，造成环境污染。

四、运输和屠宰环节的福利问题

我国养猪业在运输和屠宰环节动物福利考虑太少，如运输时间过长，运输的密度、温度不合适，剧烈驱赶，外部陌生环境的刺激，加上猪抗应激能力差，会对猪肉质量产生不利影响。在生猪屠宰方式上也很不规范，传统的、分散的、小规模的个体屠宰在卫生检疫上存在着诸多问题，就连那些采用现代工艺、集中大规模屠宰的肉联厂的屠宰方式也很落后，很多牲畜都是在木棒驱赶下进入屠宰场，目睹同伴被宰杀分割，吓得嗷嗷乱叫，甚至在屎尿齐下的极度恐惧中结束自己的生命。

第三节
福利化养猪的标准

中国农场动物福利系列标准中推出的首部标准《农场动物福利要求　猪》，是在参考欧美等国先进的农场动物福利理念的基础上，结合目前中国科学技术发展和社会经济条件制定的。该标准主要是结合猪的习性、行为以及生理等各方面的生物学特征，然后通过福利技术设施来进行研究分析，以此来有效地改善养殖的条件，更好地满足动物的生物学方面的要求，进而有效地实现增殖增产。

一、国外猪的福利化饲养

有关猪饲养的福利条款大部分包含在家畜福利法规的相关内容中，这里介绍一下 2003 年英国农用动物福利法规中关于猪饲养的部分内容，从中我们可以看出，提倡猪的福利饲养，是给猪提供舒适、更适合其自然天性的生活环境。

1. 妊娠母猪和青年母猪的饲养管理

猪生产中运用的定位栏一直是个有争议的话题，1999 年英国已经禁止把妊娠母猪单独限制在保定架里，2012 年欧洲也普遍禁用。

母猪和青年母猪除了预产期的前 7 天和哺乳期间外，都应群养。群养的圈长度不低于 2.8 米，若少于 6 头时也不少于 2.4 米。配种后的每头青年母猪和成年母猪分别占有的无障碍面积至少平均为 1.64 平方米和 2.25 平方米，当群饲少于 6 头时，必须在原来的基础上增加 10% 的面积；当个体数为 40 或更多时面积可以减少 10%。在上述面积中，配种后的每头青年母猪和成年母猪占有的面积至少有 0.95 平方米和 1.3 平方米为连续的固体地板。青年母猪和经产母猪头数少于 10 头时，在符合要求的条件下可单头饲养。青年母猪和经产母猪必须有一定的饲喂体系，以保证在有竞争的条件下也能得到充足的食物。所有未泌乳的青年母猪和经产母猪必须能得到充足的大体积、高纤维和高能量的饲料来满足它们的饥饿和咀嚼的需要。青年母猪和经产母猪群饲时，先天性的攻击行为是一个很严重的问题，依个体的不同其秉性不同，所以充足的空间是特别重要的，可以逃避进攻；当青年母猪或经产母猪某个身体条件欠缺时就要独立饲养，不然将导致严重的受伤，应及早地把持续进攻的个体移离到不同的圈内饲养。

2. 哺乳母猪的饲养管理

对于哺乳母猪，2003 年（英国）动物饲养福利法规有如下规定：妊娠的青年母猪和经产母猪需防止内部和外部寄生虫。在进入产仔笼以前，妊娠的青年母猪和经产母猪必须彻底清洗干净。在母猪产仔前的 1 周内，要给予充足的垫窝料，除非是技术上不可行。产仔期间，在母猪的后面要有无障碍的平地，以满足母猪的自然生产或便于助产。在母猪活动范围比较大的产仔圈内要有保护仔猪的设施。在预期产仔的前一周和产仔期，要防止其他的猪看见。产仔母猪的圈内温度应为 18 ～ 20℃，太高的温度会降低它的采食量和泌乳能力。要管理好产仔母猪的饲喂，这时要有适合这些母猪的饲养配方以保证泌乳期间它们的身体状况健康。尽可能要提供垫窝料，特别是在产仔前的 24 小时内，保证母猪的垫窝需要，使应激减少到最低限度。

3. 仔猪的饲养管理

研究表明，在分娩笼中的母猪虽然能很容易地就近获得食物，但仔猪却丧失了健康和福利。初生仔猪中最小的一个最易死亡，特别是在出生后的第一天，较小的猪刚出生时平均体温会下降 4℃，而较大的仅下降 1℃，温度的下降使仔猪所保存的有限能量损失，影响仔猪对初乳的摄取并降低它们对疾病的抵抗力，为此，2003 年（英国）动物饲养福利法规对哺乳仔猪的饲养进行了如下规定：必要时给仔猪提供热源和干燥、舒适、远离母猪、能同时休息的地方。饲养仔猪的一部分地板要足够大，能满足同一时间所有的仔猪都能休息，地板要求铺有垫料或稻草及其他合适的材料。产仔笼必须有足够大的空间以保证仔猪吃奶不困难。仔猪断奶日龄一般不少于 28 天，否则仔猪的福利和健康将受到负面的影响。如果仔猪是移到空的并且彻底清洗、消毒的专门的圈内，并且与其他母猪舍隔开，可以提前 7 天断奶。（也就是全进全出系统，而且能满足仔猪生活的其他条件。）

4. 断奶仔猪和生长育肥猪的饲养管理

首先是每头猪平均占有无障碍地板的面积，其标准见表 10-1，表中的标准是最低的要求，圈的形式及管理可能要求更大的空间。总的地板面积要满足休息、饲喂和活动的需要，供休息的地板面积要满足所有的猪同时躺下来的要求。

表10-1　每头猪需无障碍地板的面积

体重（千克）	占有面积（平方米）
< 10	0.15
10～20	0.2
21～30	0.3
31～50	0.4
51～85	0.55
86～110	0.65
> 110	1

断奶后的仔猪要尽快群体饲养，尽可能地保持群体稳定、减少混群。如果不同的群混养时，越早越好，最好在断奶前或断奶一周内。一旦混合后要有足够的空间来满足其遭到其他猪进攻时能够逃跑和隐藏的需要。经过咨询兽医后可给猪注射镇静剂以方便混群，减少意外情况的发生。当严重的进攻发生时，要及时查明原因并采取恰当的措施。

5. 公猪的饲养管理

对于公猪的饲养，2003年（英国）动物饲养福利法规规定：公猪圈应允许公猪在里面自由活动，能听见、看见、闻见其他的猪，要有干净的休息的地方。公猪躺卧的地方要干燥、舒适。每头成年公猪平均占有的平地板面积至少为6平方米。若公猪圈也用来自然交配时，每头成年公猪平均占有的平地板面积至少为10平方米。公猪圈周围的墙要足够高，以防止猪跳墙，但要能看见其他的猪。公猪通常单圈饲养，有充足的垫草和周密控制的温度，过高的温度将导致公猪不育或影响其配种的欲望和能力。

6. 运输管理

猪在运输前通常会禁食一段时间，这有利于其处于良好的福利状态，减少运输中的死亡率，防止猪在运输途中发生呕吐；有利于食品安全，便于胃内排空，减少胃肠内容物中的细菌对内脏造成污染和传播。但长时间的禁食会侵害猪的福利，还会造成猪体内糖原的过度消耗，会增加DFD肉的发生率。因此，为了尽量避免对动物福利、胴体及肉品质量产生的负面影响，要加强运输过程中的管理。

保证车辆设计的合理，要求运输车清洁，车辆内壁应当没有锋利、突出的物体，地面应该是防滑的。

保证适当的运输密度，因为过高的运输密度会造成动物拥挤而导致皮肤擦伤的比率上升；但运输密度过低更易引起打斗现象，并且在车辆加速、急刹车或拐弯时容易使其失去平衡。欧盟要求猪的运输空间是 0.425 米 ^{2}/100 千克。

保证充足的通风，高温高湿的环境会增加猪的应激，增加运输死亡率和 PSE 肉的发生。Warriss 建议运输过程中的车内温度不要超过 30℃，并且应当避免在一天最热的时间段内运输。

尽量减小混群程度，在混群不可避免的情况下，混群应在运输前在农场处理时进行。

在长途运输中，运输时间超过 8 小时要休息 24 小时，要适时地提供饮食和饮水，以维持好的福利状态，减少猪死亡率和体重的减轻。

2003 年（英国）动物饲养福利法规中除上述内容外，还对以下内容进行了规定：饲养人员的日常工作，如饲养人员的基本要求、猪群观察、转运等；猪群健康管理，如生物安全措施、内外寄生虫、拐腿、疫苗注射、病猪处理等；猪舍，如地板形式、规格，通风、温度、光照、噪声，设备等；饲料、水和其他物品；日常管理，如环境、去势、断尾、剪牙、自然交配、人工授精等。

二、我国关于福利养猪的探讨

从养猪实践与观察，结合国际上动物福利的进展与我国养猪业现状，提出福利养猪的一般要求。

1. 猪的基本福利要求

不采食变质饲料；保证干净充足饮水；不被雨淋；不被暴晒；有病应医；不被任何方式殴打；尽可能免受蚊、蝇、鼠干扰；尽可能避免阴冷潮湿、闷热与不透气环境；保持生活场地卫生、干燥、适温。

2. 公猪的一般福利要求

不低于 10 平方米的单间；有外运动场可供逍遥；夏天有水池（大于 2 平方米）可供戏水；室温 15 ～ 25℃，空气相对湿度 50%～ 70%，可享受空调，户外运动，享受阳光；软沙土地坪或水泥地坪上垫锯木屑（15 厘米以上）；饲料营养均衡，适量的青饲料；无体内外寄生虫；享受皮毛挠痒按摩（每周不少于 2 次，每次 15 ～ 20 分）；每周配种或采精不超过 5 次。不能和母猪长期隔离（不超过 1 个月）。

3. 种猪配种（采精）的一般福利要求

气温适宜，15～25℃，可享受空调；安静、忌噪声与人为干扰；给母猪按背、坐背，按摩乳房；合适的交配空间（10平方米以上）；防滑地坪；生殖器的无刺激性消毒与清洁；可享受轻音乐；注意配种（采精）后的鼓励（饲喂鸡蛋、宠物饼干等）与休息。

4. 怀孕母猪的一般福利要求

（1）饲养模式与条件　孕前期（2个月）依性格、大小、强弱偶数分类饲养，每圈不超过4头，占地≥3米²/头；孕中期（60～90天），每圈不超过2头，占地≥4米²/头；孕后期（90～110天），每圈1头，占地≥6米²/头；不实行限位或半限位饲养，有外运动场可供逍遥。

（2）饲料营养　营养均衡，消化能≥12.5兆焦/千克、粗蛋白质≥14.5%、可消化赖氨酸≥0.5%、钙≥0.85%、有效磷≥0.35%、粗纤维6%～8%，含有适量的有机硒、铬、铁。视膘情实行个性化饲养，补饲部分青饲料，让其无饥饿感。

（3）环境福利　室温在12～22℃，空气相对湿度60%～70%；舍内地坪以软沙土地坪为好，若为水泥地坪，应垫以锯木屑，厚度不少于10厘米。

（4）保健福利　产前3周驱体内外寄生虫；饲料中常规添加霉菌毒素吸附剂、丝兰属提取物以及免疫增强剂等。人猪亲和，每3天给予5～15分抚摸与挠痒按摩。

（5）行为福利　提供深层红土，满足其拱土习惯。

5. 哺乳母猪的一般福利要求

（1）饲养模式与条件　单栏水泥地坪饲养，不少于8平方米，有干净垫草；高床饲养者，其限位栏应加宽至65厘米，以便起卧，最好木制床面，若为水泥或铁制床面，应平整、无尖锐突起。

（2）饲料营养　尽可能稀料饲喂，少喂多餐，产前产后当天给予温红糖水。消化能≥14兆焦/千克、可消化赖氨酸≥0.8%、可消化缬氨酸≥0.75%、色氨酸＞0.13%、粗纤维5%～6%。常规添加高亚油酸脂肪粉、大豆磷脂等，以保证充足的净能摄入。

（3）环境福利　气温15～23℃，空气相对湿度60%～70%；通风良好。

（4）保健福利　不给予苦味的药物；减少泌乳期失重，控制在7.5千克以内；21～25天断奶；21天应用功能性产品以缩短产程并促顺产，产程尽可能控制在 150 分内；诱导 70% 母猪在白天分娩，关照会更周详；产后常规应用抗感染措施，常规注射 20 单位催产素促使恶露早排出；产前对产床、产栏进行彻底消毒；每两天给予 5 ～ 15 分抚摸与挠痒按摩，可享受轻音乐。

（5）行为福利　断奶时母猪先离开，减少直观分离痛苦；断奶后 2 ～ 4 头合群，弥补失仔之社交空白；通过栅栏可嗅见公猪。非限位栏饲养的母猪临产前提供干净稻草（干草）以满足其衔草做窝护仔的习性。

6. 乳猪、仔猪的一般福利要求

（1）营养福利　保证在出生后不迟于 1.5 小时吃上初乳，并保证在出生后 24 小时内吃足初乳；独立饮水装置，可通过饮水添加水溶性电解质多维等；7 日龄诱食，诱食料上喷洒仿母奶制剂；断奶后 3 ～ 5 天采取稀料过渡为宜。

（2）环境福利　乳猪腹感温度为第一福利要求：出生 1 ～ 3 天，为 33 ～ 34℃，吃奶处为 31 ～ 32℃；出生 4 ～ 7 天，为 31 ～ 32℃，吃奶处为 29 ～ 30℃；出生 8 ～ 21 天，为 28 ～ 30℃；出生 22 ～ 28 天，为 24 ～ 26℃，断奶后第一周比断奶前温度高 2℃。推荐价廉、能耗低的水暖地坪式保温专利技术，也可采用电热板、热风炉、红外灯等供热。保温箱内每头乳猪占地 ≥ 0.1 平方米。断奶后移至温暖、干燥、卫生的高床保育。

（3）保健福利　为了减少初生应激，保证吃好初乳，剪焦牙应在 2 日龄进行；不实施断尾和剪耳号；7 日龄阉割（可减少痛苦和感染机会）；2 ～ 3 日龄应常规补铁与硒。

（4）行为福利　放置小滚球，悬挂铁链、铁球以供玩耍。寄养时，应在晚间进行，减少分离痛苦。

7. 生长肥育猪的一般福利要求

有可供玩耍的铁制、石制物品；有运动场、通风良好、享受阳光；每头占地不少于 1 平方米；每圈 8 ～ 12 头；温度 15 ～ 25℃，空气相对湿度 60% ～ 70%；提供深层红土，满足拱土习惯；可全程使用液态饲料。

8. 屠宰时的一般福利要求

提供轻音乐；电击屠宰，减少宰前应激与恐惧；运输途中，每 8 小时休息 2 小时，供水供料；屠宰时封闭操作，避免活猪看见。

第四节
我国改进福利化养猪的措施

许多生产工艺和技术措施损害了猪的福利，而且给猪造成了强烈的应激，同时也影响了猪场的生产水平，降低了经济效益。要完全做到养猪福利一步到位是不可能的。即使在发达国家，也还面临着许多阻力。英国养猪委员会最新的报告显示，按照最新的生猪福利规定，大多数欧盟国家在规定日期内都不能达标。对此，英国生猪养殖者担心会有不符合规定的猪肉产品流入英国。影响猪福利的因素有很多，诸多因素是有矛盾的，关键要找到一个平衡点。解决猪的福利问题，在一定程度上是要更加科学地养猪。在现有的条件下，还有许多方面是完全可以改进的。可喜的是许多猪场已进行了有益的探索。

一、改善猪舍内外环境

采用合理的清粪方式，以"干除粪、少冲水"为原则，使猪舍保持干燥、清洁，粪污处理可采用干稀分离方式。高温季节通过通风系统的温控探头控制风机和湿帘，降低舍内温度；低温季节转换到定时通风，通过调节进气口，调节风速和风向，排除舍内有害气体。猪舍中一氧化碳浓度 < 15 毫克 / 米^3，二氧化碳浓度 < 1 500 毫克 / 米^3，氨气浓度 < 10 毫克 / 米^3，硫化氢浓度 < 10 毫克 / 米^3。保持舍内空气新鲜，其目的不仅限于控制猪的呼吸道感染，疾病的传播，而空气中的氧，也是动物体必需的营养素，对猪的饲料利用率至关重要。同时避免高湿、高尘埃环境，每天提供 8 小时或更长时间的光照，高于 85 分贝的连续噪声应避免。猪场的净道和污道要分开，有利于保持环境卫生。猪场绿化改善猪场环境有诸多好处：可以明显改善场内的温度、湿度和气流等；可以净化空气，阻留有害气体、尘埃和细菌；减少噪声、防火、防疫、美化环境等。

二、猪场的福利化设计

适度规模饲养，猪场建设规模要因地制宜，猪场周围要有足够农地消纳猪场粪污。可借鉴 SEW 三点式或两点式养猪，在远离城市的地方分点选址，分点饲养，化整为零，彼此相隔 1 千米以上，以利饲料供应、防疫和排污处理。就近建立屠宰加工厂，改活猪流通为猪肉和肉制品流通，这样既可减少运输应激，改善肉质，又可防止传染病的散播。取消后备母猪、妊娠母猪、种公猪限位栏，实行小群（2 ~ 4 头）圈养（公猪除外）。设置户外运动场，从而增强猪体质，促使骨骼和肌肉的发育，保证肢蹄健壮。地面材料和结构应确保猪蹄的健康，地面不要太粗糙也不要太光滑，建议相对坡度为 2%～5%。可采用半漏缝板条式地板，有利于粪尿分离，其材质要耐腐蚀、不变形、表面平整、坚固耐用、不卡猪蹄、漏粪效果好、便于冲洗和保持干燥。料槽避免有直角，利于清扫，避免饲料发霉腐败。

三、营养水平充足

饲料的营养水平对猪群的免疫力有很大的影响，大量实验证明，当猪的日粮中的营养水平能够满足猪的营养需要时，猪的生理处于良好状态，机体的性能处于最佳状态，猪体的免疫能力增强，对于外界的病原入侵就设置了屏障。要根据猪的品种、大小、季节合理地设计饲料配方，以满足猪对营养的需求。营养设计过高会增加饲料成本和猪对过剩营养的代谢负担，过低会影响猪的生产性能，而两者都会降低猪的免疫力，合理均衡的饲料是设计猪日粮的原则。

四、合理的保健治疗

建立健全猪的保健和免疫接种程序，坚决不使用国家明文禁止的药物。在饲养环境和条件改善的前提下，尽可能减少药物和疫苗的使用，生产现场要经常运用实验室检测结果评估猪群的健康状况，监测猪群对免疫接种的应答效果，监控疾病净化程序的进展和成效，适时对免疫程序做出调整。

五、实行科学饲养

1. 种猪群的饲养

应该注意的主要有种公猪、种母猪不应分隔饲养太远；限饲时应提供大容积、高纤维的饲料以使动物有饱腹感；母猪应群饲，有足够的采食和躺卧面积，能接触垫草；遗传选育应着重考虑抗病性。

2. 仔猪的饲养

仔猪需要精心的照料，应采用无痛阉割技术；断犬牙、打耳号时应尽量减少对猪的伤害；混群尽可能要早；平均断奶时间不应早于 28 日龄，早期隔离断奶的优缺点应从动物福利的角度权衡。育成栏应设置玩耍的铁链，还可在猪栏上方离地 0.8 米左右处，用铁丝穿一串装有卵石的易拉罐供仔猪玩耍，以最大限度满足仔猪行为需要。

3. 生长肥育猪的饲养

生长肥育猪舍应便于分区（采食区、休息区、排粪区），应满足猪群同时侧躺所需要的空间。根据不同年龄、体重提供相应的饲料并相应调整饲养密度，避免密度过大。要为各类猪设置小运动场，使其有活动和逍遥的空间。有明显不良行为的猪应转离原群。不良行为发生率高的猪场应从光照、日粮、猪舍卫生、饲养密度等方面进行改善。严禁鞭打猪，保证供应全价饲料和充足饮水，每天至少饲喂 2 次，在饲料中严禁添加有毒有害物质。

4.改善运输及屠宰

在运输过程中要通风、淋浴、细心开车，尤其是刚开车的 15 分内，以此来降低死亡率。猪在运输途中必须保持运输车的清洁，按时喂食、供水。猪运到屠宰厂后要在 30 分内卸车并进行淋浴降温；赶往电击点时要特别小心，否则易造成应激；宰杀时要用高压电击，电击时间要小于 3 秒，使猪快速失去知觉，减少宰杀的痛苦，要隔离宰杀，以防其他猪看到而产生恐惧感。

第十一章
猪场目标管理

随着养猪生产向专业化发展，群体规模不断扩大，猪群在具有优异的遗传素质、全价平衡的营养与优质饲料，以及完善的工艺和设施前提下，科学的饲养管理及操作规范就成为优质、高产、高效的中心环节。敬业、细心、熟练、具有知识和经验，并能花时间将每一头公猪、母猪当成不同个体来对待的饲养管理人员，比别的因素都有可能更大地提高猪群的生产效率。

第一节
种公猪的饲养管理技术

饲养公猪的目的是使公猪具有良好的精液和配种能力，完成采精配种任务。公猪对猪群质量影响很大，把公猪养好，猪群的质量和数量就有了保证。

一、目标管理

1. 目标

对于后备公猪，应使其以自然的生长速度达到性成熟，而不是刺激它们早熟，如果以 NRC 标准来培养后备公猪，性成熟期为 200 ～ 210 日龄，体成熟应在 300 日龄，体重应为 165 ～ 175 千克。旺盛的配种力，即每周 5 次。精液品质综评大于 0.9（包括直线运动、强度、密度、畸形率等）。安全、有效的正式使用年限不少于 2 年。所配母猪胎均产仔数多于 11 头，并且无遗传缺陷。无肢蹄缺陷（外展、内收、X 肢型、O 肢型、卧系、变形蹄等）与肢蹄损伤。

2. 监测

（1）应定期称重　如果将公猪体重划分为如下阶段：100 千克、150 千克、200 千克、250 千克、300 千克，那么每阶段到下一阶段的体重增长速度（每天计）为 0.5 千克、0.4 千克、0.3 千克、0.2 千克和 0.1 千克。

（2）定期（每月 1 次）检查精液　如图 11-1。

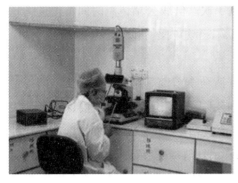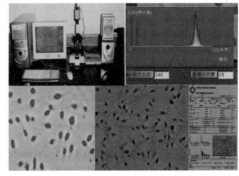

图 11-1　定期检查精液品质，发现问题及时解决

（3）做好配种与生产成绩记录　定期监测的目的是要及早发现问题，寻找原因，及时解决问题。

二、种公猪的营养需求

在规模化猪场，种公猪淘汰率为 40％～ 60％，这种非正常淘汰的原因多是公猪增重过快与体型过大，根源是营养过剩和缺乏运动锻炼。研究表明，日粮营养水平会明显影响后备公猪的生长与成年体型的大小，因此，合理的营养水平对种公猪的影响是很大的。成年公猪的营养标准建议的日粮主要指标及营养成分为：消化能 13.3～13.8 兆焦/千克，粗蛋白质 16%～17%，可消化赖氨酸 0.75%～0.8%，钙 0.7%～0.8%，非植酸磷 0.35%～0.45%，食盐 0.4%～0.5%，适量的有机锌、硒、铬、铁等。每天供给 2.25 千克左右（依配种频次与个体大小适时调整）。

三、种公猪的健康管理

1. 健康检查

（1）体况检查　根据体况每天饲喂种公猪专用饲料 2.5～3.0 千克，控制公猪膘情在 2.5～3 分之间。

（2）性欲检查　发现自淫、早泄、阳痿的公猪要查原因、早治疗。对无性欲公猪应尽早采取措施及时处理；对先天性生殖机能障碍的应予以淘汰。非疾病引起的公猪无性欲可采取肌内注射丙酸睾酮或者肌内注射促性腺激素＋维生素 E，2 天 1 次，连续 2～3 次。

（3）采精频率　公猪栏悬挂采精记录卡，每次采精要详细记录，防止公猪过度使用或闲置。初配体重和年龄：后备公猪 9 月龄开始使用，使用前先进行配种调教和精液质量检查，初配体重应达到 130 千克以上。9～12 月龄公猪每周采精 1 次，13 月龄以上公猪每 5 天采精 1 次。健康公猪休息时间不得连续超过 2 周，以免发生采精障碍。若公猪患病，1 个月内不准使用。

2. 保健措施

在蚊虫季节性出现的地区，应在蚊虫活动季节前一个月（如长江以南等地在 4 月）接种乙脑疫苗，在蚊虫常年活动的地区应在运输回猪场前，于产地接种乙脑疫苗。进场稳定 2 周后，应完成猪瘟疫苗接种，视当地疫情选择性接种伪狂犬病疫苗、口蹄疫疫苗、衣原体疫苗、细小病毒疫苗。

每半年进行 1 次针对性抗体监测，以确保必须免疫病种的抗体水平合格。

有布氏菌病的猪场，应在配种前 1 个月血检，淘汰虎红平板试验 2 次阳性的公猪；有传染性萎缩性鼻炎的猪场，对有鼻部变形、鼻出血的公猪坚决淘汰，对有泪斑、喷鼻的隐性公猪，应做 PCR 检测，淘汰阳性后备公猪。

在配种前发现不明原因的睾丸肿大的公猪，可在阴囊颈部注射地塞米松、青霉素与普鲁卡因合剂治疗，1 天 1 次，连续 1 周，其后 2 个月连续检查精液，合格者方可投入生长，否则淘汰。

避免发生关节疾病，特别是传染性关节炎，如链球菌病、副猪嗜血杆菌病、衣原体病、支原体病等，对肢蹄皮肤损伤要早发现早治疗，避免肢蹄感染的发生。油剂疫苗接种后，要注意注射部位是否发生脓肿，若发生要及时处理，避免散播到肢体关节。

配种前两次驱除体内外寄生虫（驱虫药应选用安全性高的尹维菌素等，且体内外寄生虫分开驱除，该驱虫方案下同），舍内无蚊、蝇、鼠害。

禁止在公猪舍使用福尔马林，慎用酶类消毒剂以及乙醇。

四、种公猪的高效养殖日常管理技术

1. 日常工作计划

8:00～8:30 记录温度，检查舍内设备的运行状况。

8:30～9:30 打扫舍内卫生。

9:30～10:00 健康检查。

10:00～11:30 上料、擦洗料筒、夏季通风等。

11:30～12:00 检查舍内设备。

12:00～13:30 午餐、午休。

13:30～14:30 记录温度，检查舍内设备的运行状况。

14:30～15:30 打扫舍内卫生。

15:30～16:30 健康检查。

16:30～17:30 上料，检查舍内设备，同时清洗工作用具和工作鞋。

2. 环境福利的控制

（1）温度　公猪的最适温区为 18～20℃，30℃以上公猪就会产生热应激，公猪遭受热应激后精液品质会降低，并在 4～6 周后降低繁殖配种性能，主要表现为配种母猪返情率高和产仔数少，因此，在夏天对公猪有效的防暑降温，将栏舍温度控制在 30℃以内是十分重要的。

（2）湿度　公猪舍内适宜空气相对湿度为 60%～70%，夏秋季节通过风扇、水帘，冬春季节通过风扇、暖气调节舍内湿度。

（3）通风　通风换气是猪舍内环境控制的一个重要手段。其目的是在气温高的情况下，通过空气流动使猪感到舒适，以缓和高温对猪的不良影响；在气温低、猪舍密闭情况下，引入舍外新鲜空气，排出舍内污浊空气，以改善舍内空气环境质量，达到如下标准：一氧化碳浓度＜5 毫克/米^3，二氧化碳

浓度＜ 1 500 毫克 / 米³，氨气浓度＜ 10 毫克 / 米³，硫化氢浓度＜ 10 毫克 / 米³。

（4）光照　在公猪管理中，光照最容易被忽视，光照时间太长和太短都会降低公猪的繁殖配种性能，适宜的光照时间为每天 10 小时左右，将公猪饲喂于采光良好的栏舍即可满足其对光照的需要。

（5）种公猪舍　专门舍内可采用 1∶4 的配种栏（即栏内有 1 头公猪和 3 ～ 5 头母猪的单体栏，另外还有 8 平方米以上的配种栏）；若有专设配种舍，舍内亦同样应设专门的 1∶4 的配种栏。禁止在公猪栏内配种。实践证明，已投入生产的公猪应饲养在单独的公猪舍，待配母猪应到公猪舍的配种栏（1∶4）内配种，这种方式比较贴近猪的繁殖行为。配种栏应干燥、防滑、无尖锐突起物，以免伤害公猪。配种栏的长和宽都不宜小于 3.9 米。

3. 管理的重点

（1）巡视　巡视全群状况，及时处理异常情况。

（2）饲喂　种公猪应单圈饲喂，定时定量，一般每天饲喂 2 次。同时应根据个体体况以及使用强度等适当调整饲喂量，保持其体况。当种公猪配种负荷大时，可每天加喂 1 ～ 2 枚鸡蛋，满足其营养需要。如图 11-2。

图 11-2　种公猪膘情适中、性欲旺盛是产精的基础

（3）观察记录　在公猪采食过程中详细观察猪只采食情况，了解其健康状况，出现采食减少与不食时应及时诊断与治疗并做好记录，同时调整配种计划，待猪只健康恢复后应当加强该猪的精液品质检测。

（4）环境卫生　应当保证圈舍干净、空气清新、光线充足，及时消除粪便，做好饲槽饮水器的清洁卫生工作。制订舍内的消毒计划，定时消毒。

（5）利用　成年种公猪每周可利用 4 ～ 5 次，定期进行精液品质检查，一旦精液品质下降，就应及时查找原因并做相应处理。

（6）运动　加强种公猪的运动，可促进食欲、增强体质、避免肥胖，提高性欲和精液品质。公猪生情懒惰，应有专人驱赶其运动，最好有专用运动跑道。如图 11-3。

图 11-3　公猪运动有助于增强体质

（7）及时修蹄　随着年龄的增长，公猪常出现变形蹄，如扁蹄、蹄趾过长、悬趾过长、芜蹄等，及时修蹄可保证后躯正常姿势、肢姿与蹄姿，有助延长交配的时间与公猪使用年限。

（8）防止性器官的损害　禁止用性器官有损伤的公猪从事交配。

（9）每半月应清洁包皮内分泌物　防止棒状杆菌等细菌的隐性感染或带菌，进而防止母猪尿路感染引起的繁殖性能下降。

图 11-4　人畜和谐更利于生产管理

第二节
后备母猪饲养管理技术

后备母猪的培养直接关系到初配年龄、使用年限及终身生产成绩，规模化猪场大多选用进口品种，这些品种有一个共同的特点，即性成熟晚、发情症状不明显，给配种工作增加了一定难度，后备母猪的培育变得更加重要，它是保证规模化猪场生产成绩的关键环节。

一、目标管理

1. 目标

7 ～ 8 月龄 90% 以上能正常发情。初配时，体重达到 130 ～ 140 千克（初配时间为第二次或第三次发情）。无肢体、乳房、乳头缺陷与损伤，无泌尿生殖道感染。

2. 监测

现代基因型的母猪，达到性成熟与体成熟时的体重更大，但采食量变小，对营养失衡更敏感。其"延续效应"明显，持续时间长。因此，后备母猪培育过程的监测很重要。很多国家，母猪更新率达到 40% ～ 50%，在最初两胎被淘汰的母猪中，50% 是由于不能发情和受胎，另外 10% 是猪肢蹄病。

在 180 日龄时，要对猪体型外貌进行评定，决定种用与否。对后备母猪的选择，一看外阴部——阴部要大，二看肢蹄——蹄腿要健壮；三看乳头——6 对以上；四看腰、腹部——结构均匀，躯体发育良好，腹部要有弧线。如图 11-5。

图 11-5　标准的后备母猪

二、后备母猪的营养需求

许多猪场没有后备母猪专用日粮。后备母猪日粮既不同于妊娠母猪的日粮，亦不同于哺乳母猪的日粮。

体重 30～75 千克时用后备母猪前期料，主要营养指标及成分建议为：消化能 12.5～13 兆焦/千克，粗蛋白质 16%～16.5%，可消化赖氨酸 0.75%～0.85%，钙 0.9%～1.0%，非植酸磷 0.45%～0.5%，食盐 0.35%～0.4%。另外保证每千克配合饲料中：生物素 0.3 毫克，叶酸 3～4 毫克，维生素 E 35～45 国际单位，有机铬 200 微克（以铬计），有机硒 0.3 毫克（以硒计）。

体重 75～140 千克时改喂后备母猪后期料（主要营养成分浓度比前期下调 5%～8% 即可，特殊维生素与有机铬、有机硒等不变）。

限食阶段日粮中应有较多的大容积原料（如苜蓿干草），粗纤维 7%～9%。禁止使用霉变的饲料原料、常规添加霉菌毒素处理剂。不宜使用棉籽饼粕。

三、后备母猪的健康管理

1. 健康检查

外购的后备母猪，在隔离观察 1 个月认为安全后，应将其饲养在可与本场老母猪接触的环境中，或与老母猪新鲜粪便接触 1～2 个月，以适应本场的微生物群，与它们建立稳定关系。

及时淘汰病残、超期 3 个月不发情、经人工处理 3 次配不上的后备母猪，淘汰有泪斑、歪鼻、流鼻血并经检验确认有传染性鼻炎萎缩性的后备母猪。

根据体况每天饲喂种猪专用饲料 2.5～3.0 千克，控制膘情在 2.5～3 分。

保持后躯清洁，防止泌尿生殖道感染。

2. 保健措施

主要有以下措施：①在蚊虫活动季节到来前 1 个月进行乙脑免疫。在配种前 2～3 个月完成猪瘟加强免疫与细小病毒疫苗的接种，并视本场疫情有选择性地接种伪狂犬病疫苗、口蹄疫疫苗、衣原体疫苗。②有胸膜肺炎放线杆菌病、链球菌病、副猪嗜血杆菌病、支原体肺炎流行的猪场，应每月有 1 周应用加药或加功能性产品饲料，如在每吨饲料中添加 8.8% 泰乐菌素 1 250 克 +10% 强力霉素 1 500 克或 40% 林可霉素 400 克 +10% 强力霉素 1 500 克，连续饲喂 5 天。③引进后备母猪，在进场 2～3 周后驱虫 1 次，转入配种舍再驱虫 1 次。④禁用氯霉素、磺胺类、喹啉等治疗药。⑤慎用酚类、福尔马林类消毒药，禁用有机磷、有机氯杀虫剂。

四、后备母猪的高效日常管理技术

1. 日常工作计划

8:00 ～ 8:30 检查设备设施，饲喂、清粪、记录温度。

8:30 ～ 8:50 催情、查情。

8:50 ～ 10:30 配种。

10:30 ～ 11:00 配后后备母猪转入基础种猪群。

11:00 ～ 11:30 健康检查及问题母猪治疗。

11:30 ～ 12:00 水电检查。

12:00 ～ 13:30 午餐、午休。

13:30 ～ 15:00 加料、清粪、打扫卫生。

15:00 ～ 15:20 催情、查情。

15:20 ～ 15:50 健康检查及问题母猪治疗。

15:50 ～ 17:20 配种。

17:20 ～ 17:30 整体检查后下班。

2. 环境控制

（1）温度　配种怀孕舍温度应控制在 18 ～ 22℃。

（2）湿度　配种舍空气相对湿度应控制在 60%～68%。夏季有水帘工作，湿度较大，春秋冬季应做好猪舍的冲洗工作，保证湿度。

（3）通风　有害气体含量应控制在一氧化碳浓度 < 15 毫克 / 米^3，二氧化碳浓度 < 1 500 毫克 / 米^3，氨气浓度 < 10 毫克 / 米^3，硫化氢浓度 < 10 毫克 / 米^3。如果一进到猪舍闻到有较浓的气味，则要加强抽风。

（4）猪舍　90 千克体重前最好群养，每栏 4 ～ 6 头，每头不少于 2 平方米，应设有室外运动场。如图 11-6。

图 11-6　合理的密度，保证后备母猪的发情

（5）转群　达到90千克时，转入配种舍单栏饲养，以适应环境，并可以与成年母猪、公猪有近距离的接触。如图11-7。

图11-7　在后备母猪5月龄以上时要有计划地让其与成熟公猪接触

（6）防害　没有鼠害、蚊、蝇干扰。

3. 后备母猪管理的要点

75千克体重以前可自由采食，75千克体重以后应限制采食，每天喂料量（2.3±0.3）千克，分2次喂给。2次投料之间给予优质青饲料1.5～2千克。通过个性饲喂，控制膘情与体重。超重超膘酌减，反之应酌增料量。初配前1周，应将日粮逐步增加到3.5千克，以求短期优饲促多排卵。75千克后，每周2次按摩乳房、按压腰背，每次10分，以促进发情，适应配种。每周驱赶成年公猪在母猪栏前走动2次，每次30分。对到期不发情母猪，可与刚发情母猪并栏饲养，或放置在1∶4的配种栏内用优良公猪与母猪接触诱情。在做清洁时，应同时驱赶母猪到运动场运动。地面要干燥、平整。防止打滑形成肢蹄外展等缺陷。栏内可放置少量干净稻草或干净红土，供其咀嚼玩乐。

第三节
妊娠母猪饲养管理技术

怀孕母猪饲养要达到三个指标，一是生产出体大、健壮、数量多的仔猪；二是母猪乳腺发育正常，哺乳期产奶多；三是尽可能节省饲料，降低仔猪饲养成本。所以怀孕母猪饲养是既简单又复杂的一项工作。

一、目标管理

1. 目标

发情期受胎率≥90%，分娩率（分娩数 / 配种数）≥85%。

理想健仔数 10～12 头 / 窝，初生重 1.3～1.6 千克，断奶时个体重均差≤0.5 千克。

病、伤、死年淘汰率≤10%。

平均使用年限≥7 胎次。

无显性或隐性乳房水肿，无泌尿生殖道感染以及肢蹄损伤与缺陷等。

2. 监测

应在配种后 21 天、40～45 天，观察有无再发情，若有发情表现，应认真确定后转入配种舍。可在 35 天用多普勒超声诊孕仪监测。

妊娠 70 天后要注意母猪腹围变化，若腹围不增大或反而缩小，要警惕胚胎吸收或木乃伊、死胎形成，特别是存在繁殖障碍的猪场可用诊孕仪监测。

二、妊娠营养需求

1. 妊娠料的营养要求

消化能 12.3～12.6 兆焦 / 千克，粗蛋白质 13.5%～14.5%，可消化赖氨酸 0.55%～0.6%，钙 0.9%～1.0%，非植酸磷 0.45%～0.5%，食盐 0.4%～0.5%，膳食粗纤维 7%～8%。

2. 建议

添加有机硒、有机铬、有机铁。

注意事项：原料不发霉变质，必须添加霉菌毒素处理剂，以吸附处理肉眼不可见的毒素。禁用未脱毒的棉（粕）饼、菜籽（粕）饼。

三、妊娠母猪的健康管理

1. 健康检查

健康检查的项目包括：精神状态是否良好，体温是否在 37.8～39.3℃正常范围内，如果体温超过 39.5℃，则可能是发热；呼吸频率是不是在 30 次 / 分左右的正常范围内，如果每分呼吸超过 40 次，很可能是发热；眼睛是不是红肿或有较多的分泌物，鼻孔是否流鼻涕，大便是太硬还是太稀等。如图 11-8。

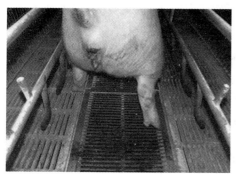

图 11-8　一定要意识到母猪便秘的危害

技术员每天早上、下午查情时，应赶母猪起来，观察母猪是否有肢蹄疾病。

每天注意母猪吃料情况，若母猪没有发情，没有注射疫苗，但采食量下降，可能是有些疾病的征兆，应引起注意，并打好记号，连续观察几天。

对于有健康问题的猪，要统一做好标记并对症治疗。

当发现猪群有 5% 的猪出现同一症状，要向上级汇报，并由主管制订相应的治疗方案。

2. 保健措施

没有特殊疫情，妊娠期间前 80 天内禁止使用任何疫苗。配种完毕，每头常规注射黄体酮 20 毫克，隔天 1 次，连续 2 次。注意流产、早产的母猪是否排净胎儿与胎衣，且一律要抗感染处理 3～5 天。

对有先兆流产的母猪（精神不振、喜卧、阴户红肿有黏液流出，有时可挤出乳汁，但未到预产期）应单栏饲养避免应激，注射黄体酮 30 毫克保胎，隔天 1 次，连续 2～3 次。对于发生便秘的母猪，应寻找其原因且消除之。产前 3 周驱除体内外寄生虫，禁用可诱发流产的驱虫药，如左旋咪唑、敌百虫等。有厌气梭菌感染（母猪突发腹部膨气、皮肤苍白、气喘、高度沉郁）与急性肺部感染史（突发高热、高度呼吸困难、鼻孔有浅红色泡沫状鼻露）的猪场，应在妊娠期间将饲料酸化或在每吨饲料中脉冲式添加 8.8% 泰乐菌素 1 250 克＋磺胺二甲氧嘧啶 200 克，连续饲喂 5 天。每周载畜消毒 2 次，最好用复合有机碘制剂或复合醛制剂。

四、高效日常管理技术

1. 日常工作计划

8:00 ～ 8:30 检查设备设施，饲喂、清粪、记录温度。

8:30 ～ 8:50 查情。

8:50 ～ 10:30 配种。

10:30 ～ 11:00 配后 0 天、8 天、107 天、断奶母猪转群。

11:00 ～ 11:30 健康检查及问题母猪的治疗。

11:30 ～ 12:00 检查水电。

12:00 ～ 13:30 午餐、午休。

13:30 ～ 15:00 加料、清粪、打扫卫生、治疗。

15:00 ～ 15:30 健康检查及问题母猪的治疗。

15:30 ～ 15:50 查情、妊娠诊断。

15:50 ～ 17:10 配种。

17:10 ～ 17:30 整体检查后下班。

2. 环境控制

配种后 21 天内单栏饲养，确认受孕，至妊娠 70 天内可群养，70 天后应减为 2 头一栏。舍温控制在 10 ～ 25℃，氨气浓度 < 10 毫克 / 米³。防止滑跌、打斗以及机械性损伤造成的流产。保证充足清洁的饮水，饮水器流量≥ 2 升 / 分。没有鼠害及蚊、蝇干扰。如图 11-9。

图 11-9　适宜的环境可减少死胎的比例

3. 日常管理要点

实施 1 ∶ 4 栅栏诱情技术。实施补饲催情技术，配种前 4 ～ 6 天，日供哺乳料 4 ～ 4.5 千克。适时配种，以发情后出现静立反射为配种时机。二元母猪最好实行二重配，即 2 次交配用不同公猪，本交间隔 12 小时，人工授精间隔 16 小时。配种后单栏饲养 21 天，日喂妊娠料 1.8 千克。视认受孕后，可 2 ～ 4 头混群饲养。将未配上的母猪返回配种栏待配。严格控制料量，妊娠第 22 ～ 70 天，日饲 1.8 ～ 2.0 千克；71 ～ 95 天，日饲 2.8 ～ 3.0 千克；95 天至临产前一天饲喂 3.0 ～ 3.2 千克，分 2 次饲喂。每天饲喂 1 次优质青绿饲料 1.5 ～ 2 千克。若为混群饲养，每次清洁时，应轻柔地驱赶母猪运动。母猪群体足够大时（500 头以上）可试行分胎次饲养技术。栏内放置少量干净稻草或干净红土，任其咀嚼玩乐。

第四节
哺乳母猪饲养管理技术

产房的管理是最需要精细的，因为不论母猪还是仔猪都处于一生中最脆弱的阶段，每一项精细的管理都会给猪场带来效益。

一、目标管理

1. 目标

产程在 3 小时以内，产仔间隔不超过 15 分，白天分娩比率在 60% 以上，无产后厌食症，无产后便秘。

保证品质优良的初乳，内含囊括本场现有疫病或免疫病种的各种高水平抗体，这样方能有效地保护仔猪免患这些疫病。

所有乳腺充分发育，泌乳量适当，21 日龄仔猪的平均体重 ≥ 6.5 千克。

泌乳期掉膘应 ≤ 10 千克。

断奶后母猪 7 ～ 10 天发情率 ≥ 90%。

哺乳期无乳症、子宫内膜炎、乳腺炎发生率 ≤ 1%。

母猪伤残淘汰率 ≤ 1%。

2. 监测

（1）母猪分娩的鉴定 ①母猪妊娠期平均 114 天，部分母猪还没有到预产期也可能会分娩，因此，要特别注意观察预产期前 3 天的母猪，并做好产前准备。②准备工作：检查母猪耳号，核对母猪卡，按母猪预产期早晚顺序排列母猪，对急躁不安，用脚刮产床，呼吸急促，尿量少，次数多，乳房肿胀奶头发红，不用挤就有乳汁流出，外阴肿大；预产期前 24 小时用手指挤乳房会有乳汁流出；分娩前 6 小时有羊水流出的母猪，要做好接产准备。

（2）错误的分娩护理　①尚未分娩就进行产科救助，注射催产素。②分娩还在进行时就进行产科救助，抓着仔猪的头或后腿往外拉，拉出尽可能多的仔猪；仔猪胎位不正将仔猪往产道里边推。③移走仔猪，仔猪未能吃到充足的初乳。

（3）产后 3 天内每天应注意观察母猪　观察母猪是否有以下症状：乳房坚硬（乳腺炎）、便秘、气喘；不正常的恶露（产后 3 ～ 4 天的恶露是正常的）；以腹部躺卧；狂躁、发热；母性不好，咬仔猪；腹泻；机械损伤。针对这些问题应做如下处理：①分娩 6 ～ 8 小时应赶母猪站起饮水，以避免因饮水不足导致便秘引发乳腺炎和阴道炎。②产后 3 ～ 4 天要检查母猪的乳房，若有发炎和坚硬现象的应按乳腺炎及时治疗，必要时进行输液。

二、哺乳母猪的营养需求

哺乳料的主要营养指标及成分建议：消化能 14 ～ 14.5 兆焦 / 千克，粗蛋白质 16.5%～ 17.5%，可消化赖氨酸≥ 0.9%，可消化缬氨酸≥ 0.8%，可消化蛋氨酸＋胱氨酸≥ 0.56%，可消化苏氨酸≥ 0.6%，钙 0.9%～ 1.0%，有效磷 0.45%～ 0.5%，食盐 0.5%，膳食粗纤维 7%～ 8%，亚油酸≥ 1%。

保证日饮水量不低于 30 升，最好是槽内自由饮水。

为了保证能量，应添加磷脂、高亚油酸脂肪粉；为了增加采食量，可添加乳制品，如巧克力粉、酵母培养物等；为了防止便秘，可添加低聚木糖与纤维浓缩物等功能性产品。

严禁使用霉变的饲料原料，且应常规添加霉菌毒素处理剂。

哺乳期在饲料中添加生理营养调节剂促进泌乳。如图 11-10。

图 11-10　优质高质量的饲料是泌乳的基础

三、分娩期的健康管理

1. 健康检查

健康检查的项目包括：精神状态是否良好，分娩舍母猪体温是否在 37.8 ～ 39.3℃正常范围内，如果体温超过 39.5℃，则可能是发烧；呼吸频率是不是在 30 次/分左右的正常范围内，如果每分呼吸超过 40 次，很可能是发烧，但母猪临产时呼吸一般都比正常时要高；眼睛是不是红肿或有较多的分泌物，鼻孔是否流鼻涕，粪便是否正常。

技术员每天早上、下午喂料时，观察母猪是不是有奶水，是否有肢蹄疾病。

注意观察母猪产前和产后的采食情况，如果产后 7 天采食量不达标，就要特别关注和治疗。

对于有健康问题的猪，要打上标记，以便对症治疗。

每天检查小猪保温灯是不是正常工作，小猪有没有扎堆现象，如果是扎堆睡觉，说明温度过低，应加强保温；如果小猪不睡保温箱，说明温度较高，应调高保温灯的高度或调低保温灯的功率。

每天检查小猪毛色、精神、粪便等是否正常。如有异常应及时采取措施。

2. 保健措施

分娩前后 7 天，建议添加调节免疫功能生产性能的生理营养功能产品。适时应用氯前列烯醇等产品，以提高白天分娩的比率，这样方便饲养员护理。

一般 85％以上的母猪产程在 2.5 ～ 3 小时，如果产程超过了 3 小时，对于一些努责不明显的母猪，在确认有 2 ～ 4 头胎儿产出后，应常规注射催产素 30 单位 +10％安钠咖 5 ～ 10 毫升，必要时静脉推注 10％葡萄糖盐水 500 毫升，以加快分娩。

没有十分必要，不应随意做产道与胎儿检查。确有必要，术者应常规剪指甲，用复合有机碘或复合醛消毒剂消毒手臂，并涂以卫生的石蜡油，用消毒剂溶液冲洗阴道后方可实施检查。

所有的难产助产，均应在保证母猪安全的前提下进行。

及时检查胎衣的完整性，防止母猪吞食胎衣。将胎衣煮热后返饲母猪的做法不可取。产后 1 小时胎衣仍不下者或不完全者，应立即注射 40 ～ 50 国际单位催产素或麦角新碱 1 ～ 2 毫克。

对产后的母猪给予背腹部按摩（借用器具）10 ～ 15 分，间隔 1 小时后再做 1 次。

及时防治产后感染、无乳症、隐性乳房水肿、乳房外伤、产后便秘。

四、哺乳母猪的日常管理

1. 日常工作计划

8:00 ～ 8:30 检查设备设施，饲喂、清粪、记录温度。

8:30 ～ 9:30 健康检查及问题母猪、仔猪的治疗。

9:30 ～ 10:30 仔猪打耳号、补铁、磨牙、仔猪断奶转群等工作。

10:30 ～ 12:00 配后 107 天、断奶母猪转群。

12:00 ～ 13:30 午餐、午休。

13:30 ～ 14:30 加料、清粪、打扫卫生。

14:30 ～ 16:30 健康检查及问题母猪、仔猪的治疗。

16:30 ～ 17:30 整体检查后下班。

2. 环境控制

转临产母猪入分娩栏之前必须先将待转母猪用水冲洗干净（如图 11-11），产床栏位经严格消毒并适当空栏后才能进猪（如图 11-12），检查所有设备是否处在能用的状态，环境控制系统应检查电动机是否正常运转及皮带的松紧度是否合适，水泵工作有没有足够的压力，水帘能否正常工作，猪舍的窗户是否密封好。检查温度控制器是否准确，水压及水流量是否达标，维修已损坏的饮水器及其他设备等。

图 11-11　彻底冲洗、不留死角

图 11-12　产床栏位消毒、维修、空置待用

分娩舍环境温度控制在 18～22℃，空气相对湿度 55%～70%，仔猪需要的温度为 30～32℃，因为母猪的最适温度相对小猪而言显然低了很多，所以在保温箱中要用红外线保温灯，保温灯的功率夏天产后 3～7 天用 250 瓦，7天后用 100～150 瓦；冬天产后前 10 天用 250 瓦，10 天后用 100～150 瓦。从仔猪出生就给保温箱内挂保温灯，使用保温灯要防烫防炸，有损坏应及时更换。

冬天要全部关上水帘进风口，启用冬季进风口，根据猪数量和天气进行调节。

当舍内温度高于目标温度，全部风机逐个增加开启，当全部风机都开启仍高于目标温度时，要启动水帘降温，必要时启用滴水降温设施，但分娩后一周内的母猪慎用。

3. 日常工作管理要点

由妊娠舍转来的母猪，必须清洁、消毒后方可进入产房。先用水扫洗蹄部，再用常压水流冲洗后躯与下腹，抹干。最后用复合有机碘或复合醛消毒剂喷雾除头部外的所有部位，以猪体表被毛上见雾滴但不滴下药液为度。

分娩前 2 天开始减料，首日减 1 千克，分娩当天最多只给 1 千克，分娩第二天给 2 千克，以后每天递增 0.5～0.75 千克，第五天自由采食，日喂 4 次。断奶前 2～3 天可酌情减料，日减 0.5～0.7 千克，断奶当日只给予 2 千克。

保护母猪的乳房和乳头，要让尽量多的乳头被仔猪均衡吸吮，尤其是头胎母猪，避免未被吸吮利用乳头及乳腺发育不良，影响泌乳力。因此，当活仔数少于母猪有效乳头数时，应训练部分弱小仔猪吸吮 2 个乳头。围栏、漏缝地板应平整光滑，以免造成乳头与乳房的擦伤。

适期断奶（21 ～ 28 日龄）。断奶后母猪即可合群，并继续喂给哺乳料，每天 4 ～ 4.5 千克，直至发情配种，配种后改为妊娠料，按妊娠母猪管理。

分娩前 3 天用 45℃热水浸泡拧干毛巾按摩乳房，每天 1 次，每次 12 分。

严禁当着母猪的面摔死弱小仔猪。

断奶后先轻柔移走母猪，减少其可视仔猪离开之痛苦。

第五节
哺乳仔猪高效饲养管理技术

仔猪哺乳阶段是猪一生中生长发育最迅速、物质代谢最旺盛，对营养需求最敏感的阶段。仔猪培育效果的好坏，直接关系到断奶育成率的高低和断奶体重的大小，影响母猪的年生产力和肥猪出栏的时间。因此。抓好哺乳仔猪培育是搞好养猪生产的基础，对加速猪群周转、提高养猪经济效益起着十分重要的作用。

一、目标管理

1. 目标

21 日龄断奶重≥ 6.5 千克，28 日龄断奶重≥ 8.5 千克。

21 日龄断奶后 1 周内增重≥ 150 克，28 日龄断奶后 1 周内日增重≥ 200 克。

哺乳期仔猪下痢率＜ 5%，僵猪发生率＜ 1%。

哺乳期成活率≥ 98%，窝内个体重均差＜ 0.5 千克。

2. 监测

新生仔猪局部的环境温度按环境控制的标准落实执行。

注意新生仔猪的防控。

保持产房干燥清洁良好的环境卫生。

二、哺乳仔猪的营养需求

哺乳仔猪的营养主要来源于母乳，尽早让新生仔猪吃上初乳（产后 18 小时内的乳汁），吃足初乳是仔猪营养福利的头等大事。

母乳是不能满足仔猪生长潜力对营养的需求的（母乳喂养的仔猪在 21 日龄内日增重一般为 200 ～ 300 克，而产后吃完初乳的仔猪实行人工特护喂养日增重可达 350 ～ 400 克），因此，补料是继吃好初乳后的另一营养福利。

三、哺乳仔猪的健康管理

1. 健康检查

应每天检查仔猪的健康，如果发现下痢、断趾等现象，应给予适当的处理。

仔猪正常体温为 39℃，呼吸频率大约 40 次／分，正常卧姿是侧卧，每天观察仔猪毛色、体况、吃奶情况、走路姿势、腹泻等是否有异常。

发现仔猪异常，应对症治疗，并做好病程及治疗记录。若疫病由母猪原因引起，应治疗母猪或调群；若发病仔猪窝数占 5% 以上，应上报主管制订整体治疗方案。

2. 保健措施

规范断脐，有效防止脐部感染，如破伤风、脐疝等。

没有必要不进行超前免疫；若有必要剪牙、断尾，应在出生 24 小时内进行，并要防止操作不当发生的损伤与术后感染。

2 日龄应注射铁剂 100 毫克（纯铁含量）、维生素 E 亚硒酸钠注射液 1 毫升。隔 2 周后再补注同剂量的亚硒酸钠注射液，防止过量中毒；针头及皮肤消毒应严格，防止补铁诱发厌气菌感染。

公仔猪应在 7 日龄内进行去势术，以减少疼痛、出血及感染机会。

有乳猪独立饮水系统的猪场，可在饮水中加入益生菌或乳酸制剂保健饮用。宜采用温水（水温为 35 ～ 40℃）。

无特殊疫情，哺乳期不做任何免疫接种。在伪狂犬病血清阳性或隐性感染猪场，应在第 3 日龄进行伪狂犬病疫苗滴鼻。

四、哺乳仔猪的日常管理

1. 哺乳仔猪日常工作计划

参照哺乳母猪日常工作计划。

2. 环境控制

保温防潮是仔猪环境福利的第一要务。树立仔猪腹部实感温度的概念，推荐水暖控温培育专利技术，使仔猪卧睡休息处温度如下：初生当日 33 ～ 34℃，2 ～ 3 日龄 32 ～ 33℃，4 ～ 7 日龄 31 ～ 32℃，8 ～ 21 日龄 28 ～ 30℃。在其哺乳区与活动区辅以红外线加热灯，以保证温差不至于超过 2℃。

严禁用水冲栏，只能铲扫粪便，确保干燥。

做好窝猪社群环境管理。按大小、强弱认真固定好乳头（产后 6 小时内）；做好吃奶（吃料）、休息、排泄的定位训练。

防贼风，舍内空气流速控制在 0.2 米 / 秒左右。

3. 日常管理

（1）分娩前的准备　母猪妊娠期平均 114 天，部分母猪还没有到预产期也可能会分娩，因此，要特别注意观察预产期前 3 天的母猪，并做好产前准备。

1）母猪分娩的鉴定　将要分娩的母猪会急躁不安，有的会用脚刮产床，呼吸急促，尿量少，次数多，乳房肿胀奶头发红，不用挤就有乳汁流出，外阴肿大；分娩前 24 小时用手指挤乳房会有乳汁流出；分娩前 6 小时有羊水流出。

2）准备工作　检查母猪耳号，核对母猪卡，按母猪预产期早晚顺序排列母猪；准备好保温箱，安装并开启保温灯，并在临产前 2 小时开始预热保温箱；将母猪臀部、外阴和乳房用清水擦洗干净，并用配制好的消毒液消毒；在保温箱及母猪臀部铺好麻袋，准备好接生工具，包括接产布、碘酒、细线、止血钳、剪刀钳、耳号钳等，安装好保温箱和电热板。接产用具、饲料车、铲子等用金碘消毒（浓度为 1：500）。如图 11-13。

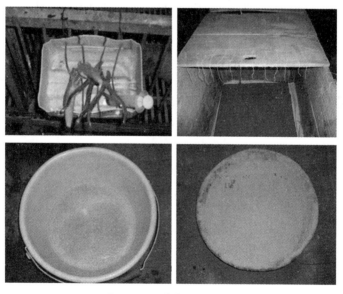

图 11-13　备好分娩用品

（2）接产程序

第一，母猪产出小猪后，接产员先用洁净毛巾擦净小猪口鼻中的黏液（如图 11-14），然后在小猪身上涂抹接生粉，减少小猪体能损耗，结扎、剪断脐带（肚脐到结扎线 3 厘米，结扎线到断端 1 厘米），用碘酒消毒脐带及肚脐周围，把小猪放入保温箱内，待仔猪能站稳活动时马上辅助其吃 50～100 毫升的初乳；如产床粗糙，应等小猪身上干燥后在其四肢上贴好胶布。接着给仔猪剪牙、断脐、断尾。断面用碘酒消毒。

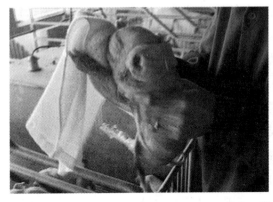

图 11-14 接产、抹干净仔猪

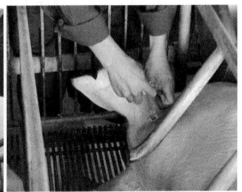

图 11-15 有炎症感染的母猪要及时治疗

第二，健康的母猪能正常分娩，若年老、瘦弱或过肥的母猪生产时可能会出现难产，正常分娩第一头仔猪要 30 分，以后每头仔猪产出在 20 分内，总时长大约 3 小时，分娩的时候仔猪从左右子宫交替产出。

第三，在接产过程中，接生员应注意观察母猪的呼吸、是否正常产仔等，如有异常，应及时采取有效措施。

第四，母猪完全产仔以后，在正常的情况下，会在 3 小时以后内排完仔猪胎衣，若 3 小时以后没有完全排出胎衣，应及时对母猪进行治疗，如注射催产素等药物，并认真观察母猪所排放的胎衣数量，并确保母猪将胎衣完全排出。

第五，在母猪产后，及时地给予护理（如加糖钙片，以及注射抗生素预防感染）。

（3）助产

1）判断　母猪产仔时，小猪体表黏液少或带粪、带血；母猪眼结膜红，努责吃力但无仔猪产出；有死胎产出；产仔间隔时间30分以上，可判定为母猪难产。

2）母猪难产时，可采取以下助产程序　将手（手指甲要剪短）及胳膊洗净和消毒，涂上润滑剂或戴上手套，以免对母猪造成伤害（如图11-16）；五指并拢手心朝母猪腹部，手要随着母猪的阵缩而缓慢深入，动作要温柔，且不可用力过猛，以免对母猪生殖道造成伤害（如图11-17）；当手接触到仔猪时要随母猪子宫和产道的阵缩，顺产道线慢慢地将仔猪拉出；仔猪胎位不正时，可矫正胎位，再让其自然产出，如果两头小猪同时阻塞于产道，可将一头推入子宫内，拉出另一头；可抓住仔猪的牙、眼眶、耳洞、腿关节等处拉，也可借助助产工具，如用绳子套嘴、铁钩钩下颌等；辨认假死仔猪，如有心跳、脐带搏动，应及时抢救（如图11-18）；要及时清理死胎、胎衣（如图11-19）。

图11-16　助产前要消毒

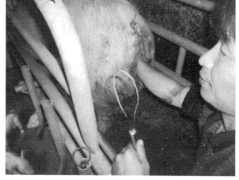

图11-17　缓慢进入

图 11-18 对假死仔猪要急救

图 11-19 及时清理死胎、胎衣

3）助产时注意事项 当母猪产仔太慢或帮助母猪产仔时，可谨慎使用催产素。每次注射的用量不超过 2 毫升，在 30 分内不得再次使用，而且一头母猪注射催产素不超过 2 次。也可使用按摩母猪乳房的方法使母猪自然分泌催产素。母猪注射催产素之前要检查子宫颈是否已打开，助产人员手及器械要消毒。如用催产素会收缩子宫肌，如子宫颈有仔猪或子宫颈未张开，会造成子宫破裂，母猪死亡。

（4）仔猪处理 新生仔猪的常规处理包括：脐带结扎、断尾、打耳号（或做标记）和补 1～2 毫升的葡聚糖铁针剂等（如图 11-20）。

1）脐带结扎 结扎每头仔猪的脐带，留 2 厘米剪断，用碘酊或甲紫消毒（脐带及其周围）。

2）断尾 断尾一般留 1/3，断口应用碘酒消毒。

3）补铁 初生仔猪在 3～5 日龄补铁，注射部位在颈部。

4）护膝 产床床面粗糙时应在仔猪膝关节下部贴胶布，以防止膝盖受伤而引发关节炎、跛脚。胶布应能覆盖膝关节及趾关节之间的部分，胶布绕腿 3/4 为宜。

5）去势 5～7 日龄阉割非种用公猪，阉割器械用乙醇消毒、伤口用碘酊消毒。

6）药物保健 仔猪出生后 3 天、第七天以及断奶前 1 天注射抗生素，防止胃肠道和呼吸道疾病。如图 11-20。

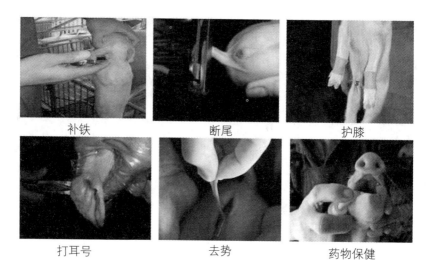

补铁	断尾	护膝
打耳号	去势	药物保健

图 11-20　新生仔猪的处理

（5）注意事项　保证仔猪出生后 1 小时内吃上初乳，产后 6 小时内固定好乳头。随时注意保温措施，按环境管理要求落实。及时发现问题及时解决，在防低温同时防局部过热应激。随时注意母猪哺乳与仔猪吃奶的状况，避免应激，仔猪尽量多吃乳，特别是产后 18 小时内的初乳。6 ～ 7 日龄，将 "仿生猪奶" 等仿母猪乳产品 20 ～ 30 克洒在碎粒的教槽料上，诱促仔猪采食兴趣，视采食量逐日增多。不可忽略的免疫工作，对伪狂犬病感染严重的猪场，1 ～ 3 日龄要采取滴鼻；对喘气病严重的猪场要做好支原体疫苗的免疫接种；14 日龄要做好圆环病毒疫苗的接种，21 日龄猪瘟疫苗的免疫不可忽略。必要时做好寄生工作，做好定位训练。

第六节
保育仔猪高效饲养管理技术

保育期一般是从 21 日龄断奶，到 70 日龄，体重达 25 ～ 30 千克期间的饲养。近年来，仔猪断奶成了养猪过程中重点中的重点，原因是断奶仔猪本身的特殊性和现代饲养管理模式的不协调，出现的后果除仔猪断奶后腹泻及断奶后生长停滞外，还有呼吸道病多发，给养猪场造成了相当大的损失，解决好断奶仔猪问题，是每一个养猪场饲养管理的关键。

一、目标管理

1. 目标

无腹泻等断奶应激。

21日龄断奶后1周日均增重≥150克，28日龄断奶后1周日均增重≥200克。

70日龄体重≥27千克；个体重均差≤2千克。

断奶70日龄育成率≥98%；几乎无僵猪、伤残猪。

2. 监测

饲料的过渡。

转群应激的预防。

猪呼吸道疾病的预防。

二、保育仔猪的营养需求

1. 断奶仔猪的营养要求

饲料主要营养指标及成分建议为：消化能14～14.5兆焦/千克，粗蛋白质17%～19%，可消化赖氨酸1.1%～1.3%，可消化苏氨酸0.68%～0.76%，可消化蛋氨酸+胱氨酸0.62%～0.7%，可消化色氨酸0.19%～0.21%，钙0.7%～0.75%，有效磷0.4%～0.45%，食盐0.3%。

2. 仔猪饲料的过渡

在良好管理操作下，仔猪在哺乳阶段（21天）大都会采食200～350克的固体饲料，但仍处于由液体饲料（母乳）向完全采食固体饲料的过渡时期，因此，采取断奶后3～5天的液体供料方式，实践证明对克服仔猪断奶后应激反应是有益的。具体操作建议：于断奶后当天用"仿生猪奶"等仿母乳产品按要求稀释后放入料槽内让其直接饮用，日喂5次；第2天至第5天，将优质仔猪料继续用更大稀释比例的"仿生猪奶"或温开水稀释成稀粥状饲喂，逐日变稠至粒料。

3. 仔猪饲料的原料

仔猪料建议使用消化性高、适口性佳、水溶性好、少抗营养因子的原料，如乳制品、酶解大豆蛋白、膨化玉米等。不建议在仔猪料中使用高锌和大剂量多品种抗生素，提倡使用益生素、酶制剂、酸化剂、植物提取物等。

三、保育仔猪的健康管理

1. 检查方式及工具

肉眼观察，体温计或红外线测温仪进行测量。猪的正常体温为38～39.3℃

（直肠温度）。不同年龄的猪体温略有差别，保育猪一般为 39.0℃；一般傍晚的正常体温比上午的正常体温高 0.5℃。

2. 检查内容

（1）看外观　检查猪的毛色、睡眠、采食状况、排泄物（粪便、尿液）、呼吸症状、行走姿势、唇鼻等是否正常。

（2）看毛色　健康猪皮毛光滑，皮肤有弹性，若皮毛干枯粗乱无光，则是营养不良或病猪。健康猪的皮肤干净，若皮肤表面发生肿胀、溃疡、小结节，多处出现红斑，特别是出现针尖大小的出血点，指压不退时为病态。

（3）看食欲　健康的猪食欲旺盛，如食欲突然减退，吃食习惯反常，甚至停食，是病态表现。若食欲减少，喜欢饮水，则多为热性病。

（4）看眼睛　健康猪两眼明亮有神，病猪眼睛无神，有泪带眼屎，眼结膜充血潮红。

（5）看鼻液　无病的猪鼻没有鼻液。有病的猪鼻流清涕，多为风寒感冒；鼻涕黏稠是肺部有热的表现；鼻液含泡沫，是患有肺水肿或慢性支气管炎等疾病。

（6）看鼻突　鼻吻突清亮光洁湿润为无病猪，若干燥或龟裂，多是高热和严重脱水的表现。

（7）看粪便　健康猪粪便柔软湿润，呈圆锥状，没有特殊气味。若粪便干燥、硬固、量少，多为热性病；粪便稀薄如水或呈稀泥状，排粪次数明显增多，或大便失禁，多为肠炎，肠道寄生虫感染；仔猪排出灰白色、灰黄色或黄绿色水样粪便并带腥臭味，为仔猪白痢。

（8）看尿液　健康猪尿液无色透明，无异常气味，病猪尿液少且黄稠。

（9）看睡姿、听叫声　健康猪一般是侧睡，肌肉松弛，呼吸节奏均匀。病猪常常整个身体贴在地上，疲倦不堪地俯睡，如果呼吸困难，还会像狗一样坐着。健康的猪叫声清脆，病猪侧叫声嘶哑、哀鸣。

（10）测体温　健康猪体温一般是 38～39.3℃，体温过高，多是传染病，过低则可能营养不良，患贫血、寄生虫病或处于濒死期。

3. 保健措施

做好免疫接种。高质量初乳抗体的保护，避免了哺乳期对仔猪做过多的免疫接种。21 日龄断奶后的保育阶段，做好伪狂犬病疫苗的二免以及其他必需免疫疫苗的首免与加强免疫是断奶仔猪保健福利的重要事项。一般 21～25

日龄首免猪瘟，50～60日龄二免；35～40日龄接种免疫伪狂犬病的疫苗；65～70日龄口蹄疫首免；95～100日龄口蹄疫二免。

免接种时，可能发生超敏反应，尤其是猪瘟疫苗的接种，因此要备好肾上腺素针剂，剂量为0.1％肾上腺素注射液0.5～1.0毫升，最好心腔注射（须资深兽医操作），亦可肌内注射。

其他病种的免疫接种应视各场自身疫病流行情况而定。如果一定要用肺炎支原体疫苗、胸膜肺炎放线杆菌疫苗，那么，它们之间以及它们与其他疫苗之间的接种间隔时间应不少于14天。

在有病情问题的猪场，断奶前后1周，可在饮水中加入阿莫西林或强力霉素或替米考星。

及时治疗病猪或僵猪，保证均匀度。无治疗价值的仔猪于夜间做无害化处理。

四、保育仔猪的日常管理

1. 日常工作计划

8:00～8:15消毒、换工作服入生产区。

8:15～8:30检查设备设施并做好记录。

8:30～8:50猪健康检查、做记录。

8:50～9:30饲喂。

9:30～10:30清理卫生、换水厕所水。

10:30～11:00治疗发病的猪、接种疫苗。

11:00～12:00接收断奶猪或转群等。

12:00～13:30休息。

13:30～14:30饲喂。

14:30～15:30清理卫生。

15:30～16:00消毒。

16:00～17:00治疗发病的猪、其他工作。

17:00～17:30报表填写、死淘猪处理。

2. 环境控制

温度：断奶后（21日龄）1周内，栏舍内板温度（仔猪腹部实感温度）仍应保持在28～30℃（比产房保温箱高2℃左右），1周后可为25～27℃。

保育舍实行小单元全进全出，转栏后常规清洁，消毒并空栏1周。

应有独立饮水系统，便于添加药物、水溶性维生素、电解质等。饮水器宜每栏（10～15头）安装2个，其中一个高度为26～28厘米（安装为可调卸式，10天后调高至另一饮水器高度），另一饮水器安装高度为36～38厘米，饮水器安装向下倾斜约15°以方便其咬饮。

保证足够的食槽，每头仔猪1个槽位，槽位宽15厘米。

适时通风换气，防贼风、蚊、蝇危害。

3. 日常工作管理要点

（1）进猪前的准备　①猪舍消毒。清洁猪舍及各种饲养工具，待猪舍干燥后在整个猪舍喷洒消毒液，并在仔猪入舍前空置7天。②舍内生产设备检修。饮水线：检查供水设备是否处于正常使用状态，水流量控制为0.5～1升/分。料线：检查料线是否处于正常使用状态。保温通风降温设施：检查保温通风降温设施如地暖、锅炉、水帘等控温设备是否处于能用状态。生产用具等：检查猪舍生产用具及照明设施如铁铲、电灯等是否有损坏，若有损坏应及时进行维修；维修损坏的猪舍，如墙体、地、门窗等。③时间安排。按照生产计划，提前通知接收方人员，落实好进猪数量，转猪时避开恶劣天气。④保健药物的准备。抗应激药物如多维素、维生素C等。如图11-21。

料线　供水　供电

保温　通风　药品

图11-21　进猪前要做好准备

（2）进猪管理工作　①断奶时待母猪移走后迅速将仔猪转群到保育舍。提倡使用有透气孔的封闭转猪笼，移猪时用双手托住腹部抱移，并轻放至笼内（严禁手倒提或粗鲁地丢抛仔猪等行为），平稳稍慢地推拉转猪车，至保育舍后用同样的方法抱移仔猪至栏内。②合理分群。必须按照"全进全出"的模式进行饲养管理，进入同一个猪舍的猪日龄不应该超过 7 天；大小分开，公母分群；将不会采食的猪与会采食的猪分开；将健康的猪与不健康的猪分开。③饲养密度不能低于 0.3 米^2/头。④猪三点定位调教。采食：保证食槽有新鲜饲料，自由采食。排便：是"三点定位"中最重要的一点，猪进栏后，栏舍一定要保持干净卫生。若有猪在采食或睡觉的地方排便，要立即清扫干净，人工辅助调教，强制驱赶到指定地方排便，直到调教好为止。睡觉：晚上多花点时间，将躺卧地方不对的猪轰起，赶到该躺卧的地方，直到它们稳定睡好。如图 11-22。

采食　　　　　　　排便　　　　　　　睡卧

图 11-22　搞好"三点定位"

执行自由采食，并保证有足够的料位（一猪一料位）。这与生长猪自由采食时只需要约 1/3 料位不同，断奶仔猪早期有同时采食行为。

原窝培育或合理并群，每栏 10 ～ 15 头，每头占地不低于 0.35 平方米。

可在栏内给予少量干净稻草供其咀嚼尝玩，给予小铁球、铁链，满足其探奇心理，减少互咬等异常行为。提倡原窝保育，以减少并栏应激。必须并栏时，宜在夜间进行。

保持干燥，尽量减少甚至杜绝地板的冲洗。

第七节
生长肥育猪高效饲养管理技术

育成育肥舍所养的猪是从 25 ～ 30 千克开始直到出栏，该期饲养的重点是尽可能创造适合其生长发育的外部条件，最大限度地发挥其生长潜力，提高饲料利用率。

一、目标管理

1. 目标

25 ～ 100 千克（下同）出栏育成率≥99%。

日均增重≥ 800 克。

饲养天数≤ 95 天。

料肉比≤ 2.7 ∶ 1。

2. 监测

（1）残次率　应及时淘汰无价值的猪。

（2）出栏时间和料肉比　出栏延长 1 天，一头猪多消耗饲料 3 千克；肥猪的料肉比占饲料的 70%，因此对每一批猪都要进行检测和分析，做到合理的成本控制。

二、生长肥育猪的营养需求

在营养上，一定要满足猪各阶段的营养需求，才能获得好的饲料效率，生长肥育猪建议的饲粮主要营养成分如表 11-1 。

表 11-1　生长肥育猪建议的主要营养指标及成分

营养指标	小猪(25～40 千克)	中猪（ 40～70 千克）	大猪（ 70～100 千克）
粗蛋白质	≤ 17%	≤ 16%	≤ 14%
消化能（兆焦 / 千克）	≥ 14	≥ 14	≥ 13.8
净能（兆焦 / 千克）	≥ 10.2	≥ 10.2	≥ 10.0
可消化赖氨酸	≥ 0.9%	≥ 0.8%	≥ 0.7
可消化苏氨酸	≥ 0.6%	≥ 0.52%	≥ 0.45%
可消化蛋氨酸 + 胱氨酸	≥ 0.54%	≥ 0.48%	≥ 0.42%
可消化色氨酸	≥ 0.16%	≥ 0.14%	≥ 0.12%
钙	0.7%	0.7%	0.6%
有效磷	0.4%	0.35%	0.30%

三、生长肥育猪的健康管理

1. 健康检查

参照保育猪。

2. 保健措施

添加复合酶制剂、中草药免疫剂等，以提高其免疫力与饲料转化率，充分挖掘生产潜力。不用高铜、砷制剂或其他违禁添加剂。

四、生长肥育猪的日常管理要点

1. 日常工作计划

8:00 ～ 8:15 消毒、换工作服入生产区。

8:15 ～ 8:30 检查设备设施并做好记录。

8:30 ～ 8:50 猪健康检查、做记录。

8:50 ～ 9:30 饲喂。

9:30 ～ 10:30 清理卫生、换水厕所水。

10:30 ～ 11:00 治疗发病的猪、接种疫苗。

11:00 ～ 12:00 接收保育猪或销售肥猪等工作。

12:00 ～ 13:30 休息。

13:30 ～ 14:30 饲喂。

14:30 ～ 15:30 清理卫生。

15:30 ～ 16:00 消毒。

16:00 ～ 17:00 治疗发病的猪、其他工作。

17:00 ～ 17:30 报表填写、死淘猪处理。

2. 环境福利

温度：舍温以 15 ～ 25℃适宜，重点放在防热应激影响上。可采取植树，房顶喷水，室内喷雾，安装纵向排风机，湿帘等方式。

密度：漏缝地板猪栏每头 0.8 ～ 1.0 平方米，地坪猪栏每头 1.0 ～ 1.2 平方米，每栏 10 ～ 20 头。

由于排粪尿量大，舍内有害气体浓度易超标，除注意通风外，可在日粮中添加丝兰属植物提取物。

可在日粮中添加可杀灭蝇蛆类的产品，以减少苍蝇危害（猪场保持整洁环境和及时清粪，采用沼气等可有效减少苍蝇滋生）。

每季度 1 次灭鼠，可用杀它仗、速箭等灭鼠药。

3. 日常管理要点

（1）进猪前的准备 参照保育舍。

（2）进猪管理 ①通过驱赶仔猪经过赶猪道或用运猪车把仔猪从保育区移入育成区。同一猪舍猪的日龄相差不应超过 7 天。②转入的猪应符合以下要求：猪体重大于 20 千克，健康、活泼、无病弱残现象。③按照猪性别、体重合理组群。④"三点定位"的调教（同保育舍）。⑤猪分栏后注意观察，如果打斗激烈，用玩具如链子等分散它们的注意力。⑥把病猪、弱猪挑出来，在病猪栏单独隔离饲养。⑦猪进入育成区后连续 3 天饮水添加电解多维。

另外，自由采食，必须设置料槽，料位按 1/3 日常存栏猪设计。每天用超低容量喷雾器喷雾 1 ～ 2 次，以减少舍内尘埃。

第十二章
猪场时间管理

　　养猪业是一个微利的行业。我国大部分地区一年四季气候变化较大，如不注意加强日常生产的管理，掌握各季节养殖的客观规律，将会给养猪业带来不必要的损失。因此，养殖者一定要做到随机应变，及时应对不同时期猪的生长环境，才能保证猪的健康成长，达到优质、高产、高效的目标。

第一节
猪场四季管理要点

自 2018 年 8 月以来，整个养猪行业都众志成城聚焦非洲猪瘟的防控。同时关于生物安全防控体系构建、非洲猪瘟病毒的抵抗、如何有效消毒、猪价行情预测、猪后市预测等一系列的信息，引发了我们大量的关注。随着发病时间的延长，从业者逐步趋于冷静，幸存下来的猪场还是要面对生产。从业者在关注非洲猪瘟的同时，对于换季猪场管理要一起注意。

一、春季管理

阳春三月，天气渐暖，正是养猪的好季节。但由于气温逐渐上升，温度不断增高，各种病菌也会随着适宜的温度而大量繁殖。猪经过冬季，身体的抵抗能力较弱。如果消毒不彻底，管理失当，饲喂不善，则极易引起猪病发生，影响经济效益的提高。春季养猪应该注意如下几点。

1. 修复猪舍，搞好消毒

保持猪舍温暖、干燥、通风，搞好猪舍卫生，认真消毒猪圈，消除病菌的生存环境，是春季养猪的第一要务。猪喜欢干燥的环境，尤其是小猪的体温调节机能尚未发育完善，体表沉积脂肪少，抗寒能力较差。而早春三月的天气，忽晴忽阴变化无常，昼夜温差较大。因此，保持猪舍温暖，堵塞漏洞，圈舍扣棚，挂好门帘，环境干燥洁净、空气流畅，这样才能创造出一个有利于猪生长发育的小环境。特别在北方地区，经产母猪一定要实行暖房产仔，这是保证所产仔猪全活全壮的基础工作。同时，在春季来临之前，要对猪舍进行彻底消毒，防止病菌生长繁殖。对圈舍进行彻底清洗。再用 20%～30% 石灰乳或20% 草木灰或 2%～3% 氢氧化钠溶液等对圈舍地面、墙壁及周围环境喷洒和涂刷，严格清洗用具后用 3%～5% 的来苏儿消毒，然后再用水冲洗，以免引起中毒或影响猪的采食量。

2. 加强防疫，注重营养

春季要严防各种传染病的发生。最好的办法就是要严格按照免疫程序，做好猪的免疫注射。严防漏注、疫苗失效等情况的发生。一旦发现疫病，应严格封锁、消毒。强化预防注射，按要求处理好死猪尸体。如果周围地区发生了疫情，除要搞好猪舍消毒外，还应严格禁止外来人员、车辆等进入猪场，猪场内部的车辆、人员从疫区回场时应进行彻底消毒。

同时，要注意营养体系的设计，确保猪的营养需要。使猪拥有一个较好的体况，即可有效地提高猪抵御疾病的能力。因此，生产中应按猪生长阶段的不同，科学地投饲不同营养标准的全价日粮，并根据猪的体重、采食情况等适时调整日粮配方。春季青绿饲料缺乏，要尽量在日粮中添加一些胡萝卜等多汁饲料和酒糟、饼类饲料，以促进猪的食欲，同时补充一些维生素。

3. 精细管理，科学喂养

育肥猪和种猪的饲养管理按常规进行即可。但仔猪的饲养管理必须慎之又慎，因为仔猪缺乏先天免疫力，体温调节机能和消化功能不健全。在气候善变的春季，饲养管理稍有差错，则极易引起仔猪患病，甚至大批死亡。因此，要改善哺乳母猪的饲料，保持乳房的清洁卫生；做好开食、补饲、旺食的三个环节；平安过好初生关、补料关、断奶关，应特别护理好断奶仔猪。做好仔猪痢疾的预防工作，在母猪怀孕后期对其进行疫苗注射，产后注意环境卫生的清洁和仔猪体质的改善。同时，对各种猪要注意饲喂全价配合饲料，添喂复合添加剂，供给清洁的饮水，给予充足的光照和适当的运动，促进猪健康生长，使猪能够平安度过春季这个疾病多发的季节。

二、夏季管理

进入夏季，温度升高，舍内空气需要保持一定的湿度和流动性，一是为了减少干燥的气温造成的应激，二是空气的清洁有利于猪的采食，防止虚脱中暑。

1. 调整喂食时间，增加饲喂次数

夏季由于白天气温高，早晚天气凉爽，在饲喂时间、饲喂次数上要做出相应的调整。具体做到仔猪日喂 6 次以上，育肥猪和种猪日喂 3 次。饲喂时间选在早上 5～6 点、晚上 7～8 点的凉爽阶段进行，还可在夜间 11 点、凌晨进行。

2. 加强猪舍通风，做好防暑降温

经常清除猪舍周围的杂草，打开所有门窗，保持空气流通，有条件的可加装换气扇，增加猪舍的通风量，加快猪舍的空气流通速度。防止猪舍形成高温高湿的环境。但当外界气温超过 30℃时，提高风速、加大通风量对猪舍降温的效果将不再显著，因此在夏季高温时期，要通过冷却降温以很好地控制舍内温度。当遇到极高温度（38℃以上）时，应采取紧急措施，如用水喷洒猪体，用水喷洒猪舍屋顶、墙壁、地面等。有条件的猪场可购买动力喷雾机。每天分 3～4 次对猪体及其生存环境进行喷雾降温。

3. 多喂清热泻火的饲料和添加剂

常见的清热泻火饲料和添加剂有麦麸、豆饼、花生饼、人工盐、南瓜及去火增食剂等，生产中可根据实际情况进行选用添加。高粱、瓜干和酒糟等热性饲料尽量少喂。

4. 供给清洁的饮水

夏季，猪的饮水量增多，其中哺乳猪和仔猪的需水量更大，所以夏季养猪最好饲喂稀食，并在舍内放入水盆或水槽，随时供应清洁的饮水。在高温情况下可以在猪栏内挖一个坑，坑内灌足冰凉的井水，供猪打泥用，但切不可将井水直接泼到猪身上。

5. 驱除蚊蝇

夏季大量的蚊蝇会影响猪休息，并污染饲料和饮水，甚至传染某些疾病。因此，夜间可在猪舍内点燃蚊香或挂上用纱布包好的晶体敌百虫，以防蚊虫叮咬。每天做好饲用器具的冲洗和猪舍的清洁工作，避免病菌的传播。

6. 加强防疫

夏季气温高，各种病菌大量繁殖生长，如果消毒不彻底，管理不得当，则极易引发疾病。夏季要想养好猪，疾病防治尤为重要。在做好猪舍消毒工作的同时，还可通过饲喂保健中药，来增强猪的抗病能力。在饲料中添加清热润肺平喘的中药，既可防病又有助于生长。

三、秋季管理

秋季是养猪的最佳季节，凉爽的气候以及适宜的湿度，最适合猪的生长发育。因此，要抓住秋季这个关键时期，提高养猪的技术水平，以达到增产、增效的目的。那么，秋季如何才能养好猪呢？

1. 加强养殖管理，正确选购育肥用仔猪

挑选仔猪时应做到"八看二问"。"八看"：一看皮毛，要求光亮、红润；二看眼睛，要求有神、无眼屎；三看嘴鼻，要求嘴短扁、鼻孔大、鼻镜湿润；四看体型，要求背腰长、胸宽深；五看四蹄，要求四蹄健康、整齐；六看尾巴，要求活动自如；七看肛门，要求干净无稀粪；八看活动，要求行动自如，有较强的食欲。"二问"：一问品种情况，最好是选择优良品种的杂交仔猪；二问防疫情况，不要从疫区购买仔猪，要了解猪注射过何种疫苗。育肥前做好免疫、驱虫、洗胃和健胃的工作。仔猪运回场内应免疫注射1次（常用猪瘟—猪丹毒二联苗）。第二天进行驱虫，用左旋咪唑或丙硫咪唑片，按每千克体重

25 毫克研细混入饲料，以驱除体内寄生虫。用 3%～5% 的敌百虫液喷洒猪的体表，以驱除体外寄生虫。第 5 天进行洗胃，连续 2 天。第 6 天进行健胃，按每 10 千克体重用大黄苏打 2 片，分 3 次拌入饲料中投喂。制订合理的营养和科学饲养方案。

在育肥猪饲养期间，最好按体重分两阶段进行饲喂（育肥前期 25～60 千克、后期 60～100 千克），根据猪体营养需要，选择当地饲料资源，利用浓缩预混料，为猪配备全价日粮。此外，一般每栏饲养 10～20 头为宜，保证每头猪都拥有适宜的栏位面积（通常育肥前期 0.4～0.8 米^2／头，后期 0.8～1 2 米^2／头）。并保持同一栏内的猪体重相似。猪的食欲一般是傍晚最盛、早晨次之、中午最弱，因此，每天的给料量大致可按早晨 35%、中午 25%、傍晚 40% 的比例分配。

2. 注意秋季防寒

秋天气温下降较快，昼夜温差达到 10℃以上时会对猪带来一定的影响。气温太高或太低，都将影响猪的生长。具体来说，秋季防寒要提前做好以下工作：

修整好猪舍，把栏舍漏风的部位堵严，遮挡物可因地制宜选用草苫或塑料薄膜等，以防冷风侵袭。在猪舍内勤垫干草，不要让垫草潮湿。增加饲养密度，让猪紧邻着睡觉，既可互相取暖，又可提高栏内温度。多喂热能高的饲料，以增加猪体内的热量。有条件的养殖户可以在猪舍内避风的一角建立温室，温室的大小可根据猪的多少而定。

3. 加强饲料营养，适时通风换气

秋季猪易患附红细胞体病、猪链球菌病等，从而给养殖户带来损失，因此要加强对疾病的预防工作。除药物治疗外，要加强猪的营养，保持猪舍通风，以改善猪生活的外部条件。秋季养猪除加强常规饲料管理外，还要做好饲料的储备和育肥催肥工作。红薯、花生秧、豆秸等粉碎或发酵后都是很好的饲料，薯类块茎、豆类荚茎等可晒干粉碎后再用来饲喂。降低猪舍空气湿度和改善猪舍空气质量的最好办法是通风换气，而通风换气最有效的措施则是在猪舍屋顶上安装通风孔。这样不用开门窗就能尽快将舍内的大量潮气和不良气体排出，并引入新鲜空气。但通风要有节制，晴天、暖天多通风，阴天、冷天少通风，做到通风与保温相协调。

4. 加强疾病防疫，预防饲料中毒

根据传染病的流行特点，秋季易暴发大规模的疾病。由于气温多变，容易诱导猪发病，所以要按照防疫规程做好防疫工作。养猪户要加强对猪舍的清扫、消毒工作，一般每天清扫1次猪舍，3天进行1次消毒，以避免细菌滋生。同时，由于秋季多雨，如果青饲料采收过多，储存加工不当，则很容易发生霉烂，堆积过久，青草内所含的硝酸盐会形成有剧毒的亚硝酸盐，猪采食后则会导致中毒或因严重缺氧而死亡。

四、冬季管理

冬季气温低，日照少，给生猪的快速育肥带来一定难度，但如果按科学方法进行饲喂，同样会取得令人满意的效果。及时整修猪舍。保证猪舍内的光照。寒冷天气到来之前，应对猪舍进行全面检查，及时修缮猪舍，塞上风洞，封好裂缝，以防贼风入侵。门口挂上草帘，舍内铺上垫草，以增强保暖效果。在保暖的同时，还要做到光照充足。如果猪长时间在黑暗的栏舍内饲养，没有得到充足的日光照射，则猪体内的胆固醇就不能转变成维生素D，从而造成维生素D缺乏。维生素D可以促进钙、磷在机体内比例的平衡，保持骨骼健康发育。维生素D缺乏会导致仔猪易发佝偻病，成年猪易发骨质疏松，表现出生长缓慢、发育不良等一系列病变。

为使猪在冬季生长发育正常，改善饲养管理水平是主要的手段：

1. 猪舍在防寒保暖的同时，应特别注重增加光照

猪舍要做到阳光充足，通风保温。

2. 饲喂富含维生素D、钙、磷的饲料

如优质干草加矿物质，用多种饲料配合日粮。对已经发病的猪可采取下列措施：①晴天放牧，充分利用阳光。②每头仔猪每天补喂鱼肝油0.5～2毫升，同时肌内注射维丁胶性钙1～2毫升。

3. 加强日常管理，降低舍内空气湿度

冬季由于天气寒冷，猪一般不愿到舍外排便，从而导致舍内空气湿度增大。猪睡在潮湿的栏内，既容易患皮肤病，又会导致体热大量散失。有试验证实，猪舍内空气相对湿度在75%的情况下，猪生长良好，但当空气相对湿度达到85%～95%时，在饲喂时间、饲料供应等不变的情况下，增重降低5%左右。因此，应尽量降低舍内空气湿度，定时驱赶猪群到舍外排便，养成定点排便的习惯。同时还应经常打扫猪舍，勤换垫草，保持猪舍温暖舒适。

4. 应用塑料暖棚，增加饲养密度

猪生长的适宜温度为15～25℃，即使在寒冷季节，舍内温度也不应低于

5℃。使用塑料暖棚，可有效地提高舍内温度，使猪免受低温的危害。猪吃得好、睡得香、生长发育加快，饲养周期才会缩短。

5. 饲喂高能饲料，增加夜间喂食

冬天舍内温度相对较低，如按正常标准喂给能量饲料，就会无法满足猪正常发育所需要的能量。因此，冬天的饲料配方应在保持蛋白质水平不下降的情况下，增加能量饲料 10%～30%，可采用玉米、稻谷等含能量较高的原料，必要时可添加动植物油脂。试验证实，在日粮中添加 2%～3% 的动植物油脂，可使猪增重提高 12%～15%，每千克增重节约饲料 8%～10%。

6. 调节配种时间，控制母猪产仔

由于仔猪皮下脂肪较少，体温调节机能不健全，难以抵御寒冷的侵袭，一旦防寒措施不到位，便会造成仔猪生长停滞，形成僵猪，甚至死亡。因此，没有供暖产房的猪场，应安排母猪在春秋两季产仔，尽量减少母猪在冬季产仔。

第二节
中原地区不同月份猪群的饲养管理要点

地处中原地区的河南是典型的大陆性季风气候，其特点是四季分明。一年内冬、春、夏、秋季节的更替，四季气候明显各异。冬季寒冷少雨雪，春季干旱多风沙，夏季炎热降水多，秋季晴朗日照长。冬季寒冷干燥：冬季盛行寒冷、干燥的偏北冬季风，气温低、降水少。春季多风干旱：春季为冬季风向夏季风转换的过渡季节，气温迅速回升、乍寒乍暖。夏季炎热多雨：夏季盛行温暖、湿润的偏南夏季风，气温高，降水多。秋季晴朗日照长：秋季为夏季风向冬季风转换的过渡季节，降水减少，日照充足，气温迅速下降。身为养猪大省的中原，从业者一定要把握好一年四季气候变化的特点，为养猪生产创造一个优良适宜的环境。

一、1 月猪群饲养管理要点

1 月进入严冬，天冷地也冻，进入以冷应激为启动因子的疫病高发期。部分基础设施简陋猪舍，猪群在长期的冷应激下抗病力明显下降，成为局部流行疫情的暴发点。本月饲养的核心依然是保暖和通风换气。规模饲养场封闭饲养猪舍空气质量水平的高低，决定着猪群的健康水平和生长速度；开放、半开放猪群的保暖、驱虫和杀灭血液原虫是重要的预防措施；塑料大棚饲养的猪群要注意防潮、防饲料霉变。

在饲料中添加2%～4%油脂、脂肪粉或膨化大豆粉等高能量饲料。杜绝饮用雪水、冰渣儿水。及时修补残缺的防寒设施。定时通风换气，晴天上午9点至晚上6点，阴天上午10点至下午5点多次短时间通风换气，每次5～10分。

依据抗体检测结果，加强猪瘟口蹄疫的免疫。猪瘟免疫可选择高效苗或淋脾苗免疫，使用普通的猪瘟苗最好使用免疫增强剂稀释。口蹄疫疫苗根据实际情况选择当地流行的毒株。发生过口蹄疫或周边有口蹄疫的猪场，在饲料中应添加抗应激和提高机体免疫的药物进行保健1周，然后再注射疫苗。封闭式猪舍间隔20天使用过氧乙酸进行熏蒸1次，每次7天，24小时不间断熏蒸。在舍内每20平方米安装1个陶瓷容器，里面加20～25毫升的过氧乙酸，每日早晚各检查1次，蒸发后剩余很少时要及时添加。

对有猪瘟、口蹄疫、伪狂犬病、蓝耳病单一或混合感染痊愈的猪群，应及时补充免疫。做好支原体、传染性胸膜肺炎、链球菌、猪副嗜血杆菌、大肠杆菌等细菌性疫病的预防工作，可在上、中、下旬有针对性地选择泰乐菌素、氟苯尼考、强力霉素、新霉素等抗生素药物，采用脉冲式给药。有条件的猪场，在繁殖母猪群中，在饲料中按3：1的比例投放白萝卜、胡萝卜，让其自由采食；保育猪、小育肥猪、中育肥猪可按1千克/（头·天）、2千克/（头·天）、2千克/（头·天）的量投给（比例同繁殖母猪）；仔猪可适量饮萝卜汁。种猪群适当在饲料中添加党参、山药、黄芪等滋补类中药，营卫正气，提高胎儿质量，提高哺乳仔猪和保育仔猪成活率。

二、2月猪群饲养管理要点

2月早春，乍暖还寒。基础设施条件简陋的猪场，历经漫长冬季的寒冷刺激，猪群体质羸弱，处于亚健康、亚临床状态；基础设施较好的猪场，因漫长冬季的封闭饲养，氨气、硫化氢、尘埃颗粒、病原微生物等严重超标的混浊空气，也已将猪群推向亚健康状态，加上本月多数年份为传统节日春节所在月份，不论大小猪场，均存在放假后岗位人手不够，管理相对松懈问题。所以本月是猪群疫病危害严重月份。基础设施条件较差猪群的饲养管理核心是保暖，封闭猪群饲养管理的核心是通风换气。

继续使用添加2%～4%油脂、脂肪粉或膨化大豆粉等高能量饲料。杜绝饮用雪水、冰碴儿水。继续坚持定时通风换气，晴天上午9点至晚上6点，阴天上午10点至下午5点多次短时间通风换气，每次5～10分。

猪瘟、口蹄疫抗体不理想的猪群在春节前实施集中免疫，疫苗选择参照 1 月。发生过或周围有口蹄疫、蓝耳病、圆环病疫情的猪场，应在饲料中添加提高机体免疫力及多种维生素，连喂 1 周，以减轻捕捉、应激因素对猪群造成的危害。

封闭式猪舍间隔 20 天使用过氧乙酸进行熏蒸 1 次，每次 7 天，24 小时不间断熏蒸。在舍内每 20 平方米安装 1 个陶瓷容器，里面加 20～25 毫升的过氧乙酸，每天早晚各检查 1 次，蒸发后剩余很少时要及时添加。

对猪瘟、口蹄疫、伪狂犬病、蓝耳病单一或混合感染痊愈的猪群，春节上班后应立即组织补充免疫。做好支原体、传染性胸膜肺炎、链球菌、猪副嗜血杆菌、大肠杆菌等细菌性疫病的预防工作，可在上、中、下旬有针对性地选择泰乐菌素、氟苯尼考、强力霉素、新霉素等抗生素药物，采用脉冲式给药。有条件的猪场，在繁殖母猪群中，在饲料中按 3∶1 的比例投放白萝卜、胡萝卜，让其自由采食；保育猪、小育肥猪、中育肥猪可按 1 千克/（头·天）、2 千克/（头·天）、2 千克/（头·天）的量投给（比例同繁殖母猪）；仔猪可适量饮萝卜汁。种猪群适当在饲料中添加党参、山药、黄芪等滋补类中药，营卫正气，提高胎儿质量，提高哺乳仔猪和保育仔猪成活率。

三、3 月猪群管理饲养管理要点

3 月春暖花开，气温的日较差、昼夜温差都是一年中最大的时期。加之病原微生物随气温上升大量增殖，对历经漫长冬季猪舍封闭，体质羸弱，处于亚健康、亚临床状态的猪群是一个严重考验。那些伪狂犬病、蓝耳病、圆环病毒单一或混合感染的猪群，此月份本来就不高的猪瘟、口蹄疫抗体消失殆尽，暴发疫情的概率很高。所以本月份是猪群管理压力最大的月份，既要注意防寒保暖，又要及时开窗通风，稍有感冒就有可能由风寒感冒诱发疾病。封闭饲养猪群日常管理的核心是通风换气，主要措施是加大巡视检查频率，督促饲养员及时开启和关闭窗户。

陆续使用添加 2%～4% 油脂、脂肪粉或膨化大豆粉等高能量饲料。加强种公猪、繁殖母猪的营养，为提高配准率创造条件。尽量通风换气，晴天上午 9 点至晚上 6 点，阴天上午 10 点至下午 5 点多次短时间通风换气，每次 5～10 分。

全面开展猪瘟、口蹄疫、伪狂犬病、蓝耳病等疫苗的免疫工作。发生过或周围有口蹄疫、蓝耳病、圆环病疫情的猪场，应在饲料中添加提高机体免疫力的药物及多种维生素，连喂 1 周，以减轻捕捉、应激因素对猪群造成的危害。

全封闭式期间使用过氧乙酸带猪熏蒸消毒，晴天气温高时可带猪喷雾消毒。做好支原体、传染性胸膜肺炎、链球菌、猪副嗜血杆菌、大肠杆菌等细菌性疫病的预防工作，可在上、中、下旬有针对性地选择泰乐菌素、氟苯尼考、强力霉素、新霉素等抗生素药物，采用脉冲式给药。

有条件的猪场，在繁殖母猪群中，在饲料中按 3 ：1 的比例投放白萝卜、胡萝卜，让其自由采食；保育猪、小育肥猪、中育肥猪可按 1 千克/（头·天）、2 千克/（头·天）、2 千克/（头·天）的量投给（比例同繁殖母猪）；仔猪可适量饮萝卜汁。种猪群适当在饲料中添加党参、山药、黄芪等滋补类中药，营卫正气，提高胎儿质量，提高哺乳仔猪和保育仔猪成活率。

四、4 月猪群饲养管理要点

4 月气温上升更快、更多，防寒已不是主要问题。营养和管理水平较高的猪群进入快速增长期。但随着猪病原微生物的大量增殖，管理水平较低的猪场会陆续发生蓝耳病、伪狂犬病、圆环病单一或混合感染疫情。

本月是猪群管理相对轻松的一个月，日常饲养管理的核心是保证全面、合理的营养，重点注意青绿饲料的供给，为快速增长创造条件。

停止使用添加 2%～4% 油脂、脂肪粉或膨化大豆粉等高能量饲料。加强种公猪、繁殖母猪的营养，尤其要保证富含 B 族维生素和卟啉类营养的青绿饲料的供给，如洋槐树叶、楸树叶、洋槐树花和葛苣花、芹菜、香椿芽等，并适当加大运动量，为提高配种率创造条件。尽量通风换气，保持昼夜温差不超过 10℃。全面检查清洗采暖设施并包装入库。

补充免疫。即对上月处于发病、怀孕状态的猪，或月内未免疫的仔猪补充免疫。对猪群状态欠佳的要添加药物进行保健。实施每周 1 次的过氧乙酸、季铵盐、1.5%～3% 氢氧化钠溶液交替消毒。过氧乙酸以夜间带猪消毒为佳，季铵盐、1.5%～3% 氢氧化钠溶液喷雾消毒，严禁向猪体喷洒。

做好支原体、传染性胸膜肺炎、链球菌、猪副嗜血杆菌、大肠杆菌等细菌性疫病的预防工作，可在上、中、下旬有针对性地选择泰乐菌素、氟苯尼考、强力霉素、新霉素等抗生素药物，采用脉冲式给药。

五、5 月猪群饲养管理要点

5 月昼夜温差大，气温变化剧烈，日常饲养管理应注重提高抗应激能力，同时做好防暑工作。

清理下水管道。清洗供水管网。安装防蚊窗纱、门帘。藤蔓植物育苗。修缮各类房舍屋顶，采取遮阳措施。训练饲喂高能朊比饲料。每旬在饲料中添加多种维生素。上旬可在饲料中添加强力霉素、泰乐菌素、磺胺类药物，预防附红体、增生性肠炎、弓形虫等病；中旬可在饲料中添加中成药，以防突然低温天气导致感冒。补充免疫口蹄疫、乙脑、链球菌、大肠杆菌等疫苗。

选择性地出售体重达标的商品猪，以降低舍内猪群密度。

六、6月猪群饲养管理要点

6月气温稳定通过20℃，昼夜温差缩小，猪群进入快速成长期。但是因农忙使得日常管理工作人手紧张，岗位工组人员工作量加大，管理措施落实不到位是猪群管理中普遍存在的问题。该月管理的重点是：

检查和清理排水网，并保持其畅通。清理场内及其周围50米范围以内环境中杂草和积水，储水池和废水处理池（含三级处理的以及处理池）定期进行防蚊蝇处理，可添加杀蚊蝇药物，也可采用滴废机油的办法（每周1次，1次25滴/米^2）。保证供水管网畅通，并检查水灌和猪舍水箱，饮水中是实际情况添加电解多维。检查并立即修补门窗，安装窗纱、吊帘、水帘。移栽1年生藤蔓植物（丝瓜、葫芦、黄瓜、南瓜），搭设棚架，为其攀爬做好准备。栽薄荷、香草、苏叶等能够散发出香味的草本植物，以减轻夏季蚊蝇的危害。检查猪舍的所有房屋，及时修补，避免夏季漏雨。所有猪舍要进行防暴晒处理。如有隔热层，覆盖并坚实固定秸秆、垫草、遮阳网。

饲喂高能朊比饲料。饲料中注意添加抗应激药物。开展免疫效果检测，为顺利度夏做准备。猪瘟、口蹄疫抗体度应在3个数量级之内，合格率大于85%，否则应补充免疫。做好伪狂犬病和蓝耳病的补充免疫。

出售90千克以上的育肥猪，降低猪圈内密度（小育肥猪1.2平方米、育肥猪1.5平方米）。

规模饲养场要检修风机，通过维修保养、加油等工作排除故障隐患，做好正常风机的擦拭、清洗、落实运转测试，确保高温天气能正常运转。猪舍内风速建议控制在0.2～0.6米/分。

七、7月猪群饲养管理要点

7月平均气温稳定在22℃，甚至有超过25℃的天气，高温高湿是本月的主要气候特征，低气压对猪群危害更大，管理的核心是防暑降温，其基本管理要点如下：

保持充分的饮水供给，坚持每月都在饲料中添加电解多维及其他多种维生素，以提高机体抗应激能力。保持良好的通风，全封闭舍内保持风速在0.6～0.8米/分。饲喂适口性好、高能肮比日粮。防止饲料霉变，猪舍存放的饲料不要超过2天，定期饲喂猪群，每日清理料槽。经常检查门窗和窗纱，发现破损要立即修补，确保完整以发挥应有的作用。及时浇灌场内的植物，严防遮阳用植物和景观性植物受旱。饲料中添加中药清热散、香薷散等提高抗热应能激力。所有猪舍房顶要覆盖垫草、秸秆、遮阳网等。根据情况在饲料中适当添加一些抗生素或中成药，注意防增生性肠炎、附红细胞体病等疾病。雨后及时清理厂区内低洼处的积水，更换消毒池的消毒液。

出售体重大于90千克的育肥猪，合理调配使用公猪。定期喷洒灭蚊蝇药物，减轻蚊蝇危害。

八、8月猪群饲养管理要点

"七下八上"为暑天，湿热、蚊蝇叮咬是影响猪群健康的主要因素，加上前段时间的睡眠不足，生长最快的保育猪和小肥猪体重下降最为明显，稍有不慎就会发生疫情，本月饲养管理的核心是防暑降温。

保证充分的饮水，并做到每周检查1次细菌的含量，水箱中添加净化药物是必要措施。定期清理料槽，做到每天清理1次，每周清洗1次，以避免猪吃入霉变饲料。做好水泵、风机的电机、风扇降温设备的日常保养，确保正常运转。饲喂高能肮比饲料。修剪藤蔓植物。每周使用季铵盐、戊二醛消毒1次，减少病原菌的传播。减少配种次数，必须配种时应在清晨完成。在饲料中添加具有消暑或保护心脏功能的中草药或中成药。在饮水中定期添加多种维生素及抗应激的药物。及时修补破损的门窗和窗纱，定期喷洒去杀蚊蝇的药物。出售体重大于90千克的育肥猪。

据情况在饲料中适当添加一些抗生素或中成药，注意防增生性肠炎、附红体等疾病。

雨后及时清理杂草平整地面，修缮房舍屋顶并更换消毒池的消毒液。

九、9月猪群饲养管理要点

9月秋高气爽，偶有暑热，昼夜温差加大（5～10℃），温度逐渐下降，湿热依然不同程度地存在，蚊蝇叮咬更为疯狂。温差大、局部地区的大雾等因素，对不同管理水平的猪场的猪群影响逐渐彰显。猪群管理应以凉血、驱湿强筋为主，落实到猪场日常管理中具体措施如下：

选择凉爽天气的早晨、晚上接种蓝耳病、猪瘟、伪狂犬病疫苗。针对性地接种口蹄疫、链球菌、传染性胃肠炎疫苗。

减低饲料能朊比,逐渐改用正常饲料。饲料中添加抗弓形虫及净化血液原液疾病的药物。在饮水中添加保肝护肾的药物调理肝肾。

密切关注天气变化,遇到暑热、低气压、大风、大雾等异常天气时,及时在饲料中添加多种维生素以抗应激药物。针对性地在饲料中添加一些抗呼吸道疾病的药物。

继续坚持定期清理料槽,每天清理1次,每周清洗1次,以避免猪吃入霉变饲料。完成因暑热推迟阉割小猪的阉割工作。恢复配种工作,但应减少配种次数,并在每天的清晨完成。各种猪群应保证正常的营养需求。在繁殖群日粮中添加1%~3%的动物性蛋白饲料,并注重维生素A、维生素E、维生素K的补充。

每周使用季铵盐、戊二醛消毒1次,减少病原菌的传播。

做好水泵、风机的电机、风扇、水帘等供水、降温设备的日常保养,确保正常运转。出售体重大于90千克的育肥猪。

十、10月猪群饲养管理要点

10月深秋,温度适宜,空气干燥,但是昼夜温差进一步加大。不期而至的寒霜会导致条件简陋、管理水平较低、不注重保健的规模化猪场易感染多重性疾病。猪群健康管理的核心是清血热、理中气,主要措施有:

开展正常的免疫消毒工作。如采用季节驱虫的猪场要注意驱虫。对种猪群要加强一次保健,主要针对呼吸道和血液性疾病。仔猪要定期在饮水中添加多维素及保护肠道疾病的药物。种猪群应保证正常的营养需求,特别是赖氨酸和蛋氨酸的补充。

密切关注天气的变化,遇低温、大风等恶劣天气时,及时关闭门窗。继续坚持定期清理料槽,每天清理1次,每周清洗1次,以避免猪吃入霉变饲料。加强种公猪繁殖群日中粮营养,添加1%~3%的动物性蛋白质饲料,并注重维生素A、维生素E、维生素K的补充。

每周使用季铵盐、戊二醛消毒1次,减少病原菌的传播。组织口蹄疫的免疫和补充免疫工作。

检修热风炉、风机、地下火道,修整门窗,清洗供水管道。

十一、11月猪群饲养管理要点

11月气温骤降、湿度低是主要天气特征。猪群日常管理应围绕着逐渐适应低温环境进行。本月具体管理日常工作如下：

检修防寒措施，做好越冬准备。

认真做好免疫工作，重点检查猪瘟、口蹄疫、伪狂犬病、蓝耳病的免疫效果。需要补防的要立即开展第二次补防（不同疫苗间隔 7 天，同种疫苗间隔 21 天）。饮水中添加 B 族维生素。本月要特别注意猪群的保健，注意呼吸道疾病、仔猪肠道疾病及提高机体免疫力的保健。

调整饮水时间，避免猪喝冰碴儿水。密切关注天气的变化，遇低温、大风等恶劣天气时，要及时做到开启、关闭门窗，做到保暖通风两不误。

调试产房和保育舍的供暖设施。有条件的猪场应将舍内采暖系统改为舍外燃烧、舍内地下火道的供暖方式。

每周使用季铵盐、戊二醛消毒 1 次，减少病原菌的传播。定期使用过氧乙酸带猪熏蒸消毒，杀灭空气中的病原微生物。

加强种公猪繁殖群日粮中的营养，添加 1%～3% 的动物性蛋白饲料，并注重维生素 A、维生素 E、维生素 K 的补充，为落实配种计划创造条件。坚持定期清理料槽，每天清理 1 次，每周清洗 1 次，以避免猪吃入霉变饲料。

十二、12 月猪群饲养管理要点

12 月小雪飘，严寒天气已来到。随着严寒天气的到来，基础设施有欠缺或管理水平低下的猪群，因已在封闭环境内饲养多日，群体状态渐进显露。尤其产房、保育舍内呼吸道疾病陆续发生。半开放和简陋的露天猪舍，猪群的冷应激表现更为突出，致使猪群的非特异免疫力急剧下降，猪瘟、蓝耳病、伪狂犬病、圆环病毒病等病毒性疾病对两类猪群的危害日趋严重。开放和半开放育肥舍的猪群管理的核心是提高抗寒能力，产房、保育舍及塑料大棚等封闭模式下饲养的猪群，更主要的是要处理好通风和保暖的矛盾。日常管理的具体措施如下：

调整好日粮结构，提高日粮能肮比。在饲料中使用添加 2%～4% 油脂、蜂蜜的高能饲料，可提高相同条件下的高能量摄入，有效地提高猪群的防寒能力。大剂量应用电解多维，为低温条件下高代谢速率生化反应过量消耗的酶提供充分的合成原料。

启用防寒设施、设备，及时维修破损，更换超期服役部件，确保其良好的工作性能。确保防疫设施、设备真正发挥作用。封闭式猪舍间隔 20 天使用过氧乙酸进行熏蒸 1 次，24 小时不间断熏蒸。在舍内每 20 平方米安装 1 个陶瓷容器，里面加 20～25 毫升的过氧乙酸，每天早晚各检查 1 次，剩余很少时要及时添加。通风换气时间根据外界气温高低灵活掌握，外界温度高于 12℃时育肥猪舍可自由通风，8℃左右通风 30 分，5℃左右通风 15 分，0℃以下只开南边的窗户。

半开放猪舍应在舍内投放秸秆、杂草、锯末、花生壳等垫料，脏湿的要及时清理更换。半封闭小育肥舍要做好定点排粪训练，养成定点排粪习惯，减轻饲养人员的劳动强度。

检查猪瘟、口蹄疫抗体，及时针对性地免疫猪瘟、口蹄疫、伪狂犬病、蓝耳病疫苗。做好支原体、传染性胸膜肺炎、链球菌、猪副嗜血杆菌、大肠杆菌等细菌性疫病的预防工作，可在上、中、下旬有针对性地选择泰乐菌素、氟苯尼考、强力霉素、新霉素等抗生素药物，采用脉冲式给药。

有条件的猪场，在繁殖母猪群中，在饲料中按 3∶1 的比例投放白萝卜、胡萝卜，让其自由采食；保育猪、小育肥猪、中育肥猪可按 1 千克/（头·天）、2 千克/（头·天）、2 千克/（头·天）的量投给（比例同繁殖母猪）；仔猪可适量饮萝卜汁。种猪群适当在饲料中添加党参、山药、黄芪等滋补类中药，营卫正气，提高胎儿质量，提高哺乳仔猪和保育仔猪成活率。

第三节
各类猪群关键"3 天"的管理要点

养猪生产环节中猪转移后 3 天或母猪分娩后 3 天的饲养管理与猪日后的生长、生产性能及提高员工工作效率都有着很大的关系，进而影响各环节效率。抓住猪的生长、生理特点，抓好各养猪环节的"3 天"关键节点的精细管理，方能提高员工工作效率，进而提高生产水平。"3 天"管理方法的要点是：抓住关键点，引导员工重视并给予培训、监控，提高员工在此环节的操作熟练度、重视度，为整个养猪生产奠定一定基础。

一、怀孕猪——配种后 3 天的管理

1. 防应激

应激是影响配种后母猪胚胎着床的最大杀手。母猪配种后尤其是配后 3 天的管理应从避免或减少应激方面着手：夏天创造 15～18 ℃的感受温度，使用风机、水帘或滴水甚至直接淋水降温，避免高温应激；非定位饲养要防止合群

咬架高度应激，并群时安排专人看护至少 30 分，并投喂象草或红薯苗以转移猪注意力；怀孕舍要保持安静，减少维修噪声和人为噪声；猪体表损伤要及时用紫药水涂擦防感染以避免疾病应激。

2. 少喂料

配种后当天直到怀孕 30 天，控制喂料量，经产猪 1.8 千克 / 天，后备猪 2.0 千克 / 天，以避免因母猪多食引起胚胎损失。

二、哺乳母猪——产后 3 天的管理

1. 饮水充足

母猪产后体能、水分消耗大，应保证母猪有充足饮水。除保证饮水器流量达 2 升 / 分外，观察饮水器角度并调整呈 45°。夏季还要每天人工喂水至少 3 次，可用软水管把压力调小对着嘴喂，上午、下午、夜间各一次。

2. 产程控制

产程越长，体能消耗越大，不利于母猪产后恢复。产仔过程中需要对母猪进行补液，一次量 1 500 ～ 2 500 毫升，此时的补液应以补充能量和维生素为主，同时加入抗生素预防产后感染。当母猪产仔时长超过 4.5 小时或产仔间隔超过 1 小时，在排除仔猪胎位非横位后可选用缩宫素催产，一次用量 20 国际单位，可起催产作用，缩短产程。

3. 消炎

母猪产后 24 小时内注射氯前列烯醇 1 毫升促进子宫恶露排出；产程达 6 小时以上或产后第三天外阴有大量浓稠恶露排出的母猪，注射长效抗生素消炎，预防发烧或感染，避免产后子宫炎、乳腺炎、无乳症等。

4. 喂料

母猪产后自由采食，但往往产仔当天食欲不佳，应少量多投。每天喂湿拌料 3 次，上午、下午、夜间各 1 次，吃完后再投干料，保证料槽不断料，能使母猪尽快提升采食量。

三、哺乳仔猪——初生后 3 天的管理

1. 吃足初乳

母猪产后 24 小时内分泌的乳汁称为初乳，其含有大量的免疫球蛋白；80% 免疫球蛋白在仔猪出生后 6 小时被吸收；仔猪及早吸食初乳、吃饱初乳就会获得多种病原的先天性免疫力。母猪产仔过程是不间断泌乳，产后 6 ～ 8 小时转为定期泌乳，每天哺乳 20 ～ 24 次，每次持续 15 ～ 30 分。此期间员工工

作很重要：一是培训员工（接产员、饲养员）在母猪产仔过程中让前面产出的仔猪先吃奶；二是产后6小时要关注每头仔猪的吃奶状况；三是调整每头母猪的带仔数与其有效乳头数一致；四是人工辅助一些弱仔吃奶，因为会有一些体壮仔猪抢食2个乳头。注意此期间仔猪吃乳次数不能低于6次。

2. 保温

仔猪从母体产出后，因子宫与外界环境的温差很大，应立即用干毛巾擦干仔猪身体后放到保温箱，箱内温度维持在30～32℃，以减少体热损失，这样会使仔猪更有力气寻找、拱吸乳头，在母猪起卧时仔猪也能快速逃跑以免被压、被踩。

3. 补铁与保健

仔猪出生当天注射长效头孢0.3毫升/头，第二天注射铁剂1.5毫升/头，以预防剪牙、断尾、断脐等带来感染，并满足仔猪快速生长发育的生理需求。

四、保育猪——断奶后3天的管理

1. 充足饮水

保育舍接断奶猪前，在料盘中放置加有电解多维的饮水（冬季要用温水），不烫手为适，确保断奶仔猪一进栏就可以饮用，可以缓解离乳、运输、环境等带给仔猪的强应激。仔猪进到保育舍4小时内不宜喂料。

2. 合理喂料

断奶一周内喂料以稀料为主，料水比1：5，尽可能接近乳汁样，逐渐加大料的比重，直到1：3.5。一天投喂5次，上午、下午各2次，晚上9点一次。每次投喂料量以30分吃完为宜，吃完后要及时清洗料盘以防霉变。仔猪断奶后第3天的个体采食量能否达到150～200克，是衡量饲喂方式、营养、管理是否得当的重要指标。

3. 注重保温

舍内温度维持在28～30℃，以仔猪睡姿不出现扎堆为宜；通过增加垫板，使用红外保温灯来增加舍内温度和猪只感受温度。

4. 三定点调教

最重要的是排泄区定点，将中间过道远端1/3栏舍（双列式猪舍，有中间过道）划定为排泄区，在排泄区放置树枝叶或其他小玩具，同时打湿地板，猪进栏后驱赶到排泄区排泄，并把非排泄区的粪尿清理到排泄区一角，此工作持续3天会很成功把排泄定位好。排泄区定点后不但能降低栏舍湿度，员工也易于清理卫生。睡卧区一般为近中间过道栏舍上 2/3（双列式猪舍，有中间过道），保持此区域的干燥、清洁，便于猪在此处休息、躺卧。如果猪舍没有安装食槽，则在近过道处投放少许饲料和每天定时定点投喂，定点采食即可调教成功。饮水区则在猪进栏时用小石子或其他物件卡住饮水器，使其呈滴水状，能使猪较快找到水源。

5. 找掉队猪

第三天要观察是否有肚子不饱满的猪，或喂料时没有靠近食槽的猪，这些都是不会吃料的仔猪，可用废弃注射器或输精瓶（有小嘴瓶子）灌饲水料，每天 3～5 次，持续 3 天直到仔猪会自己采食，有时会出现灌饲后第二天仔猪腹泻的现象，可用恩诺沙星注射治疗。

五、生长猪——转群后 3 天的管理

1. 充足饮水

进猪前逐个检查饮水器是否通畅，并用小石子或树枝卡住饮水嘴使其滴水，以便猪进栏后能较快找到水源，补充水分。

2. 三定点调教

与保育猪一样，排泄定点调教最为关键，进猪时由专人负责调教。选择靠粪道处为排泄区，可用水打湿地面，猪进栏后驱赶到此处排泄，并把非排泄区的粪尿清理到排泄区一角，此工作要持续 3 天。生长猪肥育期至少持续 3 个月，排泄区定点后不仅能降低栏舍湿度，也有利于提高员工工作效率。

3. 合理喂料

生长猪处于快速生长期，每天消化吸收很快。关注每天的料槽饲料投量，采食量是猪群是否异常的重要观察指标。

第十三章
实施精准营养，科学优化饲料配方

　　在现代化的养猪生产投入中，饲料的生产成本最大，通常占养猪生产总成本的65％～70％，养猪能否盈利，在很大程度上取决于饲料配方。对于大部分营养元素，据测定动物摄取后转化为动物产品的效率是偏低的，尤其是矿物质和维生素。可是人们为了获得最大的生产性能，通常按最大的个体需求量供应影响，结果导致群体内多数个体营养摄入偏高。这样虽然获得较高的生产性能，但是饲料利用率降低，动物排泄量增大，对动物产品的质量安全和环境造成危害。因此，精确掌握动物的影响需求，并结合饲料原料的可利用性，实施精准营养供给，科学优化饲料配方，是未来饲料产业发展的趋势，也是提高养猪效益的一种途径。

第一节
精准营养与饲料配制技术

精准营养也称为个性化营养，是近几年提出的新概念，由于猪的品种、生理特点和生长阶段的不同，对饲料原料和营养的需求存在很大的差异。这就需要有针对性地准确评估各种饲料原料中营养成分的含量和猪对各种营养的需求量，根据不同猪的需要和环境条件精确地调整日粮供给量，从而降低饲料成本，提高生产效率。

一、精准营养的概念

精准营养也称精准饲养，是基于群内动物的年龄、体重和生产潜能等方面的不同，以个体不同营养需要的事实为依据，在恰当时间给群体中的每个个体供给成分适当、数量适宜的饲粮的饲养技术。其必需要素有：第一，由于饲料原料产地、批次、加工和储存方式等的不同，使得原料营养成分差异很大，实际生产中基于饲料原料营养数据库的数据和实验室的湿法概略养分分析所得数据并不能实时地反映每个批次饲料原料的营养价值。因此，实施精准营养就要准确评定饲料原料中可利用营养物质的含量。第二，由于现行猪的营养需要量标准并不一定适合具体区域或养殖场（户）的养殖状况，而且一些公开发布的营养需要量并不是猪处于最优状况下取得的维持需要，还可继续优化。因此，实施精准营养还要精确评估猪的营养需要量，并根据猪的性别、生长阶段、环境条件（季节、温度、湿度）等调节饲料配方，实现猪营养需要量的精细供给。第三，设计精准的日粮配方，需要使营养平衡，且不过量。其实现要点为：①在精准测定饲料原料可利用养分的基础上，根据饲料原料的价格波动，恰当地选择替代原料，这样既能保障饲料品质，又能控制饲料成本。②通过营养调控，将猪不必要的养分消耗降到最低，以精确精准地评定猪对养分的需要量（必须指出只有当猪的组织和器官细胞中储存有足量的甜菜碱时，才能实现该目标）。第四，饲喂时要根据猪的消化特点（如：餐后 4 小时是蛋白质合成的黄金 4 小时）设置恰当的饲喂次数和饲喂间隔，根据体重分组饲喂，根据群体中每只动物的营养需要量相应地调整日粮中营养成分的浓度。

二、精准营养技术应用优势

精准营养技术是国内国际饲料工业的发展目标和方向，也是从事养殖业的同仁应该认真学习、努力实践的新课题。精准营养技术在单胃动物猪、禽及水产动物的日粮配制中可以广泛应用，在促进动物生产性能正常发挥、提高动物养殖生产水平、节约养殖成本、减少饲料资源浪费、降低动物通过粪便排泄至外界环境中的氮磷指数、保障畜禽产品食品质量安全、有益人类健康等方面起到重要的作用。精准营养技术适用于畜牧生产中的所有饲养动物类群。

精准营养的整体性体现在精准营养是多种技术的集成技术，而精准营养的相对性与动态性体现在：就动物营养学自身发展而言，以前的营养是针对现时的饲养标准、固定的营养参数、饲料原料数据库等设计的配方；现在的精准营养是在对猪营养研究的深入、营养模型的建立与完善、养猪企业大数据的深入挖掘与利用、饲料加工技术的发展、新的营养参数的使用、新型调控剂的应用等基础上提出的；以后可能会被更为"精准"的精准营养所代替，这样循环往复，无限地接近"精准"。

三、精准营养饲粮配制

单一饲料不能满足猪的营养需要，生产上应按照猪利用日粮营养素平衡技术、饲料正组合效应应用技术、特殊营养调控剂使用技术和饲料加工调制技术等，优化设计营养素平衡并具有营养调控功能的日粮，才能高效实施精准营养，从而提高畜群生产性能并降低兽医、兽药成本。

1. 必须遵循饲养标准

要正确运用精准营养技术，首先要严格遵循饲养标准（实质是营养标准），按照标准来确立营养策略。饲养标准有国外和国内的不同标准。国外的有美国的 NRC，有英国的 ARC，有日本的各种标准。国内的有国家标准和行业标准。企业也可以根据实际情况，因时、因地制宜地制定先进实用的标准。既要考虑满足动物生产性能，也要考虑资源的可利用性、经济性（成本优化），又要考虑对环境的影响，更要考虑对人畜的健康保护。制定营养标准要遵循以下几个原则：

（1）能量优先原则　生物的代谢、合成产品首先是需要能量，能量是影响畜禽生产力和生产成本的第一要素，正确供能是提高畜牧生产效率的关键。现在，有很多养殖者和营养师盲目追求高蛋白质含量，而不注重能量的提升，这其实是极大的错误，既浪费资源、加大成本，又增加污染，有害无益。

（2）理想蛋白质和可消化氨基酸原则　即各种氨基酸的最佳配比模式。理想蛋白质日粮（以可消化氨基酸含量为基础）可降低粗蛋白质含量，减少氮的排放量。研究证明，用理想蛋白质和可消化氨基酸配制日粮可减少原料成本

5%～9%，提高饲料蛋白质利用率10%～18%，降低猪饲料中蛋白质含量1%～3%，相应地减少了粪氮的排放量，极具推广应用价值。

（3）多养分平衡原则　注意养分的多样性、互补性，适当的能蛋比、钙磷比，各种矿物元素和维生素的平衡与充足供应。

（4）控制粗纤维含量　单胃动物饲料中粗纤维含量不宜过高，特别是猪饲料。一般情况下乳仔猪料粗纤维含量3%～4%，生长育肥猪料5%～7%，种猪料8%～10%。

2.建立饲料原料营养数据库

企业营养师应建立自己的饲料原料数据库，搜集饲料营养成分资料，记录原料产地、名称、营养成分及其含量，并对营养成分进行检测。检测方法：一是自行检测；二是送至专职部门进行检测；三是送到科研院所进行分析检测。建立数据库途径：途径一是将各类检测报告归档保存，不断地充实完善数据库，供配方设计时查阅使用；途径二是收集国家、行业制定的关于饲料原料的标准数据；途径之三是查询国内外营养科学研究机构制定的饲料原料数据，如中国饲料成分与营养价值表（第24版）、进口饲料原料营养价值表等，作为设计饲料配方采集营养数据的依据。

3.坚持营养全价均衡的原则

在配方设计中，要充分考虑各种营养素的全面均衡搭配，防止过量和不足。饲料中的营养含量不是越高越好。营养需要量的确定既要依据饲养标准，针对不同猪群、不同品种品系、不同生理阶段的营养需要量酌情定量，同时也要顾及气候、环境、疾病、免疫、加工损耗等因素导致动物机体所需要的营养增量来设计配方，不能死搬硬套饲养标准。当然，实施精准营养的基础是饲养标准和猪的生理、生长发育实际需要。配方中营养素需要重点考虑以下方面：消化能或代谢能、粗蛋白质。可消化氨基酸主要有：赖氨酸、蛋氨酸、胱氨酸、色氨酸、苏氨酸、异亮氨酸、精氨酸、缬氨酸。矿物质及微量元素：钙、磷、锌、铁、铜、锰、碘、硒、钴等。维生素：维生素A、维生素E、维生素D、维生素C（主要在夏季高温时添加，具有抗应激作用）、维生素K、生物素、维生素B、叶酸等。

4.分阶段设计饲料配方

（1）科学地划分生猪的饲养阶段　①种猪饲养阶段的划分：后备种公猪、生产型种公猪、后备母猪、空怀待配期母猪、妊娠前期母猪、妊娠后期母猪、哺乳母猪。②生长育成猪阶段的划分：哺乳仔猪（2～5千克）、保育前期仔猪（5～10千克）、保育后期仔猪（10～20千克）、生长猪前期（20～35千克）、生长猪中期（35～60千克）、育成猪（60～90千克）、育肥猪（90～120千克）。

（2）按阶段设计饲料配方　对于种用公猪来说，应具备2种饲料，一是后备公猪饲料，二是生产配种型公猪饲料。不同阶段需设计不同营养含量的配方。在一些猪场根本没有公猪饲料，一般用母猪饲料来代替，这是不科学的做法。种母猪则有5种饲料，需设计5个配方，至少应具备4种饲料，就是可以将空怀待配期母猪和妊娠前期母猪合并使用1种饲料。仔猪应该有3种饲料（即教槽料、保育前期料和保育后期料）。而生长育成猪则有4种饲料，即仔猪料、中猪料、大猪料、后肥猪料。但在很多猪场，仔猪只有1种饲料，一般将教槽料和保育料合为1种；育肥猪只有2～3种饲料，有的将小猪料和中猪料合并，有的将大猪料和后肥猪料合并。阶段划分不细，会造成营养供给的不合理，无形中产生了浪费。科学养猪生产需要的是精准营养、精准投入。

5.分种类、分阶段饲喂

成品配合饲料是针对不同群别、不同阶段的猪设计的，在养猪生产中理应依照不同类型、不同阶段的猪群选择相对应的饲料加以饲喂（表13-1）。饲料使用不当，必然对猪的生长发育造成不良影响，降低生产性能，浪费饲料，甚至引起疾病危害猪体健康。在现实中，有不少猪场存在此类问题，一些饲养员没有正确地选料、换料意识，往往图简单、怕麻烦，以致生产成绩下降。

表13-1　各类猪群营养标准参数及使用阶段

饲料类型	粗蛋白质（≥%）	粗纤维（≤%）	粗灰分（≤%）	钙（%）	总磷（≥%）	食盐（%）	赖氨酸（≥%）	水分（≤%）	使用阶段
公猪料	16.00	6.00	7.50	0.6～1.1	0.60	0.3～0.8	0.80	12.5	种公猪
后备母猪料	16.0	5.00	8.00	0.6～1.1	0.6	0.3～0.8	0.8	12.5	60千克至配种
妊娠料	14.0	7.00	9.00	0.6～1.1	0.60	0.3～0.8	0.70	12.5	配种至怀孕84天

饲料类型	粗蛋白质(≥%)	粗纤维(≤%)	粗灰分(≤%)	钙(%)	总磷(≥%)	食盐(%)	赖氨酸(≥%)	水分(≤%)	使用阶段
哺乳料	16.0	7.00	9.00	0.6～1.1	0.6	0.3～0.8	1.00	12.5	怀孕84天至分娩一配种
乳猪1号教槽料	21.0	4.00	7.00	0.7～1.0	0.55	0.3～1.0	1.45	12.5	教槽至10千克
乳猪2号开食料	20.0	5.00	7.00	0.6～0.9	0.50	0.3～1.0	1.30	12.5	10～20千克
仔猪料	19.0	5.00	7.00	0.6～0.9	0.50	0.3～1.0	1.15	12.5	20～50千克
中猪料	16.0	6.00	8.00	0.5～1.2	0.40	0.3～0.8	0.80	12.5	50～80千克
大猪料	15.5	6.00	8.00	0.5～1.2	0.45	0.3～0.8	0.75	12.5	80～120千克

第二节
后非洲猪瘟时代饲料营养方案

在抗击非洲猪瘟的同时，大家认识越来越深刻，收获诸多抗非洲猪瘟经验，现在只要存活的猪场无不升级其生物安全措施，也不乏复养成功的报道。随之，无论是猪场从业者还是科研人员逐渐回归到理性思考层面，只要是继续从事养猪业的猪场，无不逐步增加投入进行设备升级、制定全面的生物安全防控措施、提升猪健康度和舒适度等。可以说是猪场承担了大部分的抗非洲猪瘟艰巨任务，在饲料营养方面，回归本质，做好均衡营养、把关好饲料产品品质、提升猪营养和免疫功能尤为重要。

一、营养配方设计

1. 动态营养配方理念

为了满足动物全面的营养需要，需要均衡营养配方。我国的猪饲料配方起步较晚，从均衡营养配方技术来讲，主要经历了神秘配方阶段、配方设计与原料品管能力结合阶段、生产工艺改变配方设计阶段和启用净能体系设计配方等四个阶段，而这四个阶段可定义为"静态配方"阶段，特点都是基于原料或营养需求标准变化而发生的进化，都是技术人员基于饲料工业、原料加工业和饲料企业的生存发展需求做出的积极改变。然而这还不能满足现代畜牧生产和未来发展的需求，必须根据养殖现场变化设计动态配方。这里定义的"动态配方"强调的是与养殖现场的互动，而不仅仅是在办公桌前进行配方软件的调整。根据养殖场的生产成绩、动物免疫状态、改进目标和环保需求等，结合前面饲料配方技术，设计出更加精准、符合生产需要的产品，这样的产品针对性、时效性更强，更适合现场，最经济，能够实现效率和效益的最大化。而实现"动态营养配方"就需要配方技术工作者具有把不同状态下动物营养需要量转化成营养设计标准的能力，确定配方参考标准，才能准确定位产品应该达到的营养水平。同时配方师必须懂得什么样的生产成绩需要匹配什么样标准的产品。反过来说，知道什么样的产品能够达到什么样的生产成绩，适合什么样水平的养殖场使用。用最佳原料和工艺结合设计出最科学产品的能力。使设计的产品效果最佳的同时成本最低，从而达到养殖场与饲料厂双赢的结果。因此，"动态营养配方"实质就是现场营养解决方案。

2.免疫应激下的动态配方

动物在不同免疫状态下其营养物质需求和需求量都会发生极大变化，不同营养分配顺序也会在机体内变化。在动物健康情况下，有很少一部分营养用于免疫系统维持，而动物在免疫激活状态下，营养优先供给免疫系统，所以发病动物生产成绩会受到很大影响（图13-1）。其次，在免疫激活状态下，营养物质比如氨基酸除了参与机体营养代谢外，还以不同形式参与免疫功能的发挥（表13-2）。营养物质需求量在免疫状态下会不同程度的增加，如矿物质需求量增加20%～50%，维生素需求量增加1～10倍。在免疫应激下，饲料配方中应适当增加维生素的添加量，比如，适当提高维生素A添加量能够促进猪抗体形成，有利于维持动物消化道和呼吸道上皮细胞完整性；提高维生素C添加量能够消除猪机体内自由基，提高机体抗氧化能力以及中性细胞和淋巴细胞杀灭病毒能力。而非洲猪瘟病毒最先接触和感染猪的部位就是口鼻的上皮细胞，然后攻击单核吞噬细胞系统，最后释放病毒进入淋巴组织及其他细胞群体，而维生素添加量提高无疑能够促进机体免疫力的提高（表13-3）。在免疫状态下，各种营养物质在配方中要相应加强。如欧洲德赫斯的成功经验，通过Win免疫营养技术和产品来改善动物机体免疫力，助力实现健康养殖，高效生产。通过功能性氨基酸＋优选维生素方案＋有机微量元素＋免疫调节因子＋功

能多肽 + 酸化剂 + 免疫营养添加剂产品等不同组合方案，达到改善动物综合免疫力的目的，并最终降低动物感染疾病的风险。这也是动态营养配方的实现过程。

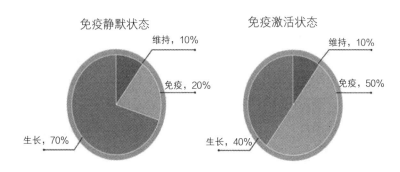

图 13-1　机体不同免疫状态下能量分配变化（modified by compbell, 2007）

表 13-2　氨基酸营养与免疫

氨基酸	功能	作用方式	不可替代性
赖氨酸	增强免疫	除蛋白质代谢外，还参与免疫应答	促进动物的生长
苏氨酸	增强免疫	构成免疫球蛋白的一种必需氨基酸	对肠道免疫起重要作用
蛋氨酸	增强免疫	有效提高机体产生抗体的效率	促进动物的生长
谷氨酰胺	增强免疫	肠上皮细胞和淋巴细胞的主要能量来源；肠道淋巴细胞合成分泌型免疫球蛋白 A 的必需原料	维护肠道功能及修复损伤
精氨酸	增强免疫	T 细胞增殖，巨噬细胞的吞噬功能，NK 细胞 对靶细胞的溶解	
色氨酸	增强免疫	促进骨髓 T 淋巴细胞分化为成熟的 T 淋巴细胞，提高机体内免疫球蛋白的含量	唯一能与机体血清中白蛋白结合的氨基酸，缺乏时 IgM 和 IgG 水平下降
甘氨酸	抗氧化应激和免疫调节	甘氨酸也被称为必需氨基酸，是抗氧化还原剂谷胱甘肽的组成氨基酸	

表 13-3　维生素营养与免疫

维生素	功能	作用方式
维生素 A	增强免疫	√促进 NK 细胞活化和抗体生成
		√维持机体免疫器官生长发育的重要营养物质，缺乏时造成免疫器官损伤
维生素 D	增强免疫	√缺乏或过量维生素 D_3 抑制免疫细胞（单核细胞、活化的淋巴细胞、巨噬细胞等）功能
		√适量维生素 D_3 活化免疫细胞，使动物机体免疫反应转强，抗体浓度迅速升高
维生素 E	抗氧化、增强免疫	√自由基清除剂，保护机体细胞完整性
		√促进淋巴细胞增殖，增强吞噬细胞作用，提高嗜中性粒细胞杀菌能力
β-胡萝卜素	抗氧化	√增加淋巴细胞增殖反应
		√促进巨噬细胞产生细胞毒因子
维生素 C	增强免疫	√维持补体活性和抗体生成反应
		√降低应激因子对猪产生的免疫抑制作用
		√作用于嗜中性粒细胞和巨噬细胞，增加干扰素合成和机体免疫力
		√作为一种抗氧化剂防止淋巴细胞过氧化，维持细胞完整性，避免宿主产生过度免疫

3. 优化肠道健康的营养配方设计

肠道是动物机体最大的消化吸收器官，动物生长与健康程度很大程度上取决于肠道的发育程度和结构完整性。一般对于幼龄动物，胃肠道发育不健全，消化能力差，在配方设计时，要选择易消化、低抗原原料，比如蛋白原料中控制豆粕添加量，宜选用发酵豆粕或大豆浓缩蛋白；谷物能量原料中一般会选择去皮玉米、部分膨化玉米、膨化大米等原料，其他谷物一般都会粗粮精做，采用细粉或微粉碎；另外幼龄动物胃酸分泌不足，设计配方时要考虑日粮的系酸力问题，添加适当的酸化剂和各种酶制剂；同时为避免未充分消化的蛋白进入后肠发酵，宜选用低蛋白日粮体系添加一些益生元，短链不饱和脂肪酸等促进肠道健康。

二、做好饲料原料的品质控制

做好饲料原料品质控制是实施精准营养技术的重点环节之一。饲料品质控制主要靠在事前、事中来把握。需要从采购、生产、仓储、配送等环节——用功，采取科学管理手段，进行精细化管理，层层落实责任。在生产实践中，要设立专职品控部门，配备专业的品控员，建立质检验收制度，对原料和成品料做规范化、常态化检测，坚持"三不"制度不动摇，即不合格原料不入库，不合格原料不使用，不合格产品不出库。尤其要杜绝发霉变质饲料的使用。

1. 玉米

玉米作为使用量最大的一类能量饲料，其品质的好坏直接影响饲料成品的品质状况，应该选择水分相对较低、容重高、低霉变粒和低毒素玉米。玉米容重本质是指玉米籽粒的饱满程度，容重愈大，质量愈好，虫蛀空壳瘪瘦的玉米粒愈少。如图13-2。

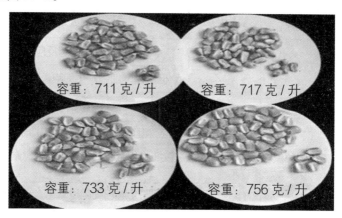

图13-2　不同容重的玉米

玉米的生霉粒含量是玉米品质的重要评判指标。生霉粒分为本身已经发生霉变和本身没有发生霉变却附着有霉斑的籽粒。一般饲料原料质量控制要求猪用玉米生霉粒不得大于2%。如图13-3、图13-4。

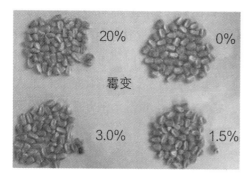

图13-3　不同霉变率的玉米

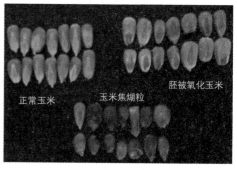

图13-4　玉米正常粒与不完善粒

2. 麸皮

对于麸皮的选用与否，争议很大，有些猪场为避免风险而在一段时间内不用。但实际上，选择来源可靠、规模加工厂的麸皮，从生产过程和病毒存活介质上分析，其长时间带毒传播的可能性较小，另外其适口性，纤维特性也不错、成本相对低廉是配方中的优选。但需要重点关注其新鲜度和毒素情况，新鲜品质佳的小麦麸呈片状，有麦香味，无粉或少粉。可用手抓来感觉小麦麸的水分含量，干的小麦麸，抓紧后松开会立即散开，散开较慢的说明其水分含量高，易发霉；不新鲜的麸皮脂肪酸值高，闻起来有酸败或霉味。毒素含量与产地和小麦收获季节的天气有关，可以重点普查和结合实验室分析进行。

3. 豆粕

优质的大豆粕呈淡黄色或淡黄褐色的不规则碎片状，色泽太浅可能为过生，含有生豆味；颜色过深则有可能是加热过度，为过熟大豆粕，会含有些许焦煳味。因大豆产地的差别，大豆粕的颜色会有一定的变化，这也给大豆粕生熟度的判定带来障碍。因此，养殖场在采购同一厂家大豆粕时，要建立留样比对制度，可进行快速判定。如图 13-5。

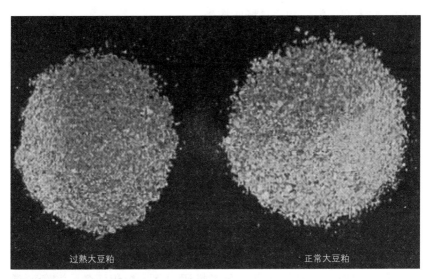

过熟大豆粕　　　　　　　　正常大豆粕

图 13-5　过熟大豆粕和正常大豆粕

4. 其他饲料或饲料添加剂

禁止使用同源性原料理论上的确可以降低疫病传播的可能性，不过不论是喷雾干燥血浆粉、血球粉，还是肉骨粉，都经过了高温灭活，理论上如果有病毒也应该是被彻底杀死了，不太可能成为重要的传播途径。但众多压力下，这些产品还是被养殖场和饲料厂排斥在外。对于非洲猪瘟下添加剂的选择，大多从增强免疫、阻断病毒复制和传播、破坏病毒囊膜结构等角度考虑。

三、科学的加工手段

有了好的配方、好的原料，还需要好的饲料加工工艺。简易的粉碎混合加工方法早已不适合现代养猪生产的需求。现在的规模化、集约化养猪生产对饲料加工设备、工艺流程、生产控制模式都提出了新的更高的要求，饲料加工企业唯有加快转型升级、创新提升其工艺技术水平才有出路。

1. 适当采用膨化挤压技术

该膨化的原料要膨化，如仔猪饲料和哺乳母猪饲料中的玉米、大豆或豆粕应做膨化处理。值得推荐的是正昌集团近期研发成功的猪料舒化工艺具有较大的使用价值。该工艺是指物料经过充分调制后再通过特定的螺旋强烈挤压和剪切作用，产生短时中温使物料熟化，破坏饲料原料中的抗营养因子、杀灭有害微生物，将物料黏结成片状或块状的过程。舒化饲料具有口感好、易于消化吸收、呈现"香、甜、脆、酥"的特点，使用后转化率高。舒化工艺及其产品已经被国内一些大型饲料厂和养猪场所接受。

2. 必须采用制粒技术

实践证明，颗粒饲料性能优于粉状饲料。给不同饲喂对象的饲料其颗粒大小、紧密度都有标准，在制粒过程中对环模的选择、压缩比的控制都有要求。

3. 粉碎粒度适中

总的原则是，猪料宜细不宜粗，特别是仔猪、小猪饲料，必要时采取微粉碎、二次粉碎技术。

4. 计量准确

采用电子自动控制的配料、称料计量系统，误差 0.2%，实现精准下料和出料。

5. 标识清楚

饲料厂的原料和成品饲料必须分类堆码，逐一标识清楚，避免混淆出差错。原料需标明产地、来源、品种、入库时间、批量等项目；成品饲料需标明主要组分、营养含量、水分、储存条件、是否含有药物添加剂及其休药期、保质期、使用注意事项等内容。

第三节
计算机软件辅助设计在饲料配方上的应用

配方设计需采用计算机技术，应用优良的配方软件如金牧配方软件、资源配方师 Refs 3000 配方软件进行配方设计，可以获得营养精准、成本精准的高效配方。

一、计算机软件辅助设计优点

利用计算机软件辅助设计饲料配方，首先可以降低饲料配方设计人员的劳动强度，提高饲料配方设计的效率；其次，可以克服手工设计饲料配方时指标选择的局限性，全面考虑饲料营养、成本和效益的关系，降低饲料配方成本，提高饲料生产的经济效益；再次，能达到饲料原料资源的优化配置，提高资源利用率；最后，提供多方面有效信息，科学的指导饲料生产决策和经营。

二、计算机软件辅助设计注意事项

1. 正确选择饲料配方软件

饲料配方软件众多，使用方法也各不相同，行业新的从业人员要从简单易学的饲料配方软件学起，深刻领会和掌握所用饲料配方软件的操作使用手册，多学多练，不断积累配方软件使用经验。

2. 建立科学的数学模型

建立科学的数学模型是利用计算机进行饲料配方运算的先决条件，建立数学模型之前要掌握动物营养学的基本原理，弄清楚饲料配方设计的目的，正确合理地制定出数学模型的目标方程和约束条件。

3. 分析设计过程中出现的问题

在初学者利用饲料配方软件设计配方时，饲料配方软件经常会出现"计算错误"提示，出现这种情况的原因如下：首先，可能是选择的饲料原料相应营养物质含量较低，不足以满足所使用的较高的饲养标准；其次，可能是在设计的约束条件之下，配方中的营养物质含量达不到或超过饲养标准的相应营养物质含量，在计算过程中产生矛盾；再次，配方中选择使用的饲料原料太多或太少；最后，可能是选择的饲料原料之间的营养物质含量之间有矛盾。

4. 做好饲料配方设计后的调整和分析工作

利用饲料配方软件设计出饲料配方后，还要细致分析饲料配方，并根据实际情况进行合理的适时调整，以便使设计的饲料配方更加适合本地饲料生产的实际情况，生产出充分考虑饲料企业和养殖企业经济效益的符合市场要求的饲料产品。

三、计算机软件辅助设计方法

1. 线性方案计算法

即线性规划法，是利用运筹学的有关数学原理来进行饲料配方优化设计的一种方法，这种方法把饲料配方中的有关因素和约束条件转化为线性数学函数，求解在一定约束条件之下的最大或最小目标值。

2. 目标方案计算法

也称多目标方案计算法，它是在线性方案计算法的基础上发展起来的。由于饲料配方设计常需要在多种目标之间进行优化，线性方案计算法可得到的成本最低的最优解，但往往难以兼顾到其他的目标。多目标方案计算法就克服了线性方案计算法的这个缺点，既能较好地处理约束条件和目标函数之间的矛盾，又能在多种目标之间进行优化。

四、计算机软件辅助设计实例

利用计算机饲料配方软件辅助设计饲料配方，不仅能设计出满足畜禽营养需要的营养全面平衡的饲料配方，而且能降低饲料配方成本，提高饲料生产的经济效益。

1. 常见饲料配方软件

饲料配方软件较多，目前国内常见的饲料配方软件有资源配方师 Refs 系列软件、金牧饲料配方软件 VF123、BRILL 饲料配方软件、三新智能配方系统和畜禽配方优化系统等。在这些饲料配方软件中，资源配方师 Refs 系列软件特别是其高版本的软件，优点和功能相对较多，是一款受到关注较多的软件产品。

2. 计算机饲料配方软件辅助设计实例

饲料配方软件不同，使用方法也存在差异，操作前要仔细阅读使用说明，按照使用说明进行操作。在利用饲料配方软件制作饲料配方时要不断积累经验，特别是某些饲料原料使用时的限量问题和非常规饲料原料的使用方面尤其要注意。下面就以资源配方师 Refs 饲料配方软件为 5 ～ 15 千克的乳猪设计全价饲料配方为例，介绍饲料配方软件的使用。

第一步，查乳猪的饲养标准，确定乳猪的营养需要。营养指标主要有消化能、粗蛋白质、钙、总磷、赖氨酸、蛋氨酸＋胱氨酸、食盐等，见表 13-4。

表13-4　乳猪饲养标准

消化能（兆焦/千克）	粗蛋白质（%）	钙（%）	总磷（%）	赖氨酸（%）	蛋氨酸＋胱氨酸（%）	食盐（%）
13.86	20	0.90	0.70	1.15	0.59	0.37

　　第二步，选择饲料原料，并输入所用饲料原料的价格和使用的限量。使用的饲料原料有玉米、次粉、乳清粉、植物油、大豆粕、白鱼粉、石粉、磷酸氢钙、盐、赖氨酸、蛋氨酸、1%乳猪预混料，饲料原料价格和营养价值见表13-5，饲料原料使用限量见表13-6。

表13-5　饲料原料价格和营养价值

原料	参考价格（元/吨）	消化能（兆焦/千克）	粗蛋白质（%）	钙（%）	总磷（%）	赖氨酸（%）	蛋氨酸＋胱氨酸（%）	食盐（%）
玉米	2 200	14.32	8.7	0.02	0.27	0.24	0.38	0.02
次粉	1 300	13.48	13.6	0.08	0.52	0.52	0.49	0.15
乳清粉	12 000	14.45	12	0.87	0.79	1.1	0.5	6.3
植物油	9 200	39.9	0	0	0	0	0	0
大豆粕	3 400	13.78	46.8	0.31	0.61	2.81	1.16	0.07
白鱼粉	9 200	13.23	64.5	3.81	2.8	5.22	2.29	2.4
石粉	120	0	0	35	0.02	0	0	0
磷酸氢钙	2 700	0	0	21	16	0	0	0
食盐	600	0	0	0	0	0	0	97.5
赖氨酸	17 000	0	0	0	0	78.8	0	0
蛋氨酸	35 000	0	0	0	0	0	83.8	0

表 13-6　饲料原料的使用限量

原料	下限（%）	上限（%）
玉米	0	100
次粉	0	4
乳清粉	5	100
植物油	1	100
大豆粕	0	100
白鱼粉	4	6
石粉	0	100
磷酸氢钙	0	100
食盐	0	100
赖氨酸（Lys）	0	100
蛋氨酸（AL-Met）	0	100

第三步，进行饲料配方运算。在饲料配方运算界面中有"线性方案计算"和"目标方案计算"两种计算方法按钮，点击相应按钮，并"清除上次运算结果"，配方运算即完成，并显示配方结果输出报表。当然，配方运算完成后，也可点击左上方窗口中的"配方结果"一栏中"原料组成图""营养素含量图"和"报表"按钮，即可看到相应内容的配方结果，并能输出饲料配方结果报表。饲料配方结果输出如表 13-7，饲料配方营养指标见表 13-8。

表 13-7　乳猪饲料配方

原料名称	参考价格（元/吨）	用量下限（%）	用量上限（%）	含量（%）
玉米	2 200.00	0.0000	100.0000	58.49
大豆粕	3 400.00	0.0000	100.0000	23.90
乳清粉	12 000.00	5.0000	100.0000	5.00
次粉	1 300.00	0.0000	4.0000	4.00

续表

原料名称	参考价格（元/吨）	用量下限（%）	用量上限（%）	含量（%）
白鱼粉	9 200.00	4.0000	6.0000	4.00
磷酸氢钙	2 700.00	0.0000	100.0000	1.40
石粉	120.00	0.0000	100.0000	1.14
植物油	9 200.00	1.0000	100.0000	1.00
赖氨酸（Lys）	17 000.00	0.0000	100.0000	0.07
配方成本	3 512.16		配比和	100.00%

表 13-8　乳猪饲料配方营养指标

营养素名称	营养含量	标准下限	标准上限
消化能（兆焦/千克）	13.86	13.86	15.12
粗蛋白质（%）	20.0	20.0	22.0
钙（%）	0.98	0.90	1.00
总磷（%）	0.70	0.70	1.30
食盐（%）	0.45	0.37	0.45
赖氨酸（%）	1.15	1.15	2.00
蛋氨酸＋胱氨酸（%）	0.64	0.59	0.80

　　以上是利用资源配方师 Refs 饲料配方软件进行的自动饲料配方设计。除此以外，在进行饲料配方设计时，配方中的饲养标准、原料、原料限量标准等

除了可在"配方工厂数据维护"菜单下修改外，还可以在配方方案处点击"营养标准"和"原料限量"进行修改，存储后运算。

在为饲料厂制作新的配方时，如果饲料原料没有变化，可以在该工厂环境下，直接进入运算环节，更方便、快捷地进行饲料配方设计。

第十四章
智能化养猪的关键技术

　　随着全球信息化的发展，现代信息技术渗透到了各个领域，西方国家在智能化养猪生产管理方面目前已处于世界领先地位，并取得了显著的效益。近几年来，我国一些管理先进、观念超前的养殖企业，已引进西方先进的理智能化养猪生产系统并应用到养猪生产中，使养猪生产水平也有了大幅提高、食品安全有了明显改善、环境污染得到有效治理、养猪业经济效益显著增加、社会效益逐步突显，从而带动了养猪业由原来的粗放经营向集约化、工厂化转变，从数量型向质量型转型。

第一节
智能化养猪业发展的趋势

我国养猪产业格局的调整和变化正在逐步从家庭副业型向规模专业型到工厂社会型转变，采用先进的畜牧生产设备将成为必然选择，智能化饲喂设备开始得到现代化猪场的重视，并呈现一定的发展趋势，其主要表现在如下几个方面。

一、农民环保意识的觉醒

随着经济的发展和城乡一体化的步伐加快，新时代农民对环保质量的要求也日益提高。而养猪业作为严重影响环境质量的产业，应该像发达国家一样，被划定专门区域，在得到严格的废水、废物、废气排放控制条件下进行规模化生产，逐步走向机械化、现代化、清洁化。

二、散户缺乏风险抵抗能力

2014年猪场严重亏损期间，养猪老板很少做出自救努力，基本上是坐在家里天天盼、月月等猪价涨起来！所以如果中国猪市以散养户为主的局面不改变，养猪生产者很难得到合理的回报，甚至倾家荡产。但是，如果我国6 000～8 000家生产成本接近的规模猪场最终取代100万～200万家散养猪户，他们之间信息容易沟通，低于成本谁都不会卖，便于达成最低价格协议，炒家要想掀起大浪就较难了。只有猪市趋于理性，养猪生产实体才会有取得合理投资回报的可能。

三、工业化、智能化生产是规模猪场的必由之路

从现状来看，我国很多所谓规模猪场并没有多少工业生产机器装备，准确来说就是采用"人海战术"。规模大一些的人力手工猪场，其致命弱点是并没有因为生产规模大而降低成本，反而因为雇人、管理、修建猪场等因素，养猪成本比散养户高15%～25%，只有在短缺时代猪肉供不应求的市场上，在销售完全没有竞争的情况下才可能盈利。一旦产品供过于求，销售发生市场竞争，尤其与我国60%以上的散养户发生激烈价格竞争，这样的规模猪场会完败于成本低、数量小，在跌价时跑得快的个体小户。

规模猪场如打算继续生存下去，就必须发挥出自己的资金优势，投资散养户投不起的装备，把老场改造成现代工业智能化猪场，以智能设备应用和计算机管理为主要生产要素，形成远远高于散养户的生产效率，在养猪成本上占有优势。

第二节
视频监控技术在生猪规模化养殖中的应用

视频监控技术是基于视频数字图像处理技术和人工智能技术的生猪智能跟踪及行为识别监控系统，可以提高猪场的信息化管理水平。主要由计算机和摄像头代替人工对猪舍的监控及对猪舍内生猪进行智能跟踪，实现对养猪场的远程实时监控。采集的数据可以用来识别生猪的行为，如趴窝、站立、慢走、跑动、采食与排泄等主要行为。依据猪采食和排泄行为指标判断其健康状况，可大大降低猪场管理人员的劳动强度和节约时间，也是提高经济效益及促进健康养殖的重要措施。

一、视频监控技术

从 20 世纪 80 年代开始，国外学者纷纷投入动物行为自动分析技术的研究中。目前国外比较常用的动物行为自动分析技术有两种：一种是传感技术，另一种则是视频数字图像处理技术。

1. 传感技术

传感技术最初主要用于小型实验动物的研究，例如，使用微型计算机控制系统来测量小型实验动物的声音惊吓反应，根据实验动物的身体靠近或接触钢板时电容的变化来检测实验动物的位置。传感技术也适用于大中型实验动物的研究，主要利用多个传感器构建成一个无线传感器网络，便于同时采集多个研究对象的活动数据。

2. 视频数字图像处理技术

视频技术最初主要用于间接观察动物行为或检验传感器的准确率，后来逐渐发展为结合数字图像处理技术对视频记录自动进行分析。相对传感技术，视频技术使用的摄像设备比较便宜，经济压力较小，不需专业定制，采购设备也比较方便。监控摄像头设置在较隐蔽处，不易被牲畜察觉和破坏，不会干扰到牲畜，对牲畜的健康生长几乎没有影响。视频监控不但能反映实时信息，还可以存储大量历史信息，这对猪的行为研究具有重要价值。随着网络通信技术、图像压缩处理技术、视觉识别技术、动物行为识别学的不断发展，以及更多小巧便宜的硬件的出现，为规模化养殖和视频数字图像处理技术的结合提供了有利的条件，也为视频监控技术运用于规模化猪养殖准备了条件。

二、摄像头监控方案的选择

规模化养猪场标准猪圈面积一般为 4 米 ×5 米，猪舍的高度一般为 2.5～4.0 米，架设的摄像头到地面的距离为 2.5～2.8 米。而在这一高度范围内，由于单个广角摄像头的拍摄范围不能覆盖整个猪圈，存在拍摄死角，加上猪之间相互遮挡，常导致丢失许多重要的信息数据，这样的视频数据无法达到行为识别的要求。为了解决这些问题，现在猪场全采用双摄像头的监控方案。采用 2 个摄像头对猪圈进行视频数据采集，基本能覆盖整个猪圈，对不同大小的猪圈有较强的适应性。

1. 双摄像头监控系统构成

监控系统以标准规模化养猪场标准猪圈 4 米 ×5 米为基础，即需要拍摄的面积为 4 米 ×5 米。猪舍高度一般为 2.5～4.0 米，限制了摄像头可固定的高度。根据实际情况，系统摄像头垂直固定猪圈正上方高约 2.8 米处，对生猪进行俯视拍摄，这样就可以有效避免生猪相互遮挡和消失的问题，降低后续的检测识别与跟踪算法处理的难度。根据实际测试结果表明，2 个摄像头之间最佳间隔为 60 厘米。在这样的部署下，双摄像头拼接后的可视范围基本覆盖了整个猪圈。

视频采集方面，可供选择的有数字硬盘录像机（DVR）和网络硬盘录像机（NVR）两种。因为 NVR 借助于网络化特性，可以构建出更为灵活的系统，不会受到传输距离和信号损失的影响。在布线方面，DVR 可能需要布设视频线、音频线、报警线、控制线等诸多线路，而 NVR 只需要一条网线即可，因此采用网络硬盘录像机更符合实际需求。网络摄像头通过交换机与网络硬盘录像机进行交互。网络硬盘录像机接入以太网后可实现计算机远程访问视频数据，通过智能跟踪及行为识别系统对视频数据处理，可实现生猪的实时监控和智能跟踪。网络摄像头、网络硬盘录像机、通信设备以及智能跟踪及行为识别系统构成了双摄像头监控系统（图 14-1）。

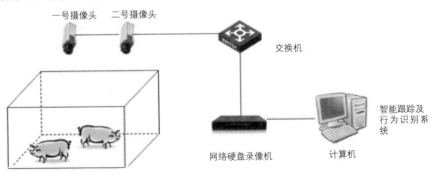

图 14-1　双摄像头监控系统组成

2.系统运作流程

双摄像头监控系统的运作流程如下：

（1）视频的采集 架设在猪舍内的网络摄像头捕捉生猪的实时画面。

（2）视频数据的存储与传输 网络摄像头捕捉的实时画面通过交换机传输给网络硬盘录像机，网络硬盘录像机存储获得的视频数据；收到工作站计算机的请求后，网络硬盘录像机通过以太网将存储的数据传输给工作站的计算机。

（3）视频数据的初处理 装有监控系统软件的计算机将获取的画面进行初步处理和视频拼接。

（4）生猪的监测与跟踪 系统识别出视频中的生猪并对其进行跟踪。

（5）生猪的行为识别与预警 系统识别出生猪的行为，通过异常行为挖掘识别异常行为。若发现异常行为则发出预警，提醒采取应对措施。

3.视频数据处理的主要技术

（1）视频拼接技术 在视频的采集阶段，同一猪圈的2个摄像头分别捕捉视频画面，网络硬盘摄像机得到的只是2个摄像头对猪圈部分区域的视频画面，为了得到整个猪圈的监控视频画面，还需要借助视频拼接技术把2个摄像头的监控视频画面合并成1个视频。视频拼接技术基于图像拼接技术。图像拼接技术是将相互之间存在重叠部分的图像通过预处理、图像配准、变换、重抽样和图像融合后形成视角更广的图像或360°视角的全景图像的技术。视频拼接技术的不同之处在于拼接的对象由静态的若干张图像变为连续的若干个图像序列的拼接。图像拼接技术主要包括三个重要步骤：图像预处理、图像配准和图像融合。经对实际猪场所采集的数据进行实验验证，采用基于SIFT（尺度不变特征转换）特征点的视频拼接技术得到的结果具有较强的有效性和实时性，为准确地进行生猪监测与跟踪提供了保证。

（2）生猪检测技术 准确地检测和跟踪生猪是生猪行为识别的基础。生猪检测的目的是将生猪从背景中提取出来，并对其进行定位，从而建立生猪的跟踪表征模型。其过程中需要克服人工或者光照、阴影等自然环境的影响。常用的目标检测方法有时间差分法、背景差分法、光流法和基于颜色特征和纹理特征的检测方法等。基于颜色特征和纹理特征的检测方法与时间差分法、背景差分法和光流法相比，其检测效果更有准确、更适合生猪的检测。采用基于颜色特征和纹理特征的检测方法，基本上能检测到生猪初始化位置和区域，能够满足跟踪算法的基本要求。

（3）生猪跟踪技术　生猪的检测问题解决后，要解决的下一个问题是对生猪的跟踪。生猪跟踪是对生猪行为特征参数提取与行为识别的前提条件。这一过程需要通过对视频图像序列进行分析和处理，计算出跟踪目标在每一帧图像上的二维坐标，并根据其对应的特征值将不同帧的图像中的同一运动目标关联起来，从而得到目标，即运动的生猪完整的运动轨迹。目标跟踪是一个处于发展中的领域，不断有新的方法产生。根据跟踪方法的原理特点，现有的跟踪方法可分为两大类：基于匹配的跟踪方法和基于监测的跟踪方法。针对生猪的跟踪，根据参考文献的研究。选择采用基于多特征 Camshift 和 Kalman 滤波结合的跟踪算法。该方法具有较强的鲁棒性且满足实时性要求。

（4）生猪行为识别技术　生猪的行为识别是对视频中的生猪进行实时跟踪并提取出反映生猪行为的指标信息的过程。采用图像处理技术对动物行为进行自动识别，是通过借助一系列量化的行为学指标实现的。目前常用的行为学指标包括运动速度、运动距离、运动轨迹、所停留的区域与停留时间等，随着图像处理技术的发展，又有许多新的行为学指标被提出来。生猪行为识别问题实质上是一个生猪行为指标的分类问题，常用的分类方法有决策树、贝叶斯分类法、K 近邻算法、人工神经网络和支持向量机等。根据实际需要智能跟踪及行为识别系统中选择了支持向量机对生猪行为学指标进行分类并运用高斯平滑滤波对生猪的行为状态序列进行修正进而提高行为识别的准确率。生猪的采食、排泄、站立、趴窝、慢走和跑动等行为的识别为生猪的异常行为监测和预警提供基础。

（5）生猪异常行为预警技术　通过行为识别可得到猪行为数据，猪行为数据的异常通常可以反映出猪健康状况的变化。结合动物行为识别方面的专业知识并将识别出来的猪行为数据进行分析比对可发现猪异常行为。通常采取的异常行为识别方法有：将猪行为与历史数据的对比，与当前组内其他猪行为的对比，以历史数据训练神经网络模型，将各猪当前实测行为数据与神经网络预测出的数据进行比较。从 3 个不同角度出发的模型组合方式能够弥补单一模型的缺陷，根据猪行为特性更全面地挖掘异常，比单一模型拥有更高的可行度。运用这一模型，智能跟踪及行为识别系统一旦发现异常行为，即向饲养员发出警报，提示采取应对措施。

第三节
智能化养猪的核心技术及应用

随着科学技术的日新月异，不断有新的技术理念以及产品运用到畜牧行业中。据不完全数据统计，到 2015 年国内已经投入使用的电子饲喂站的数量超过 2 000 台，可以为 20 万头母猪提供智能化个体精准饲养。如图 14-2，图 14-3。

图 14-2　母猪佩戴电子耳牌

图 14-3　电子饲喂站

一、关键技术简介

1. RFID

RFID 技术即射频识别，是一种利用射频信号通过空间耦合实现无接触传递信息的技术。RFID 主要由 3 部分组成（如图 14-4）：

（1）电子标签　它是 RFID 的核心，并且每个电子标签具有全球唯一的识别号。

（2）天线　在电子标签和阅读器之间传递射频信号。它既可以内置于读写器中，也可以通过同轴电缆与读写器天线接口相连。

（3）阅读器　其主要功能是读取（或写入）电子标签信息，可分为手持式或固定式。阅读器通常与计算机相连，电子标签信息可以及时传送到计算机上。读写器通过发射天线发送一定频率的射频信号，当佩戴有电子标签的生猪进入发射天线工作区域时就会产生感应电流。电子标签凭感应电流所获得的能量发送出存储在电子标签内置芯片中的识别信息。或者电子标签主动发送某一频率信号，读写器对接收天线接收到的电子标签发送来的信号进行解调和解码后，送到数据管理系统进行相关的处理：数据管理系统根据逻辑运算判断该电子标签的合法性，然后做出相应的处理和控制。

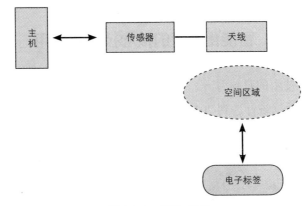

图14-4　RFID系统

2.电子标签

（1）类型　实际上，电子标签是RFID技术的俗称，用它来表示生猪属性的一种具有信息储存和处理能力的射频标签。在生猪养殖过程中，通常把电子标签安装于动物体表或体内，进行跟踪识别处理。其主要类型有以下几种：①耳牌式电子标签，耳牌式电子标签不仅存储的信息数据多，而且抗脏物、雨水和恶劣的环境，其应用范围较广。②项圈式电子标签，该种电子标签可移动性大，能够非常容易地从一头动物身上换到另一头动物身上，但标签的成本较高，主要用于自动饲料配给。③注射式电子标签，即是利用一个特殊工具将电子标签放置到动物皮下，使其与躯体之间建立一个固定的联系，这种联系只有通过手术才能撤销。④药丸式电子标签，即是将一个电子标签安放在一个耐酸的圆柱形容器内（多为陶瓷的），通过动物的食管放置到反刍动物的瘤胃内。一般情况下，药丸式电子标签会终身停留在动物的胃内。这种方式操作简单牢靠，并且可以在不伤害动物的情况下将电子标签放置于动物体内。

（2）应用　电子标签系统可准确而全面地记录生猪的饲养、生长及疾病防治等情况，同时还可对其产品品质等信息进行准确标识，从而实现动物及动物产品从饲养到最终销售的可跟踪管理。

1）电子标签在养猪日常管理中的应用　例如荷兰Velos母猪管理系统、美国奥斯本公司设计的全自动种猪生产性能测定系统（FIRE）、生猪分阶段饲养系统。电子标签管理系统，除了企业内部在饲料的自动配给和产量统计等方面的应用之外，还可以用于动物标识、疫病监控、质量控制及追踪动物品种等方面，它是掌握动物健康状况和控制动物疫情发生的有效的方法之一。

2）电子标签在产品追溯中的应用　由于电子标签内部存储的数据不易更改和丢失，且电子标签的识别号具有全球唯一性，因此可以用来追溯动物的品种、来源、免疫、治疗和用药情况以及健康状况等重要信息，从而为动物防疫和兽药残留监控工作服务。

另外，当生猪被屠宰时，电子标签中的信息与屠宰场的数据一起被储存。它可以提供猪肉的来源，并且可以对猪肉制造阶段进行跟踪。一旦发现问题，可通过计算机追溯查找问题的源头，这有利于对生猪行业的管理，及时发现问题，保障猪肉食品质量安全。

3. 广角视频网络监控系统

（1）介绍　广角视频监控系统具有强大的用户管理功能、良好的兼容性、方便的可扩展性、分布式管理等众多优点，能够对猪场进行实时远程监控。它主要由监控前端、网络通信平台、管理服务器、监视系统组成。①监控前端包括模拟摄像机、视频编码器、网络摄像机、报警输入设备等。广角监控系统可以支持多种云台编码协议、网络编码协议，支持多厂商视频编码器。②网络通信平台由路由器、交换机、无线网桥、防火墙、通信线路等设备组成。通信线路可以采用多种方式：双绞线、光纤、有线电缆、专线、帧中继、xDSL、无线局域网、GPRS、CDMA 等。③管理服务器由监控管理软件、服务器硬件、存储服务器等组成。广角监控管理软件提供了完整的监控中心管理、录像管理、报警管理、用户认证和权限管理、服务器集群管理等功能。广角监控管理软件基于流媒体分布式处理技术，能够在复杂网络环境中优化视频流的传输控制，提供大容量、高质量的网络视频传输和处理。④监视系统由监控终端和显示系统组成。监控终端可采用普通的 PC 机，无须安装客户端软件，只要以 Web 方式访问监控管理服务器，输入用户名和口令登录就可以使用或管理监控系统。在中心监控室，通常配置高性能的 PC 机作为终端，并建立电视墙系统。

（2）应用　广角视频监控系统能对视频服务器、镜头等设备分组管理；用户资料、控制权限等资料集中管理；多画面显示/全屏显示，支持摄像机、预置位轮巡；用户可根据优先级别控制摄像机、云台动作；图像移动侦测报警、录像；可通过电子地图查找设备，还具有放大、缩小、跳转等功能；支持自动、手动录像，屏幕抓拍；支持远程报警、报警策略及联动控制等。

二、智能化养猪设备在生产中的应用

1. 自动供料系统

自动供料系统有利于节水、节能和提高劳动生产率。①自动供料系采用密闭饲料罐车将饲料从饲料厂直接运送到猪场饲料塔中，可有效降低疾病传入的风险，而且能满足不同猪群对饲料的需求。该系统能够节省猪场劳动力，采用自动供料系统后，200头左右的母猪场即可节省2人。②自动供料系统控制精准，投料误差小，饲喂过程中完全机械化操作，减少了不必要的浪费。③自动供料系统短时间内全部下料能够使猪群保持安静，减少由应激引发的流产、再发情以及器械损伤等现象的发生。④喂料过程无污染，新鲜饲料不受猪舍环境影响，有效保证猪场的生物安全。⑤保育猪及育肥猪配合饲喂，自动、自由地采食，可使猪提前出栏 10～15 天。

自动供料系统是一个全封闭的输送过程，其流程是：饲料厂→散装饲料车流→饲料塔→管道输送机构→定量筒（下料管）→食箱（干湿料箱）。如图 14-5 至图 14-7。

图 14-5　饲料加工及输送系统

图 14-6　猪舍外部饲料塔

图 14-7　猪场内部自动饲喂系统

2. 母猪智能饲喂系统

（1）怀孕母猪智能饲养模式　①电子饲喂站是以母猪动物行为学为基础而研发，充分照顾到了动物福利。母猪群养及适当的运动保证身体更健康，这样可提高仔猪存活率，减少母猪返情、肢蹄问题，从而提升母猪群的繁殖生产效率。②通过使用电子饲喂站，猪场的饲养员不必将饲料直接喂给母猪，而是由母猪自动进入电子饲喂站采食，在饲喂站内，母猪可以在最合适的时机进食定量的饲料，既舒适又安全，这样可以最高效地使用饲料，同时节省时间和精力。③智能化群养管理系统。智能化群养管理系统是利用 RFID 技术实现了大群饲养条件下对母猪个体的精确饲喂和科学管理，实现了生产过程的高度自动化控制，大大提高了生产效率和经济效益。如图 14-8、图 14-9。

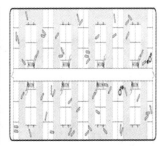

图 14-8　怀孕母猪智能化小群群养模式（规模 35 ～ 60 头母猪 / 群）

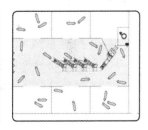

图 14-9　怀孕母猪智能化大群群养模式（规模 150 ～ 300 头母猪 / 群）

（2）智能化产房母猪饲喂系统　是基于电子识别装置将机械化和自动化连接成一个管理系统，本系统可以与产房饲养管理链接，实现哺乳母的采食量最大化。系统根据不同季节的需要，灵活调整饲喂的时间和少量多餐的饲喂模式，提高哺乳母猪哺乳质量。哺乳期间的体力损失最小化，保障了母猪断奶后再发情的时间间隔更短、排卵更多。在种猪的存栏结构上，更有效地减少空怀母猪的存栏，提高了全场生产母猪的使用效率。如图 14-10、图 14-11。

图 14-10　从人工经验喂养到智能化精准喂养已成为现实

图 14-11　感应系统安装在产床料槽内，母猪通过拱动电子感应器来索要食物

3. 育肥猪自动分栏系统

育肥猪自动分栏系统的应用条件必须是大栏饲养，大栏饲养各体重阶段的生长育肥猪数量可达 300 头以上，圈舍内划分采食区和活动躺卧区。自动分栏系统的核心是在由躺卧到采食区的单通道上安装一套分选设备，分选设备依据设定的分选条件对通过该设备的育肥猪进行分选，不同的猪到不同的采食区进行采食，采食完毕后再通过各个采食区的单向出口返回躺卧区饮水及休息。大栏饲养育肥猪较小栏饲养至少提高 2% 的成活率。自小习惯使用育肥分栏系统通道的育肥猪，再加上系统自动分离上市的功能设计，使育肥猪在出售时驱赶更为容易，不仅提升劳动效率，而且育肥猪屠宰前应激水平明显降低，猪肉品质也得以提升。如图 14-12。

图 14-12　大栏饲养可提高猪舍的有效利用率

4. 种猪生长性能测定系统

GPS 生产和 GBS 育种管理系统。两套系统综合使用，可预测出父系指数、母系指数和繁殖指数，完成种猪个体遗传评定、种猪选配方案制订、群体遗传进展分析、群体遗传参数估计等基本育种工作，还可根据需要打印多种育种分析的报表和种猪卡。采用多性状动物模型 BLUP 法对测定的种猪进行遗传评估，计算种猪个体的综合选择指数，并将遗传评估结果即性状 EBV 值及指数进行排队，据此进行选种。如图 14-13。

图 14-13　做好种猪性能测定，实现数据信息共享

第四节
智能化养猪模式存在的问题及解决办法

2008 年第一家智能化母猪群养猪场启动以来，许多猪场采用了这样母猪饲养模式，迫切期望提高母猪生产成绩和猪场生产效益。然而，也有许多猪场并没有达到预期效果，甚至有的猪场管理混乱，导致生产成绩下降。所谓"一朝被蛇咬，十年怕井绳"，这十分恰当地反映了采用智能化母猪群养模式的农场主的心声。由于这是一种全新的生产管理模式，一直以来都是面临着严峻的挑战，许多猪场都希望能够将这种既满足猪群福利又能够提高猪场效率和效益的养猪模式应用成功。因此，我们必须保持良好的心态，不断分析使用过程中存在的问题。要成功应用好智能化母猪群养，必须注意以下几个方面的问题。

一、群养生产模式的选择问题

在智能化母猪群养生产设计模式中，有适合小规模猪场的动态群养模式（100～400 头母猪／栏），也有适合大规模猪场的静态群养模式（50～60 头／栏），所以必须仔细分析这些生产设计模式的优缺点，做出理性的决策。小规模动态生产模式在欧洲只适合猪场老板自己当饲养员且猪场规模在未来 10 年不会扩大的猪场，然而中国的猪场基本是雇用饲养员来管理，这种模式的管理难度及饲养员责任心不够等造成在中国猪场的应用大打折扣。静态生产模式更适合大规模猪场，管理难度较小，可以做到每个栏全进全出。如果生产水平较落后，母猪健康度不够，生产节律不严格，猪场采用 16 周静态饲养的管理难度很大，进饲喂站 21 天左右的返情母猪严重影响其他怀孕母猪的正常生产。目前，12 周静态生产模式在中国应用的成功案例越来越多，许多猪场的生产成绩得到大幅度提高。配种后 4 周的限位饲养、返情筛查、B 超孕检等措施，保障了整个母猪群养大栏的简单化管理。事实上不管猪场规模大小，均可以采用 12 周静态群养模式，让生产管理更加简单、更加清晰，提高猪场生产效率和效益。如图 14-14 至图 14-16。

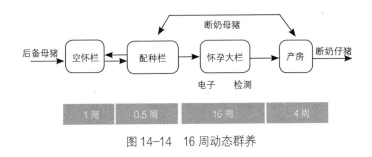

图 14-14　16 周动态群养

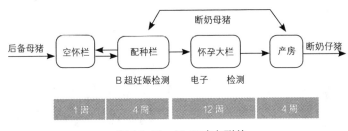

图 14-15　12 周动态群养

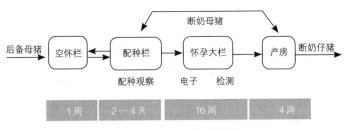

图 14-16　16 周静态群养

二、母猪群养栏舍设计问题

在智能化母猪群养推广初期，不论是国内外设备公司，还是猪场本身，均没有仔细考虑到栏舍的合理性和科学性。传统群养小圈的设计基本为全部实地，饲养员每天进行卫生清理，不考虑使用漏缝地板。一些猪场在智能化母猪群养栏舍设计时，没有意识到漏缝地板的使用是关键。因此，在栏舍设计时应必须满足几点基本要求：①漏缝板面积比例应该占 50%～70%，这个比例可以根据各地区的气候适当调整。②漏缝地板的宽度应在 3 米以上，以适合饲喂站的安装和母猪活动，躺卧实地需有坡度且宽度应在 2～2.5 米，既方便母猪躺卧又能保持栏舍干燥。③群养大栏应设计为长条形，更方便日常管理和猪群转移。④建议不采用全漏缝地板，会导致母猪活动行为混乱，应激增加，应充分考虑合理的母猪躺卧要求。当然，由于不同设备厂家的饲喂站结构不一样，栏舍设计也会有所差异。由于一些设备公司缺乏猪场设计和养猪经验，提供一些错误的或者不合理的设计方案，将长期影响到智能化养猪模式的成功应用。

三、漏缝地板的标准和质量问题

一些猪场在选择母猪智能化群养模式同时，采用国外先进电子饲喂设备，却忽略了最为重要的漏缝地板质量，导致母猪肢蹄问题严重。关于漏缝地板在母猪群养栏的基本要求有以下几点：第一，采用宽条水泥漏缝板，且水泥条宽度在8～10厘米；第二，漏缝板的缝隙宽度在2～2.2厘米；第三，水泥板表面应粗糙，不打滑；第四，水泥板结构牢固，边缘不伤猪蹄。漏缝地板存在的问题如图14-17。

图14-17 漏缝地板存在的问题

四、群养大栏饮水器安装位置问题

在电子母猪群养模式中，栏舍的功能区比较清晰，有躺卧区、活动区、饮水区、采食区和排粪区，其中饮水区的位置会直接影响到母猪行为（如图14-18、图14-19）。一般而言，应该保证在母猪活动区有2个饮水区，保障母猪能够较方便地获得充足的饮水。在一些猪场发生的问题中，有相当一部分是由于饮水器安装位置造成的，这应引起猪场重视。饮水器的安装要求如下：饲喂站入口和出口区域均安装饮水器；每个饲喂站50～60头母猪需2～4个饮水器；饮水器应安装在离开漏缝板上方，且离开实地1米以上的距离采用碗式饮水器，防止水的浪费和减少舍内湿度。因此，在猪场设计和施工时，应考虑饮水器的安装位置。

图14-18 饮水器不够导致母猪拥堵　　　图14-19 饮水器导致母猪栏实地潮湿

五、母猪训练方法问题

　　智能化母猪群养的关键环节就是母猪能熟练进站，饲喂系统才能识别母猪并精确喂料。如果母猪不进饲喂站，精确喂料就成为假想，甚至导致母猪体况下降。一般新猪场启动时，训猪的工作量较大，因为员工、设备、母猪均需要一个适应和熟悉过程，如果方法不对，则会导致一些较为严重的后果。训猪需要耐心，不能操之过急，要严格按照正确的训练流程进行。

六、设备稳定性问题

　　一些猪场由于信息闭塞，对智能化群养设备的理解和认识不够，不能够正确地认识设备功能在实际养猪过程中的作用，加之栏舍设计和应用经验的缺乏，带来一系列无法解决的问题。猪场要采用智能化母猪群养模式，应注意了解设备厂家的研发历史和猪场应用经验，同时要注意以下几个方面的问题：①设备稳定性源于设备的简单化。在满足怀孕母猪准确饲喂的前提下，设备功能应当简化，过多的功能和硬件设计会提高设备故障率和饲养员操作难度。②核心技术在设备中的作用。母猪电子耳牌和天线的稳定性是个体精确管理的前提，如果电子耳牌不稳定，母猪信息成为空白，系统无法对母猪进行饲喂。③设备分离功能，一般认为设备功能可以很好地管理母猪，在中国许多猪场的实际应用均反映会增加管理难度，并没有想象中的那么轻松。④市场用户的感受是设备稳定性的最佳评估标准。⑤设备越稳定，硬件基本不会改动，只是软件上的升级而已。目前，国内外电子饲喂站设备厂家有20家左右，可以说中国猪场安装的饲喂站种类是最多的，集中全世界所有厂家的设备。越来越多的猪场意识到母猪群养设备稳定性的重要性，如果设备不稳定，几十头甚至几百头怀孕母猪在一个大栏，将会面临无法喂料，甚至出现喂料时的剧烈打架问题，带来巨大的损失。

七、快捷的技术支持和服务问题

由于电子饲喂系统是机械和电子的结合体，一般猪场技术员不具备这么高的素质，设备服务不能快速跟进将会影响母猪的日常饲养管理，这对设备厂家的服务提出了高要求。中国地广猪场多，因此设备服务必须区域化才可能快速解决问题，这和汽车 4S 店的服务类似。作为国外厂家，设备服务必须采用销售服务模式，为猪场客户提供快捷服务。对于国内厂家，也应该在各个区域或省份设立服务站，远距离服务无法满足智能化母猪群养模式的要求。

八、群养大栏母猪免疫问题

一方面在栏舍设计时应考虑到猪群在大栏内的免疫问题，方便兽医进行疫苗注射，另一方面应使用一些新的注射器，加长的注射器在母猪群养栏更方便疫苗的注射。

第五节
PigWIN 数据化管理软件在规模养殖场的应用

数据是一个大概念，在互联网行业，数据经常被提起，大数据已经被广泛运用在 IT 行业，但是目前养猪行业数据还很少，缺乏基础有效的数据。因此，运用计算机软件建立养猪生产系统的数据库尤为必要。这里所说的数据，主要是指种猪育种数据、养猪场生产数据和猪场管控数据等，也可以说是未来养猪企业的核心竞争力。

一、PigWIN 种猪管理系统

常见的猪场管理软件有国外的 PigWIN、PigCHAMP、Herdsman 等和我国开发的 GPS 猪场生产管理信息系统、GBS 种猪育种数据管理与分析系统、GBS 种猪场管理与育种分析系统、金牧猪场管理软件 PigCHN 等。各个软件均有其不同的特点，其中 PigWIN 的种猪管理模块，按照规模养猪生产中配种—怀孕—分娩的流程，主要关注了母猪的生产性能表现，而且在数据分析上和报表显示方面做了比较优秀的处理，现就 PigWIN 软件的功能做以下详细介绍。

1.PigWIN 种猪管理模块简介

PigWIN 猪场管理软件由 Massey 大学、新西兰养猪行业协会、新西兰技术开发公司等联合制作。PigWIN 的数据比较、分类功能非常齐全，主要包括季度趋势、年度比较、各胎次一窝仔猪性能、分组分析一窝仔猪的生产性能等。

如图 14-20 所示，PigWIN 猪场管理软件主界面（针对种猪的管理模块）主要包括了左侧的数据录入部分和右侧的报表部分。其中，数据录入部分包括公猪数据录入和母猪数据录入部分；报表主要包括了母猪、青年母猪、仔猪、公猪以及群体性能等部分的数据分析报表，进入界面后，只要点击相应的功能键即可。

图 14-20　PigWIN 种猪管理模块主界面

2.PigWIN 种猪管理模块主要功能说明

图 14-21 为 PigWIN 种猪管理模块的数据录入界面。此界面包括了从青年母猪转入猪场开始到发情配种、妊娠、分娩、断奶以及其间的治疗、淘汰等一系列信息的录入。只要按照软件的设置以及母猪的生产流程严格来录入数据，管理人员便可以准确跟踪母猪的配种、生产、疾病等信息。根据基本信息的录入，软件即可自动完成数据汇总、分析等一系列行为。

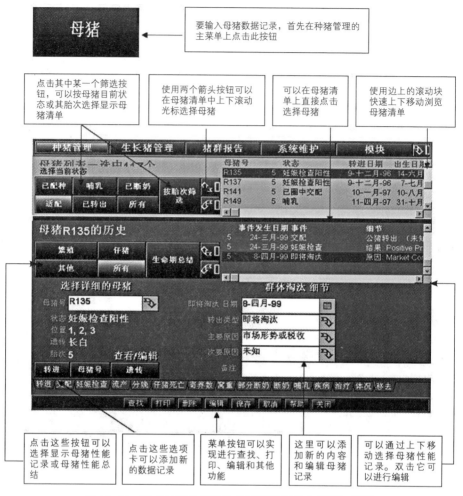

图 14-21　PigWIN 猪场管理软件母猪数据录入界面及说明

3.PigWIN 的数据统计功能界面

图 14-22 为 PigWIN 猪场管理软件数据报表统计功能界面，在数据录入信息准确、完整的基础上，本界面按一窝猪的性能、交配性能、具体的报表、母猪信息等各项内容详细给出管理人员所需要的汇总信息。其中，一窝猪的性能又可以按产仔数、断奶前死亡率、断奶数、断奶窝重等信息来统计。母猪信息中给出了任意一头母猪的卡片信息、分娩率监督信息、存栏信息等。

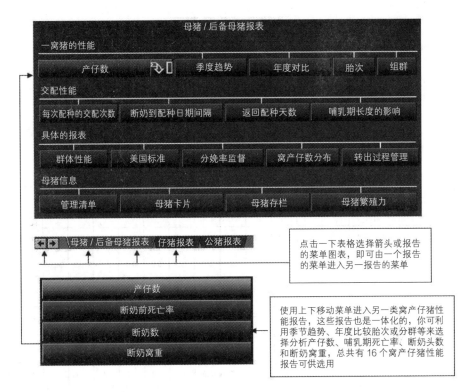

图14-22　PigWIN母猪报表（数据统计功能）界面

二、PigWIN数据报表分析

下面以PigWIN软件为例，对其在生产应用上的功能作以介绍，由于数据录入不完整，有些内容可能会存在偏差。

1.Pig WIN汇总的猪群群体性能数据

如表14-1所示，显示了PigWIN猪场管理软件对某猪场猪群生产性能（关键性指标）的逐月分析结果。此数据包括了期末母猪存栏数、终端存栏公猪、断奶猪/交配母猪、断奶猪/母猪、分娩窝数/已配母猪、分娩窝数/母猪、平均窝产仔总数、每窝平均活产仔数、平均断奶仔猪数等数据。

表14-1　猪群生产性能表（关键性指标）

	从：09-01	09-02	09-03	09-04	09-05	09-06	09-07	09-08	09-09	09-10	09-11	09-12	10-01	10-02	10-03		
	到：09-01	09-02	09-03	09-04	09-05	09-06	09-07	09-08	09-09	09-10	09-11	09-12	10-01	10-02	10-03	摘要	目标
期末母猪存栏	300	303	304	305	304	304	305	306	306	307	312	322	373	376	377	377	
终端公猪存栏	43	43	43	43	43	43	43	48	48	48	48	48	48	48	48	48	

续表

从:	09-01	09-02	09-03	09-04	09-05	09-06	09-07	09-08	09-09	09-10	09-11	09-12	10-01	10-02	10-03		
到:	09-01	09-02	09-03	09-04	09-05	09-06	09-07	09-08	09-09	09-10	09-11	09-12	10-01	10-02	10-03	摘要	目标
断奶猪/交配母猪/年	9.50	6.26	3.19	1.22	0.46	0.00	0.00	0.00	0.00	0.00	0.00	0.00	19.05	17.18	14.21	8.84	21.50
断奶猪/母猪/年	6.07	3089	1.98	0.76	0.28	0.00	0.00	0.00	0.00	0.00	0.00	0.00	16.81	15.67	13.58	5.93	20.50
分娩窝数/已配母猪/年	1.14	0.77	0.45	0.17	0.07	0.00	0.00	0.18	0.00	1.51	2.43	2.81	2.59	2.49	2.14	1.17	2.20
分娩窝数/母猪/年	0.73	0.48	0.28	0.11	0.05	0.00	0.00	0.10	0.00	0.87	1.66	2.27	2.29	2.27	2.04	0.78	2.10
平均窝产仔总数	9.9	9.9	9.1	10.6	4.5	0.0	0.0	6.0	0.0	1.10	7.0	8.1	9.4	12.8	11.4	9.9	11.5
每窝平均产活仔数	8.8	8.1	7.2	8.6	1.0	0.0	0.0	3.0	0.0	11.0	7.0	7.8	9.1	10.9	10.7	8.9	10.5
平均断奶仔猪数	8.3	8.2	7.1	7.0	6.3	1.0	0.0	0.0	0.0	0.0	0.0	0.0	7.4	6.9	6.6	7.6	9.5
断奶前死亡率	13.0	7.1	14.9	15.1	20.6	0.0	0.0	0.0	0.0	0.0	0.0	0.0	8.1	23.2	38.8	15.5	11.5
分娩间隔	0.0	0.0	0.0	0.0	0.0	0.0	207.0	0.0	0.0	0.0	0.0	352.7	324.4	411.8	436.9	392.0	150.0
断奶到初配日期间隔	0.0	0.0	0.0	0.0	0.0	0.0	0.0	0.0	0.0	0.0	0.0	0.0	4.3	11.0		6.0	5.0
平均非生产天数/母猪/年	208.0	281.3	304.3	326.9	346.1	353.8	354.9	348.7	311.4	263.7	173.4	83.5	63.3	71.1	65.5	250.3	50.0
繁殖淘汰率	0.0	0.0	0.0	0.0	0.0	0.0	0.0	0.0	0.0	0.0	0.0	0.0	0.0	5.5	0.3		33.0
母猪死亡率	4.1	0.0	0.0	0.0	3.9	0.0	0.0	0.0	0.0	0.0	0.0	0.0	0.0	0.0	0.0	0.6	0.0
分娩率	100.0	100.0	100.0	88.9	40.0	0.0	0.0	100.0	0.0	100.0	100.0	100.0	93.5	38.5	80.0	85.3	85.0
存栏母猪平均胎次	0.46	0.51	0.60	0.63	0.63	0.63	0.63	0.63	0.63	0.63	0.63	0.63	0.67	0.66	0.68	0.79	0.63

2. 母猪遗传与产仔数的关系

如表14-2、图14-23、图14-24所示，显示了 PigWIN 猪场管理软件对某猪场猪群数据中母猪遗传与产仔性能关系的分析（有表格显示和图形显示两种形式）。对于管理者来说，一段时间内各品种猪只的总产仔数、活仔数、产死胎数、木乃伊数等信息是非常重要的，管理者需要这些数据来做出相应判断。

表14-2 母猪遗传对产仔性能的影响

遗传/品种	活仔数	死胎数	木乃伊数	产仔数	分娩母猪数	分娩率（%）
杂交	9.0	0.8	0.1	9.9	83	34.9
杜洛克	6.8	0.9	0.2	7.8	32	13.4
长白	6.3	1.3	0.1	7.7	25	10.5
大白	9.5	1.2	0.1	10.08	91	38.2
其他	6.3	1.7	0.3	8.3	7	3.0

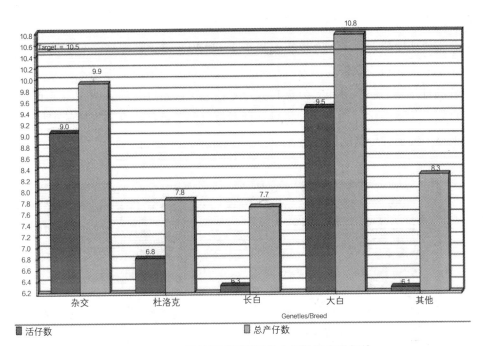

图 14-23　不同基因型母猪平均产仔数和产活仔数

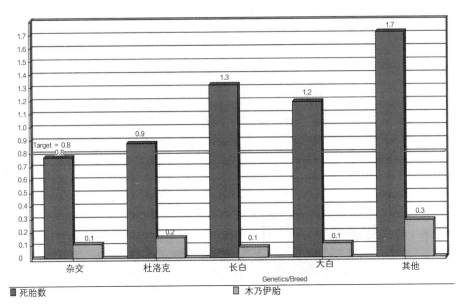

图 14-24　不同基因型母猪平均产死胎及木乃伊胎数

3. 相对于遗传型的分娩母猪数、分娩百分率

如图 14-25、图 14-26 所示，显示了 PigWIN 猪场管理软件对某猪场猪群数据报表中相对于遗传型的分娩母猪数、分娩百分率信息输出结果。一段时间内各品种母猪的胎次分布、分娩百分率等信息可以帮助管理者调整猪场的后备猪计划、母猪淘汰计划等，种猪场管理者可以参考这些信息和当地的市场需求来调整不同品种母猪的饲养量。

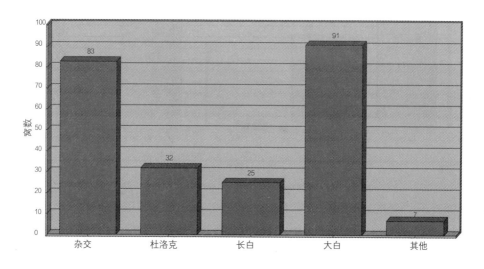

图 14-25　相对于遗传型的分娩母猪数

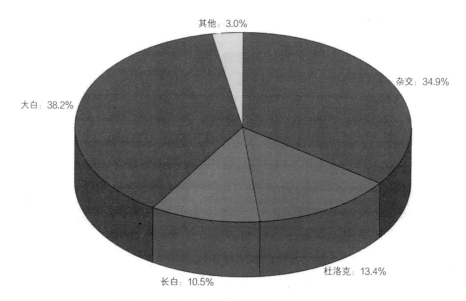

图 14-26　相对于母猪遗传的分娩母猪百分率

4. 相对于胎次的产仔和分娩情况

如图 14-27 至图 14-30 所示，显示了软件对某猪场猪群数据报表中不同胎次产仔性能、分娩母猪比例等信息输出结果。一段时间内各胎次母猪的产仔、分娩情况等信息可以用来分析整个猪场猪群是否处于旺盛的生产力范围（比如，一个管理良好的满负荷生产猪场，其整个猪群中处于 3 ～ 6 胎次的母猪应该占多数，否则说明这个猪场的生产计划存在很大的问题），从而进行包括产仔计划、后备猪计划、母猪淘汰计划等的管理与安排。

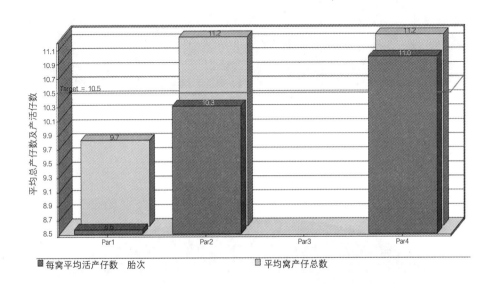

图 14-27　不同胎次平均总产仔数及产活仔数

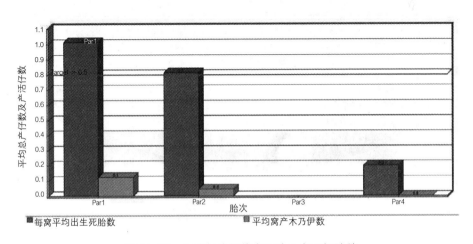

图 14-28　平均每头母猪产死胎及木乃伊胎数

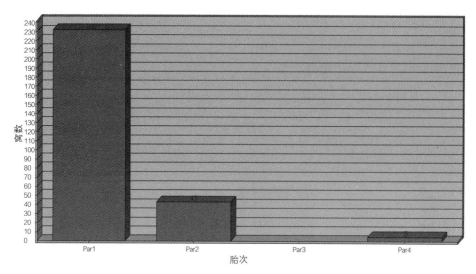

图 14-29 相对于胎次的分娩母猪数

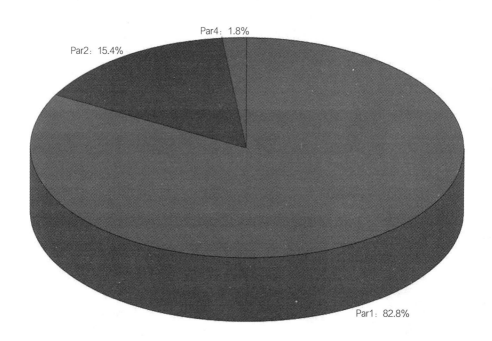

图 14-30 相对于胎次的母猪分娩百分率

第十五章
猪场废弃物的处理与利用技术

　　由于生产技术和管理水平得到极大提升和发展，养猪业的集约化、规模化发展成为提升养殖效益、增强风险抵抗能力的必然方向。然而，养殖规模的扩大必然导致粪污的大量产生和排放，其中除了含有丰富的氮、磷等营养物质，同时也含有微生物、药物、饲料添加剂残留等，对猪场周边的环境和水源造成严重污染，进而危及人畜健康。另外，微生物对粪污中的有机物进行分解，产生大量氨气、硫化氢、乙醛等有毒有害物质，不仅污染人畜饮用水源，还会导致猪场疫病的传播。我国近年来对环境污染治理工作愈加重视，粪污能否有效处理或合理利用将直接影响猪场的生存和发展。尤其是在经济全球化的新形势下，养猪企业应充分认识到粪污处理、利用的重要性，只有妥善做好规模化猪场粪污的综合治理工作，才能实现养猪业的可持续循环发展。

第一节
养猪环境污染及危害分析

规模化养猪场产生的废弃物主要有粪尿、污水、剖检或者病死的尸体、垫料以及药品的包装、生活垃圾等，其中以粪污的数量最大，对环境的威胁也最大。

猪场粪污的危害分析：

1. 恶臭物质多，对大气污染严重

养猪场的粪污主要是指粪便、尿液、污水、废弃垫料等，这些物质堆积时会产生大量的恶臭物质，如氨气、甲烷、甲胺、硫化氢、吲哚、粪臭素等。其中氨气是最强烈的挥发性恶臭物质，猪舍内含量超标，会导致猪的生产性能下降，产生呼吸道疾病，而且还会威胁人的身体健康。氨气和酸性物质还可以形成大量的气溶胶，对阳光产生散射，影响猪舍内的温度；与其他物质易产生反应，改变舍内气体的物理性质。养猪场还会向空气中排放粉尘、灰尘等，对人畜的呼吸道、肺部的健康产生威胁，其中还会有微生物附着，飘浮于大气中，诱发疫病的传播和流行。

2. 粪污量大，对水源和土壤污染严重

养猪场产生的粪污量大，据统计，仔猪（20～50千克）每年产生的粪尿达1 500千克，中猪（50～75千克）每年产生的粪尿达3 000千克，大猪（75～100千克）每年产生的粪尿达4 500千克。养猪场由于养殖模式、粪尿的收集、冲洗方式等的不同，产生的粪污量有所差异，一个年出栏万头的养殖场，排污量就达60～240米^3/天。人工干清粪产生的量最少，通常为60～90米^3/天；水冲清粪的方式产生的量最多，高达210～240米^3/天。这些粪污中含有大量的重金属元素，如铜、锌、砷等，进入土壤会导致土壤中的微生物数量减少，使土壤板结、肥力下降。同时这些重金属被植物吸收后，会在作物中残留，对人畜的身体健康都会产生影响。粪污处理不当，其中的病原微生物和寄生虫卵可以在土壤中长期生存或繁殖，成为疾病的传染源。粪污还会对水体产生污染，污染源也主要是有机物、病原微生物以及有毒的化合物或元素。粪污中的碳水化合物、蛋白质、脂肪等腐败性有机物进入水体中，会使水质变得浑浊，消耗水中的氧气，产生恶臭的物质，对水体造成污染，引起水中生物的死亡。病原微生物还会传播疾病，极易造成介水传染病的流行。有毒的物质不仅给水中的生物带来威胁，也会间接影响人类的健康。

3. 引起人畜共患病的流行

目前由生猪引起的人畜共患病有 25 种，主要的传播载体就是粪便。粪便处理不当，就会导致环境中病原体的数量增多，导致人畜共患病的传播和蔓延，给人畜健康带来威胁。

第二节
粪污的处理技术

粪污处理包括尽可能资源回收和尽可能依托大自然消纳两方面：一方面水可以在沼气、液体肥料、消毒冲栏回用，猪粪可以用作有机肥，病死猪可以进行油脂、蛋白质回收；另一方面水、猪粪、病死猪可以深埋于山林、田地，通过大自然消纳。

一、养猪场粪污处理原则

1. 减量化

在养殖场猪的实际排泄物只占到总污水量的 20% 左右，其他的如冲洗水、饮水系统渗漏、雨水、饲喂模式不当产生的污水等占到 80% 左右。治理粪污要从源头抓起，采取综合措施，减少排放量。如将养殖场的雨水和污水收集管网分开；尽量用少量的水对圈舍进行冲洗；科学调制日粮，适当添加酶制剂、微生态制剂等，提高对饲料的消化利用，减少粪便的排出量。

2. 无害化

粪便中含有很多有毒有害的物质，会对外界环境产生污染，如含有寄生虫、病毒、细菌等病原微生物，会引起人畜疾病；粪便中含有重金属、氮、磷等元素，会对土壤和水体产生污染；粪便以及其分解产物中含有氨气、硫化氢、甲烷等，会对空气产生污染。养猪场要严格按照 2014 年颁布的《畜禽规模养殖污染防治条例》和《粪便无害化卫生标准》对粪污进行处理，因地制宜，减少污染。

3. 资源化

对粪污进行有效的利用是处理的核心内容。粪污经过处理，可以将其中含有的有机物、氮、磷、钾等营养元素进行有效的利用，如发酵后可以成为有机肥料，是生产绿色食品和有机食品的物质保障，污水经过处理后可以用来浇地，节省水源。

二、粪污的处理技术

1. 猪场的清粪工艺

养猪场的清粪工艺主要有干清粪、水冲粪和水泡粪 3 种，其中干清粪工艺经济性高，产生的粪污少，规模化养殖场采用此种工艺较多。干清粪采用机械或者人工的方式将粪便与污水在猪舍内自行分离，收集干粪，污水和尿液从下水道排出，分别进行处理。采用这种清粪工艺，用水量较少，猪舍内的气味小，产生的粪污少，干粪中损失的养分少，作为农田肥料的价值高，也可以减少后续的处理成本，是猪场值得推广的清粪方式。

图 15-1　粪尿污水在舍内分离

2. 粪污的处理

由于清粪的工艺不同，粪污中污染物的浓度不同，采用的处理方法也不同。

（1）干粪的处理　对于收集的干粪，常用的处理方法包括土地还原法、自然堆沤腐熟法和生物好氧高温发酵法。

1）土地还原法　该方法是将干粪直接作为肥料施入农田，这种方法简单，容易操作。土壤消纳和净化粪便的能力很强，尤其是在实行农牧结合的地区，使用这种方法，可以增加土壤肥力，改善土壤结构，而且不会出现粪污污染的问题。

2）自然堆沤腐熟法　这种方法是利用好气性微生物分解粪便和垫草，达到杀菌除卵、增加肥效的作用。适用于远离城郊、场地宽阔的小牧场，省工省时，就地取材。

3）生物好氧高温发酵法　利用生物发酵原理，在粪便中添加一定数量的微生物菌种缩短堆肥时间。这种发酵要配备发酵池或发酵罐、发酵塔等设备，处理的规模大，发酵时间短，适合工厂化生产。

（2）粪便污水的处理

1）固液分离技术　固液分离就是将收集的粪便污水用机械的方式进行分离，分离后的固形物可以做堆肥处理，便于储存。剩余的液体中有机物的含量下降，减轻了生物降解的负担，也便于处理。对粪便污水常用分离机进行固液分离，这种方式管理方便、耗电少、筛孔也不易堵塞，在生产中已经普遍推广应用，见图15-2。另外，还可以采用固液分离冲洗储罐将粪污进行分离，将粪便污水在罐中储存一段时间，密度较小的一些物质，如稻草、饲料残渣等就会浮在上面，较重的部分就会沉在罐底，利用物质的密度大小将固液进行分离。这种方式会使肥料在储存中损失一部分，猪粪在处理中损失约为20%。

图15-2　固液分离

2）自然处理技术　自然净化处理粪肥常用稳定塘，稳定塘是用于容纳、储存和处理粪污的设施总称。将土地经过处理建成池塘，并在底部和周围建有防渗层，利用塘内的菌藻等微生物处理粪污，见图15-3。利用这种方式运转费用、维护费用较低，而且操作简单、方便，节省人力物力。但是利用这种方法需要足够大的土地建设稳定塘，通常适用于面积较大的养猪场。

图 15-3　混合污水的稳定塘

按照细菌的类型，将稳定塘分为好氧塘、兼性塘、厌氧塘 3 种类型。好氧塘是利用好氧菌对粪便进行分解；兼性塘上部利用好氧菌，下部利用厌氧菌对粪便进行分解；厌氧塘是利用厌氧菌对粪便进行降解。3 种类型的处理方式各有利弊，好氧塘和兼性塘需要氧气，要建立在光照良好、温度适宜的地方，而且好氧塘处理粪便时要先对废水进行预处理，也需要向池塘内充气，成本高。厌氧塘不需要预处理，容量大，管理方便，节省人力，并且厌氧微生物可以降解一些好氧微生物难以降解的有机物，对温度要求范围大，缺点是臭味大，储存的淤泥多，不能彻底降解，常用作好氧处理的预处理阶段。

3）生物处理技术　大型的沼气池常用生物处理技术，就是在无氧的条件下将有机物转化为二氧化碳和甲烷等气体，这样既有效降解粪污中的有机物，又产生了沼气，获得了清洁能源，是处理粪污和能源回收利用的好方法（如图 15-4）。从源头上控制粪便等废水的产生量，在废水处理环节采用预处理、生化二级处理（厌氧生化处理、好氧生化处理、天然水体等自然处理技术）及混凝沉淀、膜技术等深度处理（三级处理），处理后水质可达到总量控制和国家排放标准的要求。其达标排放工艺处理流程详见图 15-5。

图15-4 厌氧发酵产生沼气

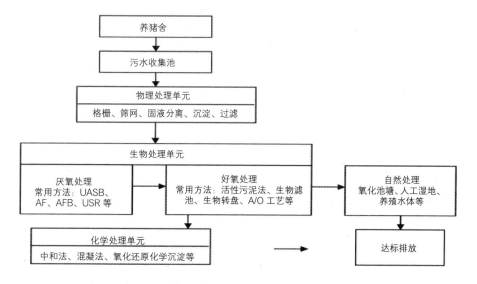

图15-5 达标排放处理模式工艺流程图

三、其他废弃物的处理

规模化猪场除产生粪便和污水，还会产生病死猪、废弃垫料、药品包装、生活垃圾等废弃物，这些也是引起环境污染的重要因素。

1. 病死猪的无害化处理

对病死猪要严格按照《病害动物和病害动物产品生物安全处理规程》进行无害化处理，严禁病死猪流入市场，危害消费者的健康。目前，应用较多的处理方式主要有掩埋法、焚烧法、堆肥法、化制法等。

（1）深坑掩埋 掩埋法是需要人力、物力最少的一种处理方式，也是很多小型养殖场以及散养户最常使用的方法。这种方法简单、费用低，不会对大气产生污染，但是如果对尸体处理不当，会对土壤、水体造成污染，如因炭疽而死亡的病猪在掩埋时要先用10%的热氢氧化钠溶液处理，再掩埋，否则掩埋后，炭疽杆菌的芽孢会在土壤中存活数年到数十年。掩埋病死猪的深坑要远离水源、猪舍，深度要在2米以上，掩埋后要把土层夯实，地表要喷洒消毒剂。

（2）焚烧法　焚烧法是比较常用的一种方法，其优点是处理时间短、投资少、操作简单。目前，常用回转窑、流化床、机械炉排等设备设施进行焚烧，其中机械炉排产生的烟气少、灰尘浓度低，是处理病死猪的理想方法。

（3）堆肥法　堆肥法是低价、高效、操作简单的一种处理方法。将病死猪的尸体放在堆肥内部，利用微生物将动物尸体进行降解，同时在发酵中产生的高温可以把病原微生物杀死，最终达到无害化处理的目的。目前常用的堆肥方式有静态堆肥和发酵仓堆肥，其中发酵仓堆肥占地面积小、生物安全性能好，不受外界环境条件的影响，是规模化养猪场比较适用的方式。

（4）化制法　化制法是比较环保的一种方法，是将病死猪投入湿化机或干化机内进行化制，并生成肥料、饲料、皮革等进行利用。这种方法不仅能够处理病死猪，减少污染，还可以创造经济价值，提高资源的回收利用率。如图15-6。

图15-6　畜禽无害化处理设备

2. 生活垃圾等废弃物的处理

养猪场产生的生活垃圾要按照国家的规定进行分类回收、集中处理，不能自行处理。废弃的垫料可以经过发酵处理，作为农家肥再利用。药品外包装、疫苗瓶等要按照当地防疫部门的规定进行处理。

第四篇

猪场精细化经营与管理

　　猪场精细化经营与管理是相互依存的有机整体，是规避风险、集中盈利的路径。管理是为了实现猪场经营总目标，并对养猪业生产中"产、供、销"等活动中"人、财、物"进行计划、组织、协调、控制、考核等全部工作的总称。经营则是利用人的思维，通过管理的实施达到总的目标。管理重点体现在生产效率上，而经营则是重点体现在经济效果上。经济效果是解决目标方向的根本问题，生产效率是在目标已定的前提下，解决如何执行，以什么效率来实现的问题。因此，经营是养猪业活动的中心，是管理生产和发展的基础。管理从经营中产生，是控制、调节经营的过程，决定经营的重要手段；没有管理，经营就组织不起来，经营的目的就不能实现。因此，养猪生产要取得高产、高效、优质，不仅要提高养猪生产科学技术水平，同时要提高科学经营管理水平，二者缺一不可。一个好的养猪生产者，同时又必须是一个好的经营管理者。

第十六章
猪场大败局

"以史为鉴，可以知兴替"是唐太宗三鉴之一，也是贞观年间政治经济文化繁荣昌盛和名臣辈出的重要原因。多年来编者在个人职业生涯中接触过很多养猪企业，也经历了不同企业的管理模式，让编者对这句名言有了更深层次的理解，对企业的成败缘由有了更深的理解，越来越感觉到事物本来就很简单，而且大部分规律都相通相似，这也许就是大道如一和大道至简的道理所在。

如今许多企业家都在争先恐后地学习企业管理，雄心壮志地规划愿景、理想和梦想，但也有许多人到头来只得到负增长，越改越失败、越学越不会管理。他们大都会有一个疑问：学习的道理也对，制定的策略方法也没有错，为什么不行呢？最后总结得出一个结论：我的团队能力不行，我的员工层次、能力太低等。事实真的是这样吗？那么，企业的经营管理者自身，对企业的失败经营到底负有哪些责任，值得猪场经营者去反思。

第一节
猪场的类型和特点

现阶段从经营管理角度观察分析，国内有可能或已经到人才市场寻求招聘职业经理人的猪场，除了大型养猪企业外，多数为家族企业或私营猪场，大体上可分为求贤若渴型、财大气粗型、颐指气使型、甩手掌柜型。不同类型的养猪企业，职业经理人的角色和地位也不同，其作用和工作重心、方式方法等方面肯定不同，绩效收益也自然不同。

一、求贤若渴型

此类猪场多数是在家庭散养的基础上，经历10多年的发展而逐渐形成的。猪场在发展的过程中遇到许多坎坷但机遇不错，赶上几次商品猪价格走高的机遇，基础工作条件可能不很好，有一定的积累。家庭经营、个体猪场的一个共同特点是经营管理中决策程序简单、灵活快捷，是其在风云变幻的市场中取胜的法宝。同世界上任何事物一样，这种灵活多变的经营手段在为猪场提供福祉的同时，也表现出它的副作用，即缺乏认真、细致的分析和全面准确的判断，容易失误，这也是许多猪场失败和停滞不前的一个主要原因，要扩大生产规模但是决策者感到吃力，真心实意地想聘请内行专家，出价高低不一。猪场决策者在疫病防控方面有一定的造诣，但难满足扩大规模后的需求，选择猪场管理人员时往往偏重兽医的临床知识和工作经验。同时也是经营者认识到了这种客观存在，才急于聘请高手，这是一种觉醒，也是进步的开端。作为应聘者，要对你所服务的猪场的重点工作应当有清醒的认识，要用你的知识、智慧和经验，通过规范管理、强化免疫等技术措施，为猪场做出贡献，用业绩展现你的价值存在。同样原因，猪场疫情平息，进入稳定生产状态后，应聘者要不断发现问题，筹划提高猪场效益的策略，明确不同阶段的经营管理目标，不断推出新的措施，否则猪场稳定生产之时，就是你聘任期的终结之时。

二、财大气粗型

此类猪场基础建设和繁殖母猪群规模较大，设施很新，基础建设和选材档次较高，但是设计观念不一定先进，大笔投资建造的猪舍和购买的设备不一定适用。突出的特点是在岗位的总经理不一定是真正的决策人，许多事情需要幕后决策人定夺。选择管理人员时多数偏重学历，出手大方。

此类猪场薪酬颇丰，管理者必须做到忠于职守、勤奋工作，最大限度地发挥自己的聪明才智，做好本职工作。选择最佳时机提出自己有把握的建议，建议的内容要突出使用价值，突出同提高经济效益的关系，并且有凭有据。还要注意语言表达方式和建议的时机、没有把握被采纳的建议宁可不提。

如果你被放到经营副场长兼兽医的位置，应注意把育成率作为核心目标。超负荷运转是经营管理的大忌。经营中留有适当的余地，不仅对猪群保持良好体质状况有利，也便于协调人际关系。

三、颐指气使型

此类猪场的结构框架、管理模式类似于国有企业，基建规模大但存栏基础母猪不多，生产效率不高，但经营业绩不一定都差。发号施令的人多，动手干活的人少，真心干活的人少，甚至许多岗位工人都是依靠某些人际关系进入企业的，这是此类猪场的一大特点。在这类企业担任管理者，需要较强的交际和协调能力。若担任技术场长，则需要设法同决策人沟通，通过岗位超额定员来完成技术工作。

四、甩手掌柜型

此类猪场的决策者有两种类型：一是自己在经营中出现大的波折，不愿意再冒风险；二是转行过来的门外汉，手里有钱，猪场盈亏无所谓。通过招聘管理者的形式考察、选择内行的经营管理者，一旦认可为可靠人员，则放手不管，让招聘的管理者全权经营。此类猪场选择管理人员时不仅仅要求有全面的技术，还要有多方面的知识，而对人品的考察也贯穿到应聘任职的全过程。失败者多数是在完全放权后没有经受住权力和利益的诱惑，贪婪、重利者最先出局，豁达、视野开阔、志向高远型的从业者，则有可能长期合作。

第二节
猪场失败的原因分析

30多年快速数量型的扩张，使整个养猪业躁动不安，没有时间，更没有平静的心绪完成猪场职业经理人成长进化的过程，从何谈起管理？各种人粉墨登场，不懂饲养、不懂营养、不懂管理、不懂猪病，更不懂兽医……部分养猪企业之败，根源就在于缺乏真正的职业经理人。

一、抱怨之败

在人的主观意识里，总会这样认为：一我没有错，二责任是别人的。尤其是在一个企业中，这种声音总是会出现在老板和企业高管的嘴里，这往往也是导致企业失败的一个重要原因。企业在选择文化和制定管理规则时，老板和高管扮演了两个重要的角色，文化的形成基于老板对企业所想达到的近期和远期结果，以及老板个人对企业的期望；规则则是高管根据老板的要求，为了满足老板对结果的期望，依据通用管理规则所设定，这样，出现任何的管理结果，老板和高管一定是主责，其实企业中出现员工错误的时候，作为老板和高管更应该反思。

二、猜忌之败

在大部分失败或业绩不好的企业中，多数存在猜忌和不信任的管理氛围。其中的原因有：妒忌，例如上级妒忌下级或下级妒忌上级，再者同级之间妒忌；害怕心理，多源于老板害怕控制不住，既想获得好的结果又怕管理层的威信过高。所以很多企业老板就制造矛盾以作制衡，监视管理层的一举一动，这样往往造成杯弓蛇影、草木皆兵的企业氛围。所有人唯老板嗜好为上，打小报告之风盛行，假公济私的人就趁机兴风作浪。这样的管理，留下的多数是老板喜欢的人，真正的人才会逐渐疏远这个企业，企业最终走向衰败也是不可避免的。出现这些现象的根本原因在于老板的观念和心态不正确，以及管理层的职业素养不高。真正成功的企业无一不是通过健全的体制和机制来实现高效管理的，只有这样才有利于人才价值的最大发挥。

三、任人唯亲

在企业用人上，多数老板喜欢在重要岗位上安插安排自己人，认为自己人更可靠，不管能力如何，至少不会背叛。而这也无形中助长了这部分人的心理优越感，在日常工作中就会形成一种无所谓的作风，他们往往认为我是老板的同学、我是老板的亲戚，老板信任我也不会开除我。这样就给管理制造了很大的障碍，这种势力小集团甚至会直接影响到管理层决策或者会让管理结果打折扣，如果继续发展就会成为企业的顽疾，给管理制造巨大的障碍，导致企业每聘请一个管理者都会无功而返，制定的管理办法无法执行，最后总是把责任归咎于管理层。如果老板的这种心态不改变，企业则难以发展和进步，到头来衰败、失败不可避免！世上没有无用之人，因岗定人、能力第一、结果至上才是用人之道！

四、越级管理

经营者们往往喜欢事必躬亲，事事决策，这就往往造成管理混乱。大家都知道兼听则明、集思广益这些道理，但作为经营者的心理优势很容易被激发，许多经营者认为我的企业我做主，我的企业我说了算。还有一部分经营者生怕别人说自己不懂管理，或者怕被别人忽视，大小事都要插手管理，喜欢决策，甚至插手基层管理。经营者的这两种心理往往把重要的目标管理结果抛开，最后造成企业管理顺序和管理架构混乱，责任不明，把本不复杂的管理弄得一团糟。导致真正的职业管理层对企业失去信心，最后选择离开，也会让没有能力的管理层得过且过，结果最累的是经营者一个人。经营者插手管理就不可避免地会出现这种现象，经营者的专业就是汲取行业的发展信息和众人意见，制定出企业清晰可行的目标和方向，做好融资的准备，选好合适的人和合作伙伴，剩余的事情则是由专业的职业经理人来完成，经营者扮演的角色就是给予管理层充足的资金支持和充分的信任，也只有这样企业才可能完成规划的目标。

五、投资之败

近年来，猪价的不断攀升导致养猪利润丰厚，让大家都认为养猪是一个值得投资的行业，而疫情的风险也被高额的盈利所掩盖，原有的规模不断扩大，部分社会资本也开始向养猪业投资，再加上随后国家政策的利好和导向，更是造就了大部分机会主义者开始投资养猪业。行情的波动、疫情的风险、管理的艰难、市场的饱和等因素被严重忽视。许多投资人，基本上没有投资计划和规划，完全是赌徒的心理和无知者无畏的心理，而一个企业在初期的投资企图和投资评估，决定着以后的成败。

新建的猪场，大都以大为美，一些投资人对投资回报期及后期管理规划根本就不考虑。根据编者了解的情况，在 2010 ～ 2012 年 3 年期间投资的猪场，年出栏 20 000 头以上的居多，虽然部分小户消失，但是总量是稳中有升。由于缺乏投资规划和对管理的认识不足，加上疫情、行情因素，管理不当、养殖量饱和等因素，使一些投资者饱受亏损之苦。国家的补贴已经不足以平衡亏损，只有靠银行贷款维系生存，这样就进入一个恶性循环的投资怪圈。猪场不同于其他企业，不是想退出就能退出的，未来只有面临两条路可走：或者被别的企业兼并；或者完善内部管理，提高管理经营质量，否则只有死路一条。

六、思想之败

任何一个成功的企业，其背后必然拥有对事物客观正确认识的思想，正确的思想观念必然引导正确的行动和对应的方法。

大部分企业对硬件的投入很大方,在软件建设上往往不舍得投入。多数人认为硬件是资产,而对学习、人才培养、体系建设与投资却十分吝惜,虽然现在行业大部分声音指向自动化是趋势,人力的投入越来越少,但随着农业工业化的进程,对高端人才的需求变得越来越多,尤其是工业化生产对人员要求必定是更专业和更职业,否则就难于驾驭现代化的设备。

为了一味追求稳定,多数养殖企业的从业人员,文化偏低、年龄偏大是共性,更别谈企业的规范管理。多数认为年轻人不稳定,但是从不考虑为什么不稳定,也不考虑年轻人需要的是什么,更不从企业自身找问题。企业不重视培养年轻人才,必然会出现人才荒。当然应用现成的人才也可以,但是人才培养机制是一个企业的核心,也是传播一个企业文化的窗口,同样是筑巢引凤的举措。更有一些老板,自己可以开宝马奔驰,却舍不得给员工提供合理的薪酬待遇,更不懂得分享文化在企业所起到的巨大作用,更别说企业的体制和机制建设。

第三节
走出败局——管理策略

规模猪场经营战略,是指规模猪场面对复杂多变的环境、激烈竞争的市场以及日益难以预防控制的猪病危害等诸多不利因素的影响,根据猪场内外环境当前与未来有可能出现的条件,所谋划猪场整体长远生存与发展的方略。而规模猪场经营战略管理则指运用猪场经营战略来管理猪场,使场整体生产经营活动都在猪场经营战略指导下进行,贯彻猪场经营战略意图,实现猪场经营战略目标。规模猪场经营战略管理是其整体经营管理的核心,对其生存和发展起着决定性作用。

一、经营战略的特征

从内涵来看,规模猪场经营战略具有以下 4 个特征:

1. 整体性与纲领性

规模猪场经营战略中各生产环节的生产和专业职能活动,都是猪场整体经营活动的组成,对发挥整体效能都具有重要的影响。规模猪场经营战略所制定的长远目标、发展方向与途径,实现经营战略目标的行动计划与步骤等,都具有纲领性意义，是指导全场员工协作奋斗的纲领。

2. 长远性与阶段性

规模猪场经营战略对猪场未来若干年内的生存、发展进行统筹规划，制定长远目标与实现目标的策略，并将长远目标以及实现长远目标所需要的年限科学合理地分解，分阶段、分步骤加以计划实施，确保最终实现长远目标。

3. 竞争性与合作性

竞争性是指猪场在市场竞争中与对手抗衡的行动方略，即针对来自竞争对手的冲击、压力和威胁等，制定应对行动计划与策略，并通过实施取得优势地位，抗衡对手，确保自己的生存和发展。合作性指在市场竞争中，参与竞争的各方不一定非得拼个你死我活或者两败俱伤。在一定条件下，弱者各方可以联合起来抗衡强大的对手，实现共赢；实力强大的猪场也可以和实力弱小的猪场协作配合，共谋发展。从竞争对手走向合作是经营战略思维的创新，是当前规模猪场生存、发展的趋势，亦是社会进步的一种表现。

4. 稳定性与灵活性

规模猪场经营战略所制定的战略目标、方针、重点、计划与步骤等，应保持相对稳定，不宜随便更改。但在环境改变或处理特殊问题时，在不影响全局的情况下，应该有一定的灵活性。稳定性是灵活性的基础，灵活性是维护稳定性的有效措施。

二、经营战略的基本内容

规模猪场在制定经营战略的时候，需要拟订两个以上的可行性方案供评价和选择，每个方案都应该具有完整的内容体系。这些内容体系一般包括以下六方面的内容：

1. 经营战略思想

规模猪场经营战略思想是指导制定经营战略和执行经营战略管理的基本思想。它由一系列观念构成，体现社会基本制度的要求、国家法律及行业法规的管制、市场经济的需求以及专业科技的要求等。在规模猪场生产经营活动中，经营战略思想起统帅和指导作用。

2. 经营战略目标

经营战略目标指规模猪场以经营战略思想为指导，以猪场内外环境条件为根据，制定经营战略期（若干年）内努力发展的总目标。比如，经营战略期为5年，产量目标为年产标准商品肉猪 30 000 ～ 50 000 头、能繁母猪年平均每头提供标准商品肉猪 17～22 头、员工年均每人生产标准商品肉猪 500～1 000 头、标准商品肉猪体重平均每增重 1 千克消耗饲料重量 3.0～3.3 千克等。经营战略目标是经营战略的实质性内容，是构成经营战略的核心，是评价和选择经营战略实施方案的基本依据。

3. 经营战略重点

经营战略重点指那些对于实现经营战略目标具有关键性作用而又有优势或者尤其需要加强的方面。各规模猪场的经营战略重点随着内环境条件不同而异，其经营战略重点可能是改造基础设施或者加强人力资源培训提高人员素质，也可能是提高种猪品质或者提高种猪配种分娩率，或者是加强疫病预防控制以提高生长猪存活率等。经营战略重点是资金、技术、劳动等投入的重点。通过抓重点带动整体发展，提高生产效率。

4. 经营战略方针

经营战略方针指规模猪场贯彻经营战略思想、实现经营战略目标、抓紧经营战略重点等经营活动的基本原则和行动方略。它对规模猪场整体生产经营活动起着导向、指针作用。

5. 经营战略阶段

经营战略阶段指通过规划使经营战略目标和实现经营战略目标时限具体化。从时间上划分为若干经营战略阶段（或若干年），明确规定每个阶段（或每年）的经营战略目标；从空间上将每个阶段的经营战略目标合理分解并落实到各生产环节班、生产作业组，直到个人岗位，以便合理进行资源配置与有效监督，确保实现总的经营战略目标。

6. 经营战略对策

经营战略对策指为实现经营战略目标所采取的重要措施和重要手段。它具有阶段性、针对性、灵活性、具体性和多重性等特点。完成一项经营战略目标任务，往往需要采取多种灵活的战略对策加以保证。

三、经营战略管理

1. 经营战略管理的领导

经营战略管理是规模猪场高层领导的主要职责，场长或总经理乃至董事长，都应该加强学习，适应规模猪场经营战略管理需要，担当经营战略管理的领导重任。规模猪场经营战略领导人的基本素质应该达到以下三个要求：一是品德高尚，敬畏法律。当前市场猪肉消费量仍然占肉类消费总量的 50% 以上，生猪生产的数量、质量与广大民众的生活健康有密切关系。对此，规模猪场经营战略领导者应具有高度的事业心、责任感、使命感。应敬畏法律，遵循行业法规要求，制定猪场经营战略，实施经营战略管理。应忠诚、廉洁、坚持原则，刚正不阿。二是知识渊博，足智多谋。应掌握专业科技理论、经营战略管理知识、心理学知识、正确的认识论与方法论以及现代思维规律等，形成合理的知识结构，用以领导经营战略管理。在生产经营决策、组织、协调等管理能力方面表现突出，善于统揽全局，多谋善断，技高一等；善于适应环境，随机应变，标新立异，出奇制胜，开拓发展新局面。三是身体素质和心理素质良好。身体素质是规模猪场经营战略领导者行使职责的重要基础，身体健康才能精力充沛，才能担当繁重的经营战略管理职责，信心百倍地去完成使命。良好的心理素质是规模猪经营战略领导人员的重要特性，其表现为性格良好、情绪稳定、个性鲜明、意志坚强。在分析和处理问题时，深谋远虑，理智地衡量一切，科学地支配自己的行动。

规模猪场经营战略管理不仅需要经营战略领导者，还需要组建一个经营战略领导班子，发挥集体领导作用，集中大家的智慧，群策群力，做出正确的经营战略决策。规模猪场组建经营战略领导班子，要遵循以下四项基本要求：一是选出班长。规模猪场组建经营战略领导班子，首先要根据经营战略领导人员应具备的基本素质要求，推选最优秀的人当班长。二是民主推荐或选举领导班子成员。由已选定的班长来选择和确定规模猪场经营战略领导班子的其他成员，以利于领导班子的能力匹配，协调合作，发挥集体协同作用。三是能力匹配，优化组合。领导班子成员之间的能力应该互补，相互匹配。一般围绕规模猪场经营战略管理的要求和班长的能力状况，挑选具有班长不具备的能力的人员进入经营战略领导班子，以其之长弥补班长之短，实现优化组合，形成经营战略领导班子集体能力优势。四是团结合作。规模猪场经营战略领导班子成员之间能够团结合作，互相配合，形成领导班子内部和谐的人际关系，以保证经营战略管理领导工作顺利开展。

2. 经营战略的制定

经营战略的制定指规模猪场在经营战略领导班子的领导下，为拟订和选择经营战略可行性方案所开展的活动。制定规模猪场经营战略须循以下三个程序：一是形成经营战略思想。经营战略思想是在遵循国家法律、行业法规的前提下，为猪场谋求生存与发展、处理重大经营问题，制定和实施经营战略的基本思想。形成经营战略思想应从经营战略思维开始，进行经营战略思维本身就是一个过程。在这个过程中要求进行全方位、多角度、超前、创造性地思维，要形成新的观念和思想，用于指导经营战略的制定和实施。面临逆境时，要形成团结克服困难，勇于坚持拼搏的经营战略思想。处于顺境时，要确立居安思危、充分发展优势的经营战略思想。二是进行环境调查。环境调查是重要的基础性工作，是制定和实施经营战略的重要依据。环境调查包括猪场内外部环境调查两方面。内部环境调查主要是了解、分析场内各种因素、状况和经营实力情况。外部环境调查主要是了解、研究猪场所处的社会环境、行业环境和市场环境等。通过调查研究，明确猪场本身的优势和劣势以及所面临的机会和风险，为正确制订和实施经营战略方案提供客观依据。三是拟订、评价、选择经营战略方案。在明确经营战略思想，对环境调查有了研究结果之后，需要拟订多个经营战略方案并进行评价，指出各方案的优点缺点之后，进行比较、选择。选择的经营战略方案应包含经营战略思想、目标、重点、方针、阶段和对策等完整的战略内容体系。

　　3. 经营战略的实施

　　经营战略的实施指贯彻和执行已选定的经营战略方案所开展的活动。为保证实施活动顺利进行，实施活动要求遵循以下四项原则：一是科学、合理地分解经营战略目标任务原则。规模猪场的经营战略目标与实现目标的时限，应科学合理地分解为若干年、各生产环节及其下属基本生产单位甚至作业岗位的具体目标任务，以便落实责任和检查监督。经营战略目标的分解，既要切实可行，具备实施条件，具有实现目标的可行性，又要具有一定的先进性和实现难度，有利于充分调动员工的积极性、创造性，挖掘潜力、创造佳绩。二是统一领导、组织协调原则。实施猪场经营战略，必须由猪场高层经营战略领导统一指挥，经营战略领导班子成员加强团结协作，以保证全场员工统一行动，步调一致，互相配合，密切协作，确保经营战略总目标的实现。三是突出重点，兼顾全局原则。正确的经营战略方案应明确地规定经营战略重点，以突出全局主攻方向。战略重点对全局发展有决定性的影响。抓住重点有利于推动全局，兼顾全局有利于带动一般，从而保证重点。四是灵活应变原则。在实施经营战略方案过程中，环境可能会发生这样或那样的变化，经营战略领导者要机动灵活，适时合理适当调整原来的经营战略方案，使之稳定而灵活，灵活而不乱，及时适应变化了的新环境，充分发挥经营战略的指导作用。

四、经营战略的控制

为了保证按经营战略的要求开展生产经营活动，在实施经营战略方案过程中，须从以下三方面进行有效控制：一是确定控制标准。以经营战略阶段目标体系及其相应的生产技术参数作为评价和监控经营战略方案实施效果的标准，进行检查监督。二是定期检查监控。经营战略领导班子定期组织检查、测评经营战略方案的实施概况、绩效，并与控制标准相比较，总结经验，找出差距并分析其原因，采取有效措施纠正偏差，将实施效果控制在合理范围内。三是适时适当调整经营战略。由于规模猪场外部环境不确定因素较多，经营战略方案免不了存在某些缺陷，加上外部环境不断发生变化，会导致原定的经营战略方案不适应新环境的要求。因此，应该采取主动、适时、适当的调整方式，选择那些调整损失小，甚至不会造成损失的方面或因素进行调整，确保规模猪场在新的环境中与时俱进，持续发展。

随着商品经济、市场经济的不断发展，我国规模猪场已从"适当规模取胜"时期逐渐进入了"战略制胜"时期，规模猪场经营战略管理已逐渐成为猪场整体管理的核心。因此，高度重视、深入研究规模猪场经营战略问题，加强规模猪场经营战略管理，对确保规模猪场长远生存、持续发展，具有重要的现实意义。

第十七章
猪场组织框架的构建与绩效考核

　　松下电器创始人提出：造物先造人，可见人的重要性。人行了，企业就行了，一位民企老板曾著文说"企业"去掉人，就是"止业"。所以人最关键，只有做好人员的管理，才能稳定猪场的生产，提升管理能力，因此，建立科学、高效、有序的组织结构尤为必要。

第一节
猪场的组织框架设置

猪场组织框架的设定，因生产任务性质和生产规模大小而异，但生产（技术）主管和财务（后勤）主管是必设的核心管理岗位；生产岗位和工位的设置，因生产流程和各岗位工作量的不同而异。

一、组织机构

1. 猪场行政管理负责制的确立

猪场行政管理实行场长负责制，副场长和生产（技术）、财务（后勤）主管协助场长负责分管工作，向场长负责；场长向上级主管部门或董事会负责。

2. 按工艺合理设定生产管理岗位

猪场应根据饲养工艺流程，在生产（技术）主管架构下，分设若干个饲养车间，各饲养车间设兼职车间主任一名，明确职责，分车间管理，各司其职，要求各车间之间既有分工，又须合作，要求员工服从领导，令行禁止；各车间主任按岗位职责和工作制度要求，负责车间的生产组织和管理，并向生产（技术）主管负责；生产（技术）主管负责全场各车间的组织管理和协调，负责员工休假调配（下面设定的工位已含员工休息和节假日替班）。

猪场一般应成立由技术、生产、财务等管理骨干和一线员工代表组成的场务领导小组，较大规模的猪场还应成立工会，重大事项由场务领导小组集体研究决策，以提高管理水平和确保员工权益。

二、岗位设置及工位设置

生产一线的岗位因猪场生产目标、饲养管理方式不同而异，流程式管理猪场一般按管理流程设岗，各岗的工位设置主要由生产规模而定。猪场不同生产规模的用工定员见表17-1。

表17-1 不同生产规模猪场用工员额参考指标

生产规模（头/年）	3 000	5 000	10 000	15 000	20 000
用工员额（人）	12～15	20～22	34～40	50～60	58～70

用工员额与生产规模之间不是简单的线性关系，随着生产规模的扩大，单位生产量的用人数将下降，这除了用工规模效应外，主因是管理等非生产人员所占的比例可明显减少。猪场的生产设备、物流条件和清粪方式等，对工位的

员额配置有较大的影响。

三、组织结构的基本形式

1. 直线组织结构

直线组织结构是规模猪场最简单的基本组织结构形式。它根据指挥统一原则，仅设置纵向直线各层次的行政组织机构和人员（如场长、生产班长和作业组长等），不设横向各层次内的职能机构和人员，行政指挥权与职能管理权均由行政领导者指挥和管理。直线组织结构，形式简单，指挥统一，职务岗位的责、权、利明确，决策迅速。但由于没有专业职能人员做场长（经理）的参谋、助手，因而对场长（经理）素质的要求比较高，场长必须是规模猪场管理的通才，具备广博的业务知识和精湛的业务能力。

这种组织结构形式只适用于生产规模较小（比如，能繁母猪存栏头数小于500头，年产商品猪头数小于10 000头）、经营业务单一、产品标准化的猪场。一旦生产规模扩大，经营业务多样化，场长就会顾此失彼而难以应付。

2. 直线职能组织结构

直线职能组织结构指在直线组织结构基础上，按分工协作原则设置横向各层次的职能组织机构和人员。各层次行政领导对直属下级拥有行政和职能的直接指挥权，而各层次职能领导只是同级行政领导的参谋，对直属下级没有直接指挥权，只起业务上的指导和监督作用。这种组织结构形式的特点是规模猪场管理权高度集中在最高领导层。这种组织结构分工严密，上下级关系清楚，易于保证指挥集中统一，职能机构实行专业分工，有较高的工作效率。每个员工都固定地属于一个职能机构，整个组织结构系统具有较高的稳定性。但由于各职能机构分管的业务不同，考虑问题的出发点不一致，矛盾较多，高层领导的协调工作量较大而容易陷入日常协调事务之中。此外，由于组织结构的横向协调性较差，导致猪场对环境变化不能及时做出反应，组织结构系统的适应性欠佳。

直线职能组织结构适用于中等生产规模（如繁母猪存栏头数约0.2万头，年产标准商品猪4万头左右）、产品单一并且标准化、市场需求比较稳定的猪场。

3. 直线分权组织结构

直线分权组织结构指在直线职能组织结构基础上，按集权与分权相结合原则，将阶段生产班调整为第一（或繁殖）、第二（或保育）、第三（或育肥）

分场，并授予各分场较大的决策权和随机处理权，三个分场各有管理层次、职能结构和战略目标。各分场环节作业组以下依次为各分场职能组、各分场单元生产岗位。

在直线分权组织结构里，三个分场都是基本生产单位，它们的产品分别为标准早期断奶仔猪、标准育成猪和标准育肥大猪。三个分场各自战略目标任务不是来自市场，而是由规模猪场整体战略目标任务科学合理分解出来的。一般各分场没有独立的市场，而是通过规模猪场整体与市场相联系，因此三个分场之间关系很密切，任何一个分场出现问题，都导致猪场整体生产经营遭受损失。

采用这种组织结构形式，可以解决规模猪场由于生产规模较大、三个分场场地分开距离比较远而不容易管理的问题。但各分场场长难以及时了解规模猪场整体的情况，各职能机构之间的沟通和协调难度比较大。

四、案例

以常年存栏能繁母猪 500 头，人工授精，自繁自养自加工饲料（一般哺乳和保育前期仔猪料外购），按流程式管理生产商品肉猪的猪场为例，简介岗位设置及岗位职责。

1. 人员编制

（1）管理员工定编　场长 1 人，副场长 1 人，生产（技术）和财务（后勤）主管各 1 人，畜牧和配种技术员 4 人，设 8 个管理岗位。

（2）生产员工定编　公猪和空怀、妊娠母猪饲养车间 3 人，配种技术员兼车间主任；分娩、哺乳母仔饲养车间 4 人，由技术员兼车间主任；仔猪保育车间 2 人，由技术员兼车间主任；育成、育肥车间 7 人，由技术员兼车间主任；饲料加工车间 3 人，由生产（技术）主管兼车间主任，设 5 个车间 19 个工位。

（3）后勤员工定编　后勤员工设消毒、公共卫生和粪场管理工位 1 人，出纳兼仓库保管工 1 人，水、电和饲养设备保养检修工位 1 人，门卫、勤杂工位 1 人，炊事员工位 1 人；后勤管理组工设 5 个工位，财务（后勤）主管兼组长。

全场共设 32 个工位，其中：一线员工 19 个工位，勤杂 5 个工位，财务（后勤）主管兼主办会计。

2. 岗位职责

岗位职责规定一个岗位明确的工作内容、工作程序和工作方法，可以使员工清楚自己在什么岗位，做什么工作。员工根据流程式生产管理的要求，实行较精细的分段专业管理，分工清晰、任务到人、责任到组；明确既有分工又须合作、服从领导、令行禁止的岗位职责和工作要求。

（1）场长职责　负责猪场全面工作，具体为：①负责及时完善并组织实施各项管理制度和技术操作规程。②负责调整完善工位设置、岗位职责和考核办法。③负责人事、劳资和奖惩管理，包括员工调配、管理人员聘任和全员教育、业务培训和考核管理。④负责财务管理、资金调配和上下内外关系协调。⑤负责经营管理和完成工作目标，并及时落实和完成上级主管部门或董事会安排的其他工作。

（2）副场长职责　协助场长做好分工和场长授权的工作，具体为：①负责饲料、兽药和其他物质的采购工作。②负责商品猪销售工作。③及时完成场长安排的其他工作。

（3）生产（技术）主管职责　①负责全场生产组织实施和猪群调度，负责机械设备、设施保养维修安排等日常管理工作，协调财务（后勤）做好盘存工作。②负责组织实施育种、免疫、兽医工作和各项管理制度，负责生产区内消毒、环卫和粪场等督查管理。③负责对技术人员和各车间主任及员工的日常管理，包括人员安排、员工休假替班调配安排和考核等工作。④负责饲料加工车间日程管理和制定饲料配方及饲料使用管理；负责饲料、兽药等的质量管理。⑤负责编制饲料原料、兽药和其他生产用品等的采购计划并报副场长。⑥负责收集各类育种、防疫、兽医、卫生等技术、管理和考核资料，负责编制各类技术、管理统计报表，并及时报送有关领导、人员处理后归档。⑦协助场长编制种猪更新、配种、产品计划和完善有关管理制度、技术规程及考核办法。⑧及时完成领导安排的其他工作。

（4）财务（后勤）主管职责　①承担主办会计工作，负责编制财务工作计划、报表和财务管理等。②负责成本核算、财务审核和供、销财务监控。③负责后勤、仓库管理和全场盘存及生产区外消毒、环卫等管理。④协助场长加强资金管理和考核奖惩。⑤负责收集供、销信息和档案管理。⑥负责所辖员工的日程管理，包括人员安排、员工休假替班调配安排和考核等工作。⑦及时完成领导安排的其他工作。

（5）公猪和空怀、妊娠母猪车间主任职责　①承担配种和本车间各类种猪的技术业务工作。②负责按有关技术、管理规程组织实施本车间的生产和管理。③协助生产（技术）主管与分娩哺乳车间对接，负责实施猪群周转安排。

④负责本车间猪群的饲养管理，特别是公猪运动、保健和空怀母猪发情观察及妊娠鉴定与怀孕母猪保胎。⑤负责本车间各项技术、管理资料的采集、统计、处理、整理和编制有关生产报表，并报送生产（技术）主管。⑥负责本车间辖区内圈舍内外的消毒和卫生管理。⑦及时完成领导安排的其他工作。

（6）分娩哺育母仔车间主任职责　①承担本车间各类种猪的技术业务工作。②负责按有关技术、管理规程，组织实施本车间的生产管理。③协助生产（技术）主管与上、下生产线车间对接，负责实施猪群周转安排。④负责本车间猪群的饲养管理，特别是母猪接产和新生仔猪护理保健等。⑤负责本车间各项技术、管理资料的采集、统计、处理、整理和编制有关生产报表，并报送生产（技术）主管。⑥负责本车间辖区内圈舍内外的消毒和卫生管理。⑦及时完成领导安排的其他工作。

（7）保育车间主任职责　①承担本车间保育猪的技术业务工作。②负责按保育猪技术、管理规程，组织实施本车间的生产管理。③协助生产（技术）主管与上、下生产线车间对接，负责实施猪群周转安排。④负责本车间猪群的饲养管理，特别是刚转入仔猪的保健和饲养管理过渡等。⑤负责本车间各项技术、管理资料的采集、统计、处理、整理和编制有关生产报表，并报送生产（技术）主管。⑥负责本车间辖区内圈舍内外的消毒和卫生管理。⑦及时完成领导安排的其他工作。

（8）育成、育肥车间主任职责　①承担本车间猪的技术业务工作。②负责按育成、育肥猪技术、管理规程实施本车间的生产管理。③协助生产（技术）主管与保育车间对接，负责实施猪群周转安排。④负责本车间各项技术、管理资料的采集、统计、处理、整理和编制存栏猪动态等有关生产报表，并分别报送副场长和生产（技术）主管。⑤负责本辖区圈舍内外的消毒和卫生管理。⑥及时完成领导安排的其他工作。

（9）生产员工岗位职责

1）岗位共同职责　①按对应的饲养管理技术操作规程，认真做好本岗位的饲养管理工作。②服从领导安排，认真做好本岗位的猪转栏、调整工作。③严格按生产（技术）主管规定的用料要求，对号用料，杜绝饲料质量和数量的浪费。④认真做好圈舍、用具等消毒和舍内及舍外责任区的环境卫生等工作；以场为家，管护好设备、用具，节约水电等。⑤无条件配合技术人员做好育种、兽医工作。⑥严格遵守防疫卫生规定：离场申报，入场消毒、更衣、换鞋，不串岗。⑦严格遵守休假报批、交接离岗和顶岗替班规定，认真做好顶岗工位工作。⑧及时完成领导安排的其他工作。

2）岗位个性职责　①公猪和空怀、妊娠母猪岗位，特别要加强公猪运动、保健和空怀母猪发情观察、初配母猪妊娠鉴定及妊娠母猪防控流产的饲养管理。②分娩哺乳岗位，特别要加强母猪接产和新生仔猪护理保健及断奶转栏前仔猪的饲养管理。③仔猪保育岗位，特别要加强对刚转入仔猪的保健和饲养管理、用料过渡。④育成、育肥岗位主要加强用料管理。⑤饲料加工岗位，特别要加强对原料质检把关，库存保管和按配方准确配料、搅拌均匀、成品新鲜。

3. 猪场岗位操作规程

（1）饲料加工岗位操作规程　①把好饲料进仓质量、数量验收关，不达标原料不准进仓；原料、成品应分类、分品种堆放，做好防潮、防霉、防鼠和防火工作；做好进、出仓记录和报表，严禁使用变质饲料。②严格按配方配料，确保称量正确、粉碎粒度达标、混合均匀和定量装包，微量和液体成分须预扩散处理。③定量加工，成品库存不得超过3天。④做好机器、设备保养工作，每月保养机器设备和校验磅秤各1次。及时做好原料库存动态报告工作。

（2）公猪和空怀、妊娠母猪岗位操作规程

1）种公猪的饲养管理　①确保日粮质量稳定，一般每天饲喂3千克左右，但需根据体况和使用频率酌情增减，配种任务重时可每天加喂1～2枚鸡蛋，确保良好的种用体况。②在条件许可时，每天喂青绿饲料2～3千克，特别是高温的夏季。③确保清洁饮水的供应。④每天清扫圈舍两次，擦刷猪体1次，保持圈舍和猪体的清洁卫生。⑤每天轮放公猪跑步运动不少于半小时，但不要驱赶等剧烈运动；运动时间的安排。⑥做好夏季防暑降温工作，在没有降温设施时，应经常给予自来水喷淋。

2）空怀和妊娠母猪的饲养管理　①对刚转入的断奶母猪，要酌情适当控制限水，预制乳腺炎的发生。②加强饲养管理，对断奶体况差的母猪要抓好复膘工作，看膘定量喂料，确保良好的种用体况。③在条件许可时，每天喂青绿饲料2～3千克，特别是高温的夏季。确保清洁饮水的供应。④加强空怀母猪的发情观察和配种母猪的返情观察，配合配种员做好配种工作，以提高情期受胎率。⑤根据配种记录，做好妊娠鉴定工作；根据母猪的受胎情况，及时做好分群和并群工作。⑥加强妊娠母猪的保胎工作，母猪临产前一周转到产房；认真做好各类猪转栏交接工作。

3）分娩哺育岗位操作规程　①母猪临产前一周转入，哺乳35天断奶转出；仔猪断奶7天后转出；认真做好各类猪转栏交接工作。②加强对临产母猪的观察，做好接产准备和接产工作。③做好新生仔猪的接生、断奶、断尾、寄生等处理，帮助仔猪尽早吃足初乳，调教固定奶头和定时放哺，做好防冻、防压等工作。④做好补铁、补料和断奶工作，仔猪断奶后在原圈沿用原来的饲料饲养1周后转至保育舍。⑤泌乳期母猪原则上以干湿料饲喂，保证清洁饮水供应；母猪产前、产后和断奶前各2～3天应酌情适当限饲，以防新生仔猪奶泻和断奶母猪乳腺炎；具体的母猪日粮饲喂量应根据母猪泌乳和仔猪生长情况决定。⑥接产房独立单元为单位全进全出。仔猪转出后产房须立即彻底清洗消毒，空置2～3天，并在空置期间做好设施、设备的维修工作。

（4）仔猪保育岗位操作规程

①做好转入仔猪的分栏工作，原则上整窝一栏；如确需并栏，则按并强不并弱、强强合栏或弱弱合栏处理。②加强转入仔猪的饲养管理，做好用料和饲养管理的过渡工作，尽可能减少转栏应激。③保育仔猪除刚转入和将转出1～2天酌情控料，并在料中添加保健剂外，全期颗粒料或干粉料畅饲，保证清水饮水的供应。④按保育舍独立单元为单位全进全出。仔猪转出后对保育舍立即彻底清洗消毒，空置2～3天，并在空置期间做好设施、设备的维修工作。⑤认真做好仔猪转栏交接工作。

（5）育成、育肥岗位操作规程　①加强初转入保育舍猪的饲养管理，做好饲料和饲养管理的过渡工作，尽可能减少转栏应激。②除刚转入1周内限饲外，原则上全期干粉料畅饲，但要避免饲料浪费；保证清洁饮水的供应。③做好刚转入保育舍的"三定位"调教工作。④每天扫圈清粪2次，保持舍内安静、卫生、圈底干燥和空气新鲜，应控制舍内光照。⑤按育成、育肥舍独立单元为单位全进全出。育成猪转出后立即彻底清洗消毒育成、肥育舍，使其空置1～2天，并在空置期间做好圈栏设施的维修工作。⑥认真做好猪入栏交接和出栏工作。

第二节
猪场的人力资源管理

现在猪场确实难招人，愿意从事封闭且又脏又累养猪工作的人越来越少。

员工流动性大，对于生产的连贯性影响较大，甚至影响猪场的正常生产。因此，猪场经营人员、管理人员与技术人员、一线工人之间的关系能否处理得当，直接影响猪场生产能否顺利进行甚至经济效益的好坏。

一、猪场管理策略

猪场管理出现不少困惑，集中表现在管理错位、越权和代劳上。大部分的猪场经营人员，一般不直接从事生产，而是偶尔去猪舍巡视：察看工人是否偷懒、饲料是否有浪费现象、猪死亡发病情况等。遇到问题便即刻采取解决措施，但有时方法过于简单、粗暴，只注重结果而不考虑员工工作过程中付出的努力。不懂得表扬、鼓励，认为员工做得好是应该的，做得不好完全是员工自身过错。其实，猪场经营人员应该通过采取正确的激励机制，留住员工特别是优秀的员工，才能让自己获取最大的利益。

1. "王道"管理是老板管理的必修课

（1）猪场的"王道"管理 "王道"一词，最早出自孟子的学说。儒家认为：圣人成了君王，其统治即是王道，故也可说成"圣王之道"。

（2）理解"王道"管理的内涵及在猪场的应用 "王"字是上中下三横用一竖连接而成，简简单单的四个笔画却蕴含着深刻的道理，体现着中国管理文化的博大精深。

第一笔"一"代表养殖场的最高层——领导层、决策层。

第二笔"一"代表了养殖场的中层——管理层（场长）。

第三笔"一"代表养殖场的基层——员工层面。

"王"字中间的一"竖"至关重要，它把三个层次连接起来，使原本分散的层面组成了一个整体，这一竖代表着"沟通"。

图17-1 "王"字管理模式

（3）从"王"字管理谈对猪场管理的启示 "王"字管理是一个整体，之所以说它是一个整体，原因在于：如果缺乏老板或老板没有事业心，那么王字就变成了"土"字。猪场没有目标，没有愿景，员工没有奔头，只有场长和员工在盲目地做事，那是"土霸王式管理"，或称"土法管理"。养殖场没有方向，这样的养殖场将走向何处，又能够走多远？如果一个猪场缺少场长，就变成了"工"字，老板越过场长直接管理员工，老板就成了一个"工匠"。这样老板要分担两个层次的工作，又怎么有精力专心制定养殖场的目标和发展方向，这就形成了错位管理和多头管理，最后削弱了场长的权力和威信，架空了场长，这样使员工无所适从，不知听谁指挥，造成管理混乱。所以老板要选拔合适的场长，并要耐心培养和训练他们成长，切记不可错位代其管理员工，即使你有很好的点子也只能建议场长去实施。如果缺少员工或不重视和关心员工，就成为"干"字，没有员工或是员工出勤不出力，老板和场长只能自己去亲自干，老板和场长制定了完整的猪场发展目标和愿景，却没有做事和执行任务的员工，空有设想却无法付诸实践，这样的模式又怎会有成效？王字中间的一竖至关重要，它把三个层次连接起来，使原本分散的层面组成了一个整体，这一竖代表着"沟通"，养殖场的老板、场长、员工，既要各尽其责，又要彼此沟通，才能够发挥团队的力量，王字一竖放于中心，这就要求人与人之间要真正地用心去沟通、去理解，如果缺少这一竖，就变成了"三"，各层次之间没有沟通没有联系，各自随意做事，上无事业心，中无进取心，下无责任心，成了一盘散沙。所以沟通对于养殖场管理而言，是关系全局的重要一环。

2.改变观点，理顺和员工之间的关系

（1）改善环境，留住人才　猪场的工作性质决定了从业人员不能经常外出。由于交通不便利，生活设施也不完善，即便工人每月被允许出去一次，也不容易满足其需求。因此，猪场老板要投入一定的资金，完善场内生活、娱乐设施。如安装电视机、夏季安装风扇、冬季提供热水；配备各类球场（根据具体情况），经常举行一些大众化的活动。努力营造一种家的感觉，从而达到人员稳定的目的。

（2）薪酬与生产成绩挂钩　很多猪场工人的工资与生产成绩不挂钩，做得好与坏，工资都一样。甚至在市场状况较好（猪价高），猪场或多或少有一定盈利的条件下，除了工资外，老板也没有给员工发放年终奖，员工因此对工作失去积极性。其实调动工人的工作积极性和提高其责任心，坚持多劳多得的原则，将生产绩效提高，最终受益的还是猪场。

（3）接人待物温和　一些猪场特别是个体猪场的经营管理者，自以为是布施者，不论在工作还是生活中，对工人都是颐指气使，工人对此非常反感。工人是决定生产成败最主要的因素，其劳动成果为经营管理者创造了财富，应该得到尊重。经营者想要获得最大的收益，需要与工人经常交流、相互沟通，以达到互相理解、相互支持、促进生产的目的。

（4）加强管理，留优汰劣　每一个人的工作责任心都不是与生俱来的。在工作中要注意观察员工表现，对于责任心不强的员工，要限期勒令其改进，无责任感的员工可及早辞退。因为，少数觉得自己做得不好或不受经营者重视的无责任心的工人，会挑拨其他工人产生矛盾，损害猪场利益。

（5）关心工人多行鼓励　经营管理人员的一句关心、鼓励的话语，有时会对工人产生很大的正面影响。很多工人都是远离家乡外出务工的，家里发生事情时，管理者需根据具体情况及时慰问；工人取得成绩时应及时鼓励，工人感觉到老板对自己的在乎，干起事来也会更加卖力。

（6）创造条件提高能力　猪场条件再优越，绝大部分人也不可能为猪场打工一辈子。工人从事养猪工作的同时，想要学到更多的知识、技能，以便为以后找出路，这种想法是合情合理的。因此，规模猪场（年产万头以上的）要定期或不定期地请一些专家传授新的技术、技能，或派技术人员外出学习、培训，这样，工人的视野开阔了，自身素质得到了提升，生产成绩也会有所提高。

（7）实行人性化的管理　个体猪场的经营者通常对工人的工作时间抓得比较紧，工人除了吃饭白天基本上没有空闲的时间。一旦工人有空闲，经营者就会找事情吩咐其继续做，且没有加班费用。工人因此很容易产生厌烦和抵触情绪，影响工作的开展。经营者需要根据工作量，适当安排人员，且应以工作质量和效率为主要考核指标，而不是一味强调工作时间。另外，新的劳动法对劳动时间有明确的规定，工人完全可以根据规定拒绝加班，这将会对猪场的生产管理产生不良的影响。

二、管理人员和技术人员工作原则

管理人员和技术人员是一个猪场重要的中坚力量，起到上传下达、落实各项措施的作用。要想在行业内做出成绩，管理人员和技术人员应注重以下几个方面。

1.对待员工态度谦和

猪场经营者多数由于忙于其他事务，一般不会直接管理猪场，大部分是委托自己的亲戚或比较亲近的人管理。有的管理人员觉得自己高人一等，凡事都得听他的，大到采购（不采纳技术人员的建议，坚持成本第一的原则，而不考虑质量），小到猪的处理（病、弱、残猪坚持留栏，以减少死亡率）等，时时维护自己所谓的"权威性"，员工一旦不服从管理，轻者被骂个狗血淋头，重者被炒鱿鱼。时间久了，员工纷纷跳槽。员工的非正常更新，会影响猪场生产的连贯性，从而影响正常的生产绩效。管理者应该尊重、团结、关心员工，员工的心意顺了，工作做好了，成绩也就提升了。

2. 注重管理方法的应用

近年来，很多猪场经营者或管理者是半路出家，无论是技术还是管理上，都是一知半解，始终强调成本第一，且逢事必管：种猪的肥瘦以自己的喜好为主；冲洗猪栏越干净越好，发现一点猪粪都要马上清除；看到地上掉一点点饲料，也要抱怨半天。其实，节约、减少死亡、清洁卫生等，无论什么时候都要放在生产管理的首要位置，但要分析原因找到问题所在，然后对症下药解决问题，而不能一味地责怪员工。不懂管理的管理者需多向有经验的员工学习，也可以经常请教相关的同行或专家，不断提高自身的专业水平。

3. 关心员工生活

部分小规模猪场的经营者比较节约，过分节约的后果是员工的生活不安逸，不能安心工作，问题层出不穷，猪的成活率明显偏低，猪场生产成绩下降。猪场管理人员夹在经营者和员工之间也比较辛苦。生活改善不了，员工抱怨；生产成绩下降，经营者发火。社会进步了，人们对生活质量的要求也提高了，因此，管理人员或技术人员应充分发挥自己的优势，在保证正常生产的前提下，积极为一线饲养员争取利益，向经营者建议员工福利待遇方面应与时俱进，实行人性化的管理。虽然不能提供给工人单间住宿的条件，但至少可以改善吃、住的环境。员工生产成绩提高而增加收益的部分也足够支持这部分费用，双方有利，何乐而不为。

4. 切忌"新官上任三把火"

除正常的人员更替外，绝大部分猪场更新技术管理人员是出于生产成绩差（不一定为管理原因造成，或饲料、防疫等原因引起）的因素。"新官上任三把火"，一些养猪行业的技术人员进入一个新的单位，都会急于表现自己的能力。1～2个月过后，无法改变上述情况时便一走了之，留下"烂摊子"，迎接下一个燃烧"三把火"的"高手"。管理人员或技术人员新进入一个猪场，首先应坚持了解一线情况，在细心观察的同时，多与员工交流。在不断帮助员工解决问题、不断替经营者分忧的同时，也自然而然树立起了自己的威信。

5. 人员更新忌裙带关系

猪场工作人员的更换是正常现象，特别是工作表现，表现不好又不积极改进的员工一定要及时替换。有的管理人员或技术人员到一个新场后，会从原来自己工作过的猪场招人，甚至把大部分员工都换成原场员工，经营者有时也没有办法，因为人员确实比较难招。但是，有的管理人员遇到和经营者产生矛盾时，将其作为谈判的筹码，更有甚者胡作非为。

这样的管理人员和技术人员在行业内的声誉较差，即使技术水平再高，同样会受到大家的排斥。因此，员工面临大范围更换时，管理人员需要征求经营者的意见，并逐步更新，尽量不采取"一锅端"的方式。

6. 弄虚作假是大忌

部分猪场经营者自身不懂技术和管理，时常就会遇到管理人员或技术人员弄虚作假的情况：未按照免疫程序注射疫苗，反将疫苗丢掉；饲料中不添加预防疾病的药物，将药物卖给其他养猪场户；将所有生产记录带在自己身上，不让他人接触；为了照顾自己的面子，猪死亡、发病的情况隐瞒不报；部分生产成绩弄虚作假。猪场出现任何问题，管理人员都应该即刻上报，以便及时采取措施，挽回损失。管理人员或技术人员可能因此被经营者批评，但及时采取了相应的补救措施，经营者也会理解大家的用心。如果瞒报乱报，可以一时推脱自己的责任，但总归会暴露的。

7. 尽量不插手采购

现在销售药物、饲料的人员比较精明，一般都先和管理人员或技术人员保持联系，因为做试验时，生产主管最有发言权，试验结果、使用效果都是他们说了算。因此，一些管理人员或技术人员抓住这一赚钱机会，到一个新场后，在需要采购药物、饲料时，多数会主动推荐和自己有联系的供货商。经营者对供货商的情况不了解就容易上当，而使用到一些质量一般或差的物品。事情一旦败露，管理技术人员因此给自身带来的麻烦也是难以想象的。作为管理人员或技术人员，除非经营者要求你负责采购工作，否则不要主动滥用这个权力。如果经营者信得过你的技术和人品，自然而然会放权，否则适得其反。

三、一线工人处事方式

从事猪场一线生产的工人（特别是饲养员），是直接影响猪场生产成绩的关键环节，因此，稳定这一庞大的一线力量，是一个猪场生产能否正常运营的重要因素。一线工人在做好体力工作外还应注意自己的处事方式。

1. 做事积极认真

无论从事什么行业，积极认真做事都是一个员工应尽的本分。分内的工作需要主动完成，分外的工作也应尽量积极应对。从事产房工作的员工，要以养好母猪、仔猪为主要目的，但也要注意清洁卫生，不能顾此失彼；加工饲料并运送饲料到猪舍的员工，不但要及时送料，还要注意饲料品质，经常向经营者反映需要改进的潜在问题。

2. 不断增强责任心

一线工人要不断加强自己的责任心，猪场里面不是每项工作都需要花费很大的体力，但是，责任心是每个环节都必要的，也就是能否注意到细节。养猪只有依靠细心才能取得更好的效益，猪场常见的生产管理问题也多数由于饲养员不细心或责任心不强导致的：只关注猪的吃料情况，却忽视了猪特别是种猪的膘情，导致种猪发情、配种困难；保育猪吃料多却发生下痢；分娩舍做好了保温工作却忽视了通风，造成仔猪气喘。一个饲养员的责任心和技术没有太大的关系，关键是要去想、去看、去做。

3. 合理反映自身诉求

工人遇到问题（工作或家庭）找经营者解决时，需要注意场合和时机。时机选择不恰当，往往会适得其反：在经营者和别人谈生意时，反映猪场猪生病或死亡问题，暴露了猪场的情况，经营者一般都会不高兴。因此，无论是大的或小的诉求，要看准时机再向经营者提出来，这样才能引起老板的重视。

4. 顾全大局

由于工作需要（其他工人临时请假或辞职），经营者常会调动员工岗位，部分工人便会猜测是不是经营者对自己有意见才调动岗位；或者因为资金周转的原因，没有及时发放工资，部分工人便按捺不住，经营者有时疏忽了解释，双方慢慢就会形成误会。在一个群体中，凡事最好能从大局考虑，换位思考就能理解彼此的处境。

第三节
猪场的人事绩效考核管理

规模猪场的绩效考核，是人事管理的一种手段，是提高员工工作效率从而提高猪场综合生产管理水平的管理工具。其实质是以人定群，以群定产，以产计酬，结合各场现场人员、圈舍、工作精细程度、劳动强度以及节律周期、出栏形式等实际情况制定各车间的生产内容、定员及生产指标，实行超奖减罚的联产计酬管理办法，主要是生产指标绩效考核奖惩制度，即在基本工资的基础上增加一个浮动的生产指标绩效工资。由于规模猪场的生产线是以车间为单位组织生产的，如配种妊娠车间、分娩保育车间、生长育肥车间等，每个车间里员工之间的工作是紧密相关的，有时是不可分离的，所以生产指标承包到人的方法不易实行。因此，只有全员搞好养猪生产、把生产成绩搞上去，才能顺利完成实现所设计的目标。

一、承包方案思路

猪场效益的高低，除了不可控的市场环境因素外，饲养品种、生产方式和饲养管理、经营管理水平也是关键。因此，生产环节目标管理的重点是饲养岗位。

根据养猪生产管理周期长和考核内容较复杂的特点，采用合同长效管理和平时制度考查约束相结合的管理思路，同时兼顾员工的当期消费开支，承包方案设计的承包报酬由基本报酬（基本工资和加班工资）、考查报酬和考核报酬3个部分组成。基本报酬每月直接发放，考查报酬每月按考查结果发放，考核报酬在年底考核后发放。

在制订猪场一线员工承包方案时，应根据生产流程不同岗位的技术含量、工作强度和经济重要性，充分体现以技术指标为主、兼顾工作强度的测算原则，把握员工在同等工作质量下不同岗位间报酬水平的基本平衡。

二、绩效考核方案设计思路

绩效考核的实质就是猪场经营者公平公开的奖罚员工，整个方案的最终裁定者是猪场经营者。为此，经营者必须心里清楚，制订、执行这套方案的结局是：对照当前的生产成绩，生产阶段过后，随着每个生产指标的改变，每个岗位工人都会得到相应的奖罚，但是相对于目前各行业用工难的现状，总体会是重奖轻罚；绝大部分猪场的实际生产水平提升空间较大，奖多罚少也是情理之中。

有了以上具体的实施前提，绩效考核方案就可以按以下思路制订：计算出当前的岗位工资水平，考虑目前的薪酬上升速度，把当前工资的 10%～20% 作为下一年度绩效考核奖罚金的大致额度。具体金额的细化要结合场内的具体情况，分析每一个考核指标，分析其在生产成绩中所占的权重比例及可能的提升额度，分解奖罚金额。一旦实行绩效考核一至两个周期后，可以将各个岗位的基本工资比例缩小，加大奖罚力度，有奖有罚。

三、绩效考核的实施

1.事前沟通

实施绩效考核的前提是经营者和员工有良好的沟通，互相理解，对绩效考核实施后的各自付出与收益在心底有大致轮廓：经营者明白，实行绩效考核，应该是生产水平提高，付出的员工工资增加，但同时自己场里的效益增加；员工明白，实行绩效考核，自己的体力、精力付出增加，生产改善，自己通过每一项生产成绩的提高从经营者那里得到奖金，获得更多的经济收入。

2.前提条件

具体实施绩效考核，必须满足以下前提条件：第一，整个生产已经形成完整的良性循环，有成熟的生产管理程序，生产节律固定，数字统计完全、准确，岗位分工明确，实行"全进全出"制度；第二，场内硬件大致完备，生产流程不会被轻易打乱；第三，场内生产已有一段时间（不少于半年）相对稳定，生产水平数据有提高的空间（最好有现实的参照对象），工资薪酬方面经营者也有更多给予的意愿；第四，首次实行绩效考核的步子不宜迈得过大，但是又必须有规范的实施细则，最好是经营者、员工在方案上互相签字认可，为防止方案的个别疏漏，应保留"施行一段时间后可再细节修改"的条款。

四、拟订绩效考核的具体方案

当前很多规模化猪场从业人员（尤其是最基层员工）薪资水平较低，因此很多猪场面临着人员流动性大、员工队伍不稳定、积极性不高等诸多问题，严重影响规模化猪场生产水平的提高。一个经营好的猪场必须建立一套行之有效的制度，浙江省慈溪市惠农生猪养殖公司，可以称得上是一个经营管理较好的典范，年年均取得较好的社会经济效益。该公司有基础母猪1 000头，实行总经理负责制的管理模式，现以此为例，把绩效考核方面的经验做以下介绍。

1.岗位和工位设置

①后勤人员的配置：设副总1人（负责购销），财务2人，统计1人，饲料加工车间3人，门卫2人，炊事员2人，维修及污水处理3人。②生产管理设4个车间（种猪、产房、保育、育成），配备6个管理岗位，其中副场长（技术）1人，技术员5人，饲养员21人。③全场共有人员41人（含总经理）。

2. 管理目标

猪场 MSY 21 头，上市肥猪 21 000 头，药费消耗 1 头肥猪 100 元，全程料重比 3 ∶ 1。

3. 考核指标

设定每个岗位的绩效管理重点时要体现出两点：可量化和可执行性。还要能够把复杂的管理过程用简单的绩效管理结果体现出来，让绩效结果考核能够使管理者清晰、员工明白。在达成结果的同时，需要完成完善日常的管理要求，计件工资的高低取决于指标完成率，也就是说这部分工资有可能很高或较低，每一项生产指标都有相对应的考核工资数量。

表 17-2　猪场绩效关键考核指标

群别 \ 项目	生产指标	成本控制	奖罚办法
种猪车间	配种分娩率 84% 窝均产活仔 10.5 头 健仔率 96% 后备母猪合格率 95% 种母猪残次率 0.5%/月	药费：公猪 2 元/（月·头）；母猪 0.6 元/（月·头）；饲料：公猪 3 千克/（天·头）；母猪 2.6 千克/（天·头）	分娩率每提高 1%，奖 500 元，否则罚 100 元；窝均活仔每增或减 1 头，奖或罚 0.5 元；健仔数每增或减 1 头，奖或罚 1 元；后备母猪合格每增或减 1 头，奖或罚 10 元；母猪残次数每增或减 1 头，奖或罚 50 元
分娩车间	仔猪成活率 94% 35 日转群均重 8.5 千克 母猪膘情合格率 98%	药费：母猪 10 元/（胎·头）；仔猪 1.5 元/（批·头）；饲料：母猪不限量；仔猪 2 千克/（批·头）	仔猪成活数每增减 1 头，奖罚各 5 元；转出均重超出 0.5 千克以上者，每批奖 100 元（个体重不低于 6 千克的健康仔猪）；母猪膘情不合格者每超 1 头，罚 20 元
保育车间	成活率 97% 料肉比 2:1 转出合格率 97%	药费：仔猪 2 元/（批·头）；饲料：料肉比 2 ∶ 1	成活数每增减 1 头，奖或罚 10 元；转出合格数每增或减 1 头，奖或罚 10 元
生长育肥车间	成活率 98% 料肉比 3.2:1 出栏合格率 95%	药费：0.5 元/（月·头）；饲料：料肉比 3.2 ∶ 1	成活数每增或减 1 头，奖或罚 20 元；出栏合格数每增或减 1 头，奖或罚 20 元

备注：
1. 分娩合格率、窝均产活仔数的考核是指配种员及工段饲养员。
2. 后备母猪合格率、种母猪残次率及健仔率的考核是指工段饲养员。
3. 各工段的药费节或超，对应奖罚药费的 30%。
4. 膘情不合格猪是指分娩舍断奶母猪严重消瘦的猪（以露出脊背骨、肋骨为限）。
5. 饲料的考核节或超，对应奖或罚按饲料成本的 5% 计算。

4.绩效工资考核方案

（1）预配舍（2人）　预配舍设置2人，其中1名技术主管，1名饲养员，饲养员协助配种。

1）定额　230～250头/人。

2）考核指标　后备母猪合格率95%；种母猪残次率0.5%/月；饲料：公猪3千克/（天·头），母猪2.8千克/（天·头）；药费：公猪2元/（月·头），母猪1元/（月·头）（此项只考核饲养员）；配种分娩率85%；窝均产仔10.5头。

3）奖惩办法　分娩率每提高1%，奖500元，否则罚100元；窝均活仔每增或减1头，奖或罚1元；母猪残次数每增或减1头，奖或罚50元。

4）工资核算标准　工资由三部分组成，即基础工资＋产量工资＋奖罚工资。

技术主管工资：2 500元＋产量工资（每产1头活仔1元）＋奖罚工资。

饲养员工资：1 000元＋产量工资（每产1头正常活仔1元）＋奖罚工资。

（2）妊娠舍饲养员（2人）

1）定额　240～260头/人。

2）考核指标　种母猪残次率0.5%/月；健仔率96%；母猪饲料2.6千克/天；药费：母猪0.6元/（月·头）。

3）奖惩办法　健仔数每增或减1头，奖或罚1元；母猪残次数每增或减1头，奖或罚各50元；药费节或超，对应奖或罚药费的30%；饲料的考核节或超，对应奖或罚按饲料成本的5%计算。

4）工资核算标准　工资总额＝基础工资＋产量工资＋考核工资。其中，基础工资1 000元/人；产量工资为每产1头健仔为2.2元。

（3）分娩舍饲养员（4人）

1）定额　60～70头/人。

2）考核指标　仔猪成活率94%；35天转群均重8.5千克；母猪膘情合格率98%；药费：母猪10元/（胎·头），仔猪1.5元/（批·头）；饲料：母猪不限量，仔猪2千克/（批·头）。

3）奖惩办法　仔猪成活数每增或减1头，奖或罚各5元；转出均重超出0.5千克以上者，每批奖100元（个体重不低于6千克的健康仔猪）；母猪膘情不合格（过肥或过瘦）者每超1头，罚20元；药费节或超，对应奖罚药费的30%；饲料的考核节、超各奖罚按饲料成本的5%计算。

4）工资核算标准 工资总额＝基础工资＋产量工资＋考核工资。其中，基础工资 1 500 元/（批·人）；产量工资为转出体重减去出生重 1.2 千克（平均均重），每增重 1 千克支付工资 0.80 元。

（4）保育舍饲养员（2 人）

1）定额 950～1 000 头/人。

2）考核指标 转出合格率 97%；料肉比 2∶1；成活率 98%；药费：仔猪 2 元/（批·头）。在该工段饲喂 42 天，转出均重不低于 28 千克；每增重 1 千克（减去产房转出重），支付工资 0.15 元。

3）奖惩办法 成活数每增或减 1 头，奖或罚各 10 元；转出合格数每增或减 1 头，奖或罚各 10 元；饲料的考核节或超，对应奖或罚按饲料成本的 5%计算；药费节或超，对应奖或罚药费的 30%。

4）工资核算标准 工资总额＝基础工资＋产量工资＋考核工资。其中，基础工资 1 000 元/（批·人）；产量工资为每增重 1 千克支付工资 0.15 元。

（5）生长育肥舍饲养员（12 人）

1）定额 800～850 头/人。

2）考核指标 成活率 98%；料肉比 3.2∶1；出栏合格率 95%；药费：0.5元/（月·头）。在该阶段饲喂 100 天，体重达到 105 千克左右，每增重 1 千克（减去保育转出重量），支付工资 0.2 元。

3）奖惩办法 成活数每增或减 1 头，奖或罚 20 元；出栏合格数每增或减 1 头，奖或罚 20 元；饲料的考核节或超，对应奖或罚按饲料成本的 5%计算；药费节或超，对应奖或罚药费的 30%。

4）工资核算标准 工资总额＝基础工资＋产量工资＋考核工资。其中，基础工资 1 000 元/（月·人）；产量工资为每增重 1 千克支付工资 0.25 元。

（6）饲料加工车间（3 人）

1）生产指标 每天按时加工完成全场所需的各种全价料，分类摆放，每天按取料单的数量、类别及时地把料送到各车间并负责卸料；严格按照各种全价料的配合比例准确下料；搅拌时间充足，比例均匀。

2）控制指标 饲料自然损耗 0.3%，变质的饲料不准使用；每袋料重误差不能超过 3%。

3）考核方法 以全场每月饲料消耗总数核算生产量；成品颗粒率不计生产产量。

4）工资核算　工资总额＝基础工资＋产量工资＋考核工资。其中，基础工资 1 000 元 /（月·人）；产量工资为加工 1 吨全价料月支付工资 15 元。

5）奖罚标准　送料不及时 1 次罚 10 元；不按配合比例私自配料 1 次罚 20 元；不按搅拌的规定时间造成饲料不均匀每次罚 20 元；人为造成机械事故按损失全额的 60% 罚款；其他事宜按各项规章制度执行。

（7）车间主管　各工段车间主管工资核算以饲养员上月平均工资数的 1.2 倍支付。

（8）管理人员工资核算标准

1）生产技术场长　按全场饲养员的平均工资的 2.5 倍支付。

2）后勤副总　按全场员工的平均工资的 2 倍支付。

3）财务主管　按全场员工的平均工资的 1.5 倍支付。

4）其他人员　按全场平均工资支付。

（9）核算依据　1 000 头基础母猪（不含后备猪），年出栏商品猪 21 000 头。

各车间工资概算：①种猪车间，月产正常活仔 2 400 头，技术主管工资，基础工资＋产量工资＋奖罚工资，预计 5 500～6 500 元，饲养员工资，基础工资＋产量工资＋奖罚工资，预计 3 500～4 000 元。妊娠舍饲养员工资，基础工资＋产量工资＋奖罚工资，预计 3 200～3 800 元。②分娩舍饲养员工资，月转出正常活仔 2 200 头，基础工资＋产量工资＋奖罚工资，预计 3 600～4 200 元。③保育舍饲养员工资，月转出正常活仔 2 000 头，基础工资＋产量工资＋奖罚工资，预计 3 500～4 000 元。④生长育肥舍饲养员工资，月出栏 1 800 头，基础工资＋产量工资＋奖罚工资，预计 3 200～3 500 元。生产线工资平均在 3 600～3 800 元。

第十八章
猪场生产计划的编制与现场管理

　　养猪是否发挥了技术优势、是否取得了良好的经济效益，需要实施严格的计划管理。生产水平和经济效果两大类指标，是养猪场最重要的指标，这两类指标既相互独立又密切相关。

　　生产水平中的繁育效率、育成效率、生长育肥效率及合格商品猪的出栏率四类指标体现了猪场对社会物质资源的利用效率、为社会提供有效产品的数量；经济效果指标体现了资金和劳动利用效果的高低、猪场为社会提供产品的同时获得经济补偿的多少。

　　猪的主要性能指标是安排猪场生产和实行定额管理的依据。在生产中应根据所养品种、饲养管理水平等情况合理制定性能参数，依据此制订生产计划、劳动定额、奖惩标准等，对养猪实行责任目标管理和有效的计划管理，这需要靠现场管理来实现。

第一节
猪群类别划分及其生产结构

在编制生产计划时，要根据不同的饲养目的、猪只生理状态和大小划分猪群，进行科学合理的分类，以便统计。在此基础上进一步掌握其结构，对生产具有重大意义。

一、猪群的类别划分

根据不同的饲养目的、生理状态和大小，可以把猪群分成种猪群和生长肥育猪群。种猪群又分为种公猪群和种母猪群；种公猪群可分为后备公猪群和成年公猪群；母猪群可分为后备母猪群、妊娠母猪群、哺乳母猪群和空怀母猪群。生长肥育猪群又分为哺乳仔猪群、保育仔猪群、生长肥育猪群等。划分的标准和名称必须统一，以便统计。

二、猪群结构

猪群的结构是指在猪群中各年龄猪所占的比例。良好的猪群结构，能使各猪群的比例科学合理，又能承前启后，始终保持较高的生产水平和发展后劲。不同规模猪场猪群结构参数见表18-1。

1. 公母比例（公猪数：母猪数）

本交一般为 1：（20～30）；人工授精一般为 1：（80～100）。

2. 后备猪与成年猪比例（后备猪数：成年猪数）

一般为 1：（3～4）。

3. 母猪胎龄结构与比例

一般为：1～2胎30%～35%；3～6胎60%；7胎或以上5%～10%。

表18-1 不同规模猪场群结构参数

猪群类别 ＼ 生产母猪	100	200	300	400	500	600
空怀配种（头）	25	50	75	100	125	150
妊娠母猪（头）	51	102	156	204	252	312
分娩母猪（头）	24	48	72	96	126	144
后备母猪（头）	10	20	26	39	45	52
种公猪（头）	5	10	15	20	25	30
哺乳仔猪（头）	200	400	600	800	1 000	1 200

续表

猪群类别 ＼ 生产母猪	100	200	300	400	500	600
生长猪（头）	216	438	654	876	1 092	1 308
育肥猪（头）	495	990	1 500	2 012	2 505	3 015
合计存栏（头）	1 026	2 058	3 098	4 145	5 354	6 211
全年上市（头）	1 612	3 432	5 148	6 916	8 632	10 348

注：在均衡生产的情况下，每一阶段的数量偏差应在±10%。

三、种猪淘汰的原则与标准

1. 种猪淘汰原则

集约化养猪生产要合理淘汰种猪，过高的淘汰率将会给正常的生产带来压力，增加生产成本。要严格掌握两大原则：一是自然淘汰。指对老龄种猪的衰老淘汰，也包括由于生产计划变更、种群结构调整、引种、换种、选育种的需要，而对种猪群中的某些个体（群体）进行针对性的计划淘汰。二是异常淘汰。指由于生产中饲养管理不当、使用不合理、疾病发生或种猪本身未能预见的先天性生理缺陷等诸多因素造成的青壮年种猪在未被充分利用的情况下而被淘汰。

2. 种猪淘汰标准

一是公猪淘汰标准。性欲低下，经调教和药物治疗后仍无改善的；睾丸发生器质性病变的；精液品质低（精子活力在0.5以下，畸形率在18%以上）；配种受胎率低，与配母猪产仔数少的；因肢蹄病而影响配种或采精失去种用价值的；患过细小病毒病、乙脑、伪狂犬病等疾病的；发生普通疾病治疗2个疗程未康复，因病长期不能配种的；综合指数排名后10%的。二是母猪淘汰标准。连续两胎活产仔数窝均6头以下的；哺乳能力差，连续2次、累计3次哺乳仔猪成活率低于60%的；有严重恶癖者或有效乳头少于7个的；患过细小病毒病、乙脑、伪狂犬病等繁殖障碍疾病的；肢蹄病、先天性骨盆狭窄、经常难产、乳腺炎、子宫炎、习惯性流产等其他疾患难以治愈而影响配种或分娩的；连续3个情期不孕或断奶30天以上经采取措施仍不发情的；子宫脱出或因难产做过剖腹产手术的种母猪。

第二节
生产计划的编制及控制

养猪生产活动中需要计划的对象很多，不能一一说明，这里仅以一个年出栏1.2万头的一条龙商品猪场的年度计划为例，说明养猪生产中计划的编制程序和方法。年度计划一般包括生产技术参数确定、生产计划、饲料计划、制造费用计划、管理费用计划、工资计划、投入成本计划和财务预算等。

一、制定生产技术指标

制定生产指标需要考虑近几年本场的生产成绩和本场的品种、设备、人员等资源因素。以某信息技术有限公司猪场管理系统提供的全国32家不同地区猪场的生产数据为基础，确定以下生产技术指标供大家参考，见表18-2。

表18-2 生产技术指标参考值

生产指标	一般	良好	优秀
配种分娩率（%）	80	85	90
母猪更新率（%）	30	33	35
母猪平均窝产仔猪头数（头）	10	11	12
母猪年产胎次	2	2.15	2.30
产房成活率（%）	94	95	96
头均母猪提供断奶仔猪头数（头）	18.8	22.4	27.6
保育成活率（%）	94	95	96
保育猪料肉比	1.6	1.55	1.5
头均母猪提供育肥猪数（头）	17.3	20.9	24.9
生长育肥猪料肉比	2.95	2.87	2.72
全群料肉比	2.59	2.52	2.40
全群料肉比	3.2	3.02	2.82

注：目前猪场的情况一般的占90%，良好的占8%，优秀的占2%。

二、制订生产计划

制订生产计划一般是以目标产量为基础，以生产技术指标为依据，进行资源配置。年出栏12 000头商品猪，选择表18-2"良好"一栏的生产指标作为计算依据，其计算结果见表18-3。其计划程序及其数据的逻辑关系如表18-3（表格设计中，当年产出头数及产出重分别为该年的出售头数与增重产量，实际生产肯定不会如此巧合，这样设计的目的是为了使读者更加直观了解其中的逻辑关系）。

1.设计母猪周转及繁殖计划（表18-3）

表18-3　母猪群周转计划表

项目	1月	2月	3月	4月	5月	6月	7月	8月	9月	10月	11月	12月
基础母猪（头）	574	574	574	574	574	574	574	574	574	574	574	575
后备母猪头数（头）	16	16	16	16	16	16	16	16	16	16	16	192
种猪死淘头数（头）	16	16	16	16	16	16	16	16	16	16	16	192
期末存栏数（头）	574	574	574	574	574	574	574	574	574	574	574	574
配种头数（头）	121	121	121	121	121	121	121	121	121	121	121	121
分娩数（头）	103	103	103	103	103	103	103	103	103	103	103	103

（1）根据出栏数量，确定基础母猪数　均衡生产基础母猪存栏数 = 年出栏商品猪总数 =12 000/20.9（良好）=574头。非均衡生产基础母猪存栏数 = 上月基础母猪数 + 本月配种后备母猪数 − 死淘母猪数

（2）确定后备母猪配种数　理想状态后备母猪月配种数 = 母猪死淘数正常状态后备母猪月配种数 = 上月基础母猪数 × 母猪年死淘率 /12=574×33.3% /12 ≈ 16头。

（3）确定母猪死淘数　母猪死淘数 = 上月基础母猪数 × 母猪年死淘率 /12=574×33.3% /12 ≈ 16头。

（4）确定母猪每月末存栏数　母猪每月末存栏数 = 上月末存栏数 + 本月后备猪配种-本月母猪死淘数 =574+16-16=574 头（理想状态）。

（5）确定每月分娩胎数　均衡生产每月分娩数 = 基础母猪数 × 年产胎次 /12=574×2.15/12≈103 头；非均衡生产每月分娩胎数 = 第四个月配种数 × 配种分娩率。

（6）确定每月配种数　均衡生产每月配种头数 = 月分娩胎数 / 分娩率 = 103/0.85=121 头。非均衡生产每月配种头数 = 上月分娩胎数 / 分娩率。

2. 商品猪转群及出栏计划（表 18-4）

表 18-4　商品猪转群及出栏计划

项目	1月	2月	3月	4月	5月	6月
健壮仔增加头数（头）	1 133	1 133	1 133	1 133	1 133	1 133
断奶合格转群头数（头）	1 076	1 076	1 076	1 076	1 076	1 076
保育合格猪群头数（头）	1 023	1 023	1 023	1 023	1 023	1 023
出栏头数（头）	1 002	1 002	1 002	1 002	1 002	1 002

注：7～12 月各项目数据与 1～6 月数据一致，在此不再赘述。

（1）确定健壮仔增加数　每月健壮仔增加数 = 本月分娩胎数 × 窝平均产仔数 =103×11≈1 133 头。

（2）确定断奶合格转群数　断奶合格转群数 = 上月产仔数 × 产房成活率 = 1 133×95%≈1 076 头。

（3）确定保育合格转群数　断奶合格转群数 = 上月产房合格转群数 × 保育成活率 =1 076×95%≈1 023 头。

（4）确定产量（出栏数）　每月出栏数 = 前 4 个月保育合格转群数 × 生长育成成活率 =1 023×98%≈1 002 头。

3. 商品猪存栏计划（表18-5）

表18-5　商品猪存栏计划

项目	1月	2月	3月	4月	5月	6月
健壮仔增加头数（头）	1 133	1 133	1 133	1 133	1 133	1 133
断奶合格转群头数（头）	1 076	1 076	1 076	1 076	1 076	1 076
保育合格猪群头数（头）	1 023	1 023	1 023	1 023	1 023	1 023
全群合计（头）	3 232	3 232	3 232	3 232	3 232	3 232

注：7～12月各项目数据与6～12月数据一致，在此不再赘述。

确定期末存栏数：

乳猪存栏数＝期初存栏（上月期末存栏）＋本月健壮仔增加数×产房成活率－本月断奶合格＝1 133+1 133×95%－1 076≈1 133头。

保育猪存栏数＝期初存栏（上月期末存栏）＋本月断奶合格转群×保育成活率－保育合格转群＝1 076+1 076×95%－1 023≈1 076头。

生长育肥存栏数＝期初存栏（上月期末存栏）＋本月保育转群×生长育肥成活率－本月出栏数＝1 023+1 023×98%－1 002≈1 023头。

4. 增重计划（表18-6）

表18-6　生长猪增重计划

增重	1月	2月	3月	4月	5月	6月
乳猪增重（千克）	6 798	6 798	6 798	6 798	6 798	6 798
保育猪增重（千克）	14 722	14 722	14 722	14 722	14 722	14 722
小中大猪增重（千克）	78 688	78 688	78 688	78 688	78 688	78 688
总增重（千克）	100 208	100 208	100 208	100 208	100 208	100 208

注：7～12月各项目数据与1～6月数据一致，在此不再赘述，全程死亡数字已剔除。

乳猪阶段存栏均重＝（初生重＋断奶重）/2，此处定为3.5千克/头。

乳猪增重＝（乳猪期末存栏头数－乳猪期初存栏头数）×存栏均重＋本月期末存栏头数×本期头均增重（此处定为6千克）＝（1 133－1 133）×3.5+1 133×6≈6 798千克。

保育阶段存栏均重 =（断奶转入均重 + 保育转出均重）/2，此处定为 13 千克/头。

保育增重 =（保育猪期末存栏头数 – 保育猪期初存栏头数）× 存栏均重 + 本月期末存栏头数 × 本期头均增重（此处定为 20 千克）– 本月产房转入头数 × 产房转入均重（此处定为 6 千克）=（1 076 – 1 076）×13+1 076×20 – 1 133×6=14 722 千克

小中大猪存栏均重 =（保育转群均重 + 出栏重）/2，此处定为 60 千克/头。

小中大猪增重 =（小中大猪期末存栏头数 – 小中大猪期初存栏头数）× 存栏均重 + 本月出栏头数 × 出栏头均重（此处定为 100 千克）– 本月保育转入头数 × 保育头均增重（此处定为 20 千克）=（1 023 – 1 023）×60+1 002×100 – 1 076×20=78 680 千克。

总增重 = 乳猪增重 + 保育增重 + 育肥增重 =6 798+14 722+78 680=100 200 千克。

5. 全年饲料计划

（1）生长群饲料系数确定 （见表 18-7）。

表 18-7 生长育肥猪系数

饲料品种	饲养阶段	计算依据	系数
教槽料	产房每头 1 千克，保育阶段过渡 2 千克	每头教槽料 / 每头总耗料 =3/252	0.011904
保育料	保育阶段，小猪阶段头均增重 5 千克，过渡阶段头均增重 14 千克	（阶段料肉比 × 阶段增重）= 教槽耗料 + 小猪阶段料 / 头均猪总耗料 =（1.55×14 – 2+5）/252	0.098015
小猪料	小猪阶段头均增重 30 千克	（阶段料肉比 × 阶段增重–教槽耗料）/ 头均猪总耗料 =（2.2×30 – 5）/ 252	0.242063
中猪料	中猪阶段头均增重 25 千克	阶段料肉比 × 阶段增重 / 头均猪总耗料 =3×25 / 252	0.297619
大猪料	大猪阶段头均增重 25 千克	阶段料肉比 × 阶段增重 / 头均猪总耗料 =3.532×25 / 252	0.2350396

（2）母猪、公猪、后备母猪饲料量及各品种量确定 见表 18-8。

表 18-8　母猪、后备猪、公猪耗料确定

饲料品种	计算依据	日均饲喂量（千克）	总量（吨）
怀孕料	空怀、怀孕产前 90 天母猪饲喂，年定量 0.6 吨，基础母猪 574 头		344.4
哺乳料	临产前 14 天、泌乳期、断奶后准备配种的 1～7 天母猪，年定量 0.4 吨，基础母猪 574 头		229.6
后备料	饲喂 2.5 个月配种，全年 192 头	2.7	38.9
公猪料	采用人工授精，公母比例 1∶80，生产公猪 8 头，后备公猪 4 头	2.7	11.8

（3）生长猪群确定总耗料　见表 18-9。

表 18-9　全年各品种饲料消耗计算

饲料品种	1月	2月	3月	4月	5月	6月
乳猪料（千克）	3 005	3 005	3 005	3 005	3 005	3 005
保育料（千克）	24 773	24 773	24 773	24 773	24 773	24 773
小猪料（千克）	59 116	59 116	59 116	59 116	59 116	59 116
中猪料（千克）	74 949	74 949	74 949	74 949	74 949	74 949
大猪料（千克）	90 682	90 682	90 682	90 682	90 682	90 682
生长猪耗料（千克）	252 525	252 525	252 525	252 525	252 525	252 525
怀孕料（千克）	28 700	28 700	28 700	28 700	28700	28700
哺乳料（千克）	19 133	19 133	19 133	19 133	19 133	19 133
后备料（千克）	3 240	3 240	3 240	3 240	3 240	3 240
公猪料（千克）	986	986	986	986	986	986
合计（千克）	304 583	304 583	304 583	304 583	304 583	304 583
去后备料计（千克）	301 343	301 343	301 343	301 343	301 343	301 343

注：7～12 月各项数据与 1～6 月数据一致，在此不再赘述。

生长猪群总耗料 = 总增重 × 全程料肉比 =1 202 498×2.52=3 030 281 千克。

（4）生长猪各品种饲料数量　各品种数量 = 各月饲料总消耗量 × 系数。

三、年度成本预算

1. 饲料成本预算

见表 18-10。

表 18-10　饲料成本预算

项目	教槽料	保育料	小猪料	中猪料	妊娠料	哺乳料	后备料	公猪料
耗用量（千克）	36.06	29.73	709.4	1 088.2	344.4	229.6	31.6	11.8
单价（元/千克）	7.12	4.53	3.52	3.31	3.12	2.98	3.22	3.24
金额（万元）	25.67	134.68	297.70	339.52	102.63	81.51	12.52	3.82

2. 人力资源成本预算

见表 18-11。

表 18-11　人力资源成本预算

部门	经理室	财务		行政后勤		配怀		产保		育肥		其他
		会计	出纳	食堂	其他	主管	员工	主管	员工	主管	员工	
职位数	1	1	1	2	1	1	4	1	4	1	3	2
月工资（元/人）	6 000	3 000	2 500	2 500	2 000	3 500	2 500	3 500	2 500	3 000	2 500	2 500
全年（万元）	7.2	3.6	3	6	2.4	4.2	12	4.2	12	3.6	9	6

注：此处人员安排是传统形式的，即是非自动化养殖方式。

:3. 制造成本预算

见表 18-12。

表 18-12　制造成本预算

项目	饲料	药品	水电	机物料	员工工资（不含经理和财务）	伙食补贴	固定折旧	种猪折旧
单元成本（元/千克）	10.37	0.50	0.22	0.15	0.49	0.093	0.22	0.28
总成本（元）	12 477 684	601 246	264 550	180 375	594 000	111 832	336 698	336 699
计算依据	单位成本=项目总成本/总增重　举例：单位成本=总成本/总增重=14 903 084/1 202 498=12.39元/千克							

4. 管理费预算

见表 18-13。

表 18-13　管理费预算

项目	办公费用	电话费	管理工资（经理+财务）	运输费	招待费	合计
变动成本（元/千克）	0.012 5	0.004 5	0.114 8	0.015	0.016 7	0.163 5
总成本（元）	15 000	5 400	138 000	18 000	20 000	196 400
计算依据	单位成本=项目总成本/总增重　举例：单位成本=项目总成本/总增重=196 400/1 202 498=0.1635元/千克					

5. 年度财务预算

见表 18-14。

表 18-14　年度财务预算

项目	产品销售收入	产品制造成本	产品销售毛利润	管理销售费用	净利润
金额（元）	17 315 971.2	14 903 084	2 215 032.2	196 400	2 228 632.2
计算依据	总增重×14.4	见表 18-12	总收入-制造成本	见表 18-13	总收入-制造成本-管理销售费用
说明：假设期初存栏数、体重、价格与期末各指标均相同，否则需要加减。					

经营指明了企业前进的方向，制定了企业的、年度财务预算经营目标，管理是经营制定的目标实现的保证，然而，计划又是实施管理的第一步，是管理行为的行动纲领，任何没有计划的行动都是盲目的。

四、控制

为保证企业决策计划与实际作业动态相适应，衡量绩效和纠正偏差，猪场需要实施监督、检查和控制。猪场在推进计划与目标的落实和完成时，无论计划如何周密，都不可能一帆风顺。猪场在炎热的夏季容易出现母猪发情率偏低、母猪返情、流产的繁殖障碍。引起繁殖障碍的因素既有可能是母猪本身的问题，也有可能是配种状态不好引起；既有天气温度过高、防暑降温工作做得不好的原因，也有可能是疫苗免疫遗漏导致疾病的流行所致；既有可能是公猪精液的质量差的原因，也有可能是霉菌毒素超标所引起。需要逐一排查，查看问题母猪的档案卡历史记录，查看配种评分记录，查看免疫记录，查看疾病抗体监测记录，查看精液检测记录，结合现场临床情况，必要时进行实验室诊断，查找原因，采取纠正措施。很多猪场记录不完善，就难以分析找出问题的根源，小问题很容易发展成大问题。

第三节
猪场的现场管理

现场管理是指用科学的管理制度、标准和方法对生产现场各生产要素，包括人（工人和管理人员）、机（设备、工具、工位器具）、料（原材料）、法（加工、检测方法）、环（环境）、信（信息）等进行合理有效的计划、组织、协调、控制和检测，使其处于良好的结合状态，达到优质、高效、低耗、均衡、安全、文明生产的目的。现场管理是生产第一线的综合管理，是生产管理的重要内容，也是生产系统合理布置的补充和深入。现场实行"定置管理"，使人流、物流、信息流畅通有序，现场环境整洁，文明生产；加强工艺管理，优化工艺路线和工艺布局，提高工艺水平，严格按工艺要求组织生产，使生产处于受控状态，保证产品质量；以生产现场组织体系的合理化、高效化为目的，不断优化生产劳动组织，提高劳动效率；健全各项规章制度、技术标准、管理标准、工作标准、劳动及消耗定额、统计台账等，建立和完善管理保障体系，有效控制投入产出，提高现场管理的运行效能；搞好班组建设和民主管理，充分调动职工的积极性和创造性。

一、现场管理的内容和需要考虑的因素

现场管理的内容和需要考虑的因素见图 18-1。

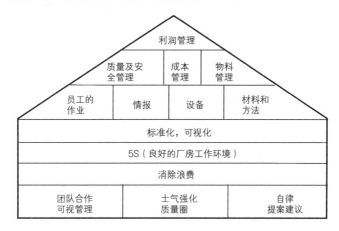

图 18-1　现场管理之屋

二、现场管理工具

1. 维持良好生产（工作）环境的"5S"

"5S"管理就是整理（SEIRI）、整顿（SEITON）、清扫（SEISO）、清洁（SETKETSU）、素养（SHITSUKE）5 个项目，因均以"S"开头而简称"5S"管理。开展以整理、整顿、清扫、清洁和素养为内容的活动，称为"5S"活动。

"5S"管理起源于日本，通过规范现场、现物，营造一目了然的工作环境，培养员工良好的工作习惯，其最终目的是提升人的品质，养成良好的工作习惯。

2. 标准化

所谓标准化，就是制定各种各样的规范，如规程、规定、规则、标准、要领等，这些规范的文件化称为标准（或称标准书）。制定标准，而后按标准行事则称之为标准化。那些认为编制或制定了标准即认为已完成标准化的观点是错误的，只有经过指导、训练并付诸行动才算是实施了标准化。猪场实施标准化就是要对生产各环节制定操作标准，各职能部门制定管理流程，并经过培训且付诸行动。创新改善与标准化是企业提升管理水平的两大轮子。改善创新是使企业管理水平不断提升的驱动力，而标准化则是防止企业管理水平下滑的制动力。没有标准化，企业不可能维持在较高的管理水平。

3. 可视化

可视管理就是通过视觉导致人的意识变化的一种管理方法。据统计，人的

行动的 60％是从"视觉"的感知开始的。因此，在企业管理中，强调各种管理状态、管理方法清楚明了，达到"一目了然"，从而容易明白、易于遵守，让员工自主地完全理解、接受、执行各项工作，这将会给管理带来极大的好处。现场里，每天都会发生各种不同的异常问题。现场里有两种可能的情况存在：流程在控制状态下或是在控制状态之外。前者意味着生产顺利，后者表示出了问题。可视管理的运作包含以现物、图例、表单及绩效记录，清楚地展示出来，以便管理人员及作业人员能经常记住那些影响质量、成本及出栏日期的要素。这些要素包括企业整体策略的展现，乃至生产绩效数字，最近的员工提案建议一览表。所以，可视管理为现场管理不可或缺的基础之一。在实施可视管理的场所，管理人员只要一走入现场，一眼即可看出问题的所在，而且可以在当时、当场下达指示。可视管理的技法，使得现场的员工得以解决这些问题。

三、现场管理的实施与改善

现场管理是一个复杂的系统工程。开展现场管理工作，常见做法可分为 3 个阶段：一是治理整顿——着重解决生产现场脏、乱、差，逐步建立起良好的生产环境和生产秩序；二是专业到位——做到管理重心下移，促进各专业管理的现场到位；三是优化提高——优化现场管理的实质是改善，改善的内容就是目标与现状的差距。

1. 制订工作计划

所有现场工作只有制订了详细的工作计划并设定具体可行的工作标准、目标，才能按标准操作，提高效率，才能发现现有标准的不足和与具体目标的差距，提出改善计划和实施改善行动，为持续改进打下好的基础。

2. 工作计划与生产记录簿

要完成工作计划与实现既定目标，必须将计划、目标分解到月、周、日，每日回顾当天的工作完成情况，总结分析经验教训，拟订第二天的工作计划，使明天的工作比今天做得更好，今天的工作做得比昨天更好。建立健全生产记录，以待被查，为日后发生问题后追查原因提供翔实的资料。

3. 反映生产状态的各种记录的可视化（跟踪记录卡）

根据可视化的要求，将反映生产状态的生产日志，所有猪群的各种跟踪记录卡（牌）等随着猪群移动或张贴在醒目位置，便于查看。

第十九章
猪场财务管理

　　财务管理是现代企业管理工作的中心环节，财务工作必须遵守国家有关法律、法规，并自觉接受国家财政、税务等部门及本企业的监督检查，养猪企业也不例外。

　　鉴于养猪行业及其产品的特殊性，国家在财税等方面有政策扶持，因此猪场财务工作的重点是成本核算和资金调配控制。

　　猪场财务有别于其他行业的难点是制定种猪资产的折旧和各类存栏猪产品的盘存估价。

第一节
财务术语

财务泛指财务活动和财务关系。前者指企业在生产过程中涉及资金的活动，表明财务的形式特征；后者指财务活动中企业和各方面的经济关系，揭示财务的内容本质。因此，财务术语的内涵概括说来，企业财务就是企业在生产过程中的资金运动，体现着企业和各方面的经济关系。财会术语即财务会计常用专业的术语。

一、固定资产

固定资产是指使用期限超 1 年的房屋、建筑物、机械设备、运输工具以及其他与生产、经营有关的仪器、器具、工具等资产。或虽不属于生产经营主要设备的物品，但单位价值在 2 000 元以上，并且使用年限超过 2 年的资产。这些资产属于固定资产，固定资产是企业赖以生产经营的主要资产。

二、流动资产

流动资产是指在生产经营等活动中，从货币形态开始，依次改变其形态，最后又回到货币形态（货币资金→储备资金、固定资金→生产资金→成本资金→货币资金）的资产。流动资产的形态包括货币资金、短期投资、应收票据、应收账款和存货等。

三、折旧

折旧是指固定资产在使用过程中因损耗而转移到产品中去的那部分价值。折旧的计算方法主要有平均年限法、工作量法、年限总和法等。

四、生产成本

生产成本是生产单位为生产产品或提供劳务而发生的各项生产费用，包括各项直接支出和制造费用。直接支出包括直接材料费（原材料、辅助材料、备用备件、燃料及动力等）、直接工资（生产人员的工资、补贴）、其他直接支出费（如福利费）；制造费用是指企业内为组织和管理生产所发生的各项费用，包括分厂、车间管理人员的工资、折旧费、维修费、修理费及其他制造费用（办公费、差旅费、劳保费等）。

五、固定成本

固定成本又称固定费用，相对于变动成本，是指成本总额在一定时期和一定业务量范围内，不受业务量增减变动影响而能保持不变的成本。如厂房和机器设备的折旧、财产税、房屋租金、管理人员的工资及福利等。

六、变动成本

变动成本是指在相关范围内随着业务量的变动而呈线性变动的成本。如直接工资、直接材料费等都是典型的变动成本，在一定时间内它们的发生总额随着业务量的增减而成正比例变动，但单位产品的耗损费则保持不变。

七、损益

损益亦称财务成果，是指企业的利润或亏损。

八、所有者权益

所有者权益是指资产扣除负债后由所有者应享的剩余利益，即一个会计主体在一定时期所拥有或可控制的具有未来经济利益资源的净额（净资产，即：所有者权益 = 资产 - 负债）。

与国际接轨的现代企业财务报表主要有资产负债表、损益表和现金流量表等。

第二节
财务预算

制定财务预算的依据是猪场年度生产计划和产品市场预测。根据生产计划和产品的市场预测，预测猪场计划年度内生产周转的资金流量和维持生产正常周转的资金需求，为企业正常运转预作融资计划；更重要的是对猪场的生产计划做出财务评估，为领导决策和成本控制提供财务依据。

财务管理不应仅局限于财务业务本身，应在财务预测的基础上，充分预估计划期内可能出现的影响生产经营的各种环境变化因素，并制订应对预案，充分发挥财务服务、指导和预警、监督生产经营的功能。

财务预算的主要内容：

一、固定费用

固定费用又称固定成本，是猪场正常运行每年必需的费用支出。

二、变动费用

变动费用又称变动成本，是猪场运行过程中为生产而投入的各项直接费用

（详见前述）。

三、销售预测

根据市场供需动态，预测年度生产计划产品的销售价格，在宏观经济 CPI 基本稳定的情况下，可根据 3 年平均销售价格预测参数。

四、盈亏临界点分析

盈亏临界点是指企业收入和成本相等时的特殊经营状态，即为边际贡献（销售收入总额减去变动成本总额）等于固定成本时，企业处于既不盈利也不亏损的状态。盈亏临界点分析也称保本点分析，首先它可以为企业经营决策提供在何种业务量时企业将盈利，或在何种业务量时企业会出现亏损等总体性的信息；也可以提供在业务量基本确定的情况下，企业降低多少成本，或增加多少收入才不至于亏损的特定经济信息。盈亏临界点可以为企业内部制定经济责任目标管理提供依据。

盈亏临界点销售量 = 固定成本 ÷（单价 − 单位变动成本）。

盈亏临界点销售额 = 单价 × 盈亏临界点销售量。

例：某商品猪场每月固定成本 8 000 元，预测期内每生产一头商品猪的变动成本为 800 元，预估出栏每头商品猪的平均销售收入为 1 000 元（单价），则：月保本销售量 =80 000÷（1 000 − 800）= 400 头；月保本销售量 = 1 000×400 = 400 000 元。

在上述条件下，该猪场的盈亏临界点是月销售商品肉猪 400 头或月销售收入 40 万元，提高效益的途径是降低变动成本和增加商品肉猪出栏量（当然也可压缩非生产人员等以减少固定成本）。

五、影响利润的因素

影响猪场利润的因素有产品销售量、产品销售价格、变动成本和固定成本等 4 个方面，各因素的变化都会引起利润的变化，但其影响的方向和程度各不相同：一般情况下，利润与前两个因素呈正相关，与后两个因素呈负相关，也就是管理学上常提的"增产节约、增收节支"。在适度生产规模下，通过提高劳动效率和设备利用率，以扩大产量、降低单位产品直接工资支出和折旧等制造费用支出；压缩非生产人员，可以降低固定成本；产品销售价和原料采购价受环境影响较大，但通过加强市场信息管理，可以采购到相对质优价廉的饲料等原料和选择适当的渠道、争取到商品猪最好的销售价和出栏时段；通过精细化管理，提高猪产量和饲料利用率，这对降低变动成本和提高利润的影响最大。

第三节
猪场的成本核算

经营核算是扩大再生产的重要前提条件。成本是商品经济的价值范畴，是商品价值的组成部分，即指生产某一产品所耗费的全部费用。成本作为产品生产过程中的各项费用支出，可以反映企业经济活动中"投入"和"产出"的关系，是企业进行决策和计算盈亏的依据，也是衡量企业生产经营管理水平的一项综合指标。做好成本管理工作可以节约资金成本，提高养猪场的经济利益，实现经济效益最大化。

一、成本核算的基本概念

成本核算是企业进行产品成本管理的重要内容，是猪场不断提高经济效益和市场竞争能力的重要途径。猪场的成本核算就是对猪场生产仔猪、商品猪、种猪等产品所消耗的物化劳动和活劳动的价值总和进行计算，得到每个生产单位产品所消耗的资金总额，即产品成本。为了客观反映生产成本，必须注意成本与费用的联系和区别。在某一计算期内所消耗的物质资料和活劳动的价值总和是生产费用，生产费用中只有分摊到产品中去的那部分才构成生产成本。

二、生产成本核算的方法

进行生产成本的核算需要完整系统的生产统计数据，这些数据来自日常生产过程中的各种原始记录及其分类整理的结果，所以建立完整的原始记录制度、准确及时地记录和整理原始材料是进行产品成本核算的基础。通过产品的成本核算达到降低生产成本、提高经济效益的目的，因此需要了解具体的成本核算方法。

1. 确定成本核算对象、指标和计算期单位

养猪场生产的终端产品是仔猪、种猪和瘦肉型商品猪，成本核算的指标是每千克或每头猪所消耗的资金总额，计算期有月、季度、半年、年等单位。

2. 确定构成养猪场产品成本的项目

一般情况下将构成猪场产品成本核算的费用项目分为两大类，即固定费用项目和变动费用项目。变动费用项目是指那些随着猪场生产量的变化其费用大

小也显著变化的费用项目，例如猪场的饲料费用；固定费用项目是指那些与猪场生产量的大小无关或关系很小的费用项目，其特点是一定规模的养猪场随着生产量的提高由固定费用形成的成本显著降低，从而降低生产总成本，这就是规模效应，降低固定费用是猪场提高经济效益的重要途径之一。在进行成本核算的基础上，考察构成成本的各项消耗数量及其增减变化的原因，寻找降低成本的途径，在增加生产量的同时，不断地降低生产成本是猪场扩大盈利的最有效方法。

（1）变动成本费用项目　饲料、药品、煤、汽油、电和低值易耗品（扫帚、清粪锹）等费用。其中，饲料还包含饲料的买价、运杂费和饲料加工费等。

（2）固定成本费用项目　饲养人员工资、奖金、福利费用，以及猪场直接管理人员费用、固定资产折旧和维修费。

三、养猪成本的构成及计算

1. 仔猪费

平均每头仔猪的费用＝同批仔猪的总支出费用（外购或自繁应算出其费用）÷仔猪总数。

2. 饲料费

把同一批猪所消耗的各种精、粗饲料的实际用量，按单价计算出来再相加，再把各项饲料费相加，得出饲料费用支出总金额。每头猪饲料费＝饲料费用支出总金额÷同批出栏猪头数。一般饲料成本占总成本的60%～75%。这是分析生产性与非生产性开支是否合理、有没有饲料浪费的一项重要指标。

3. 人工费

养猪专业户既是生产者又是经营者，一般都不计算本户耗用的人工，只计算雇用工人的工资。对规模养猪大户来说，人工费用是养猪成本中的重要项目，每个劳动力一年的费用理应分摊到每头商品猪身上。平均每头猪耗用工日＝一批猪共耗用总工日÷出栏猪头数，每头猪人工费＝一个工日平均工资×每头猪平均耗用工日。

4. 折旧费

每头猪所分摊的折旧费＝固定资产（如房舍、机具等设备）的购入价÷使用年限÷当年出栏总头数。

5. 水电费

出栏1头商品猪（体重100千克）所耗用的水电费。

6.低值易耗品费用

出栏 1 头商品猪（体重 100 千克）所摊销的低值易耗品的费用。

7.药费及防疫消毒费

出栏 1 头商品猪（体重 100 千克）所耗用的医药费。

8.其他费用

出栏 1 头商品猪（体重 100 千克）所摊销的管理费、业务费、办公费、利息等。

以上各项累加后得出养猪的成本。

四、养猪成本的核算方法

可以实行分群核算，也可以实行混群核算。

1.分群饲养和分群核算

所谓分群饲养和分群核算是指以猪的不同日龄群或不同用途群作为成本核算对象，实行分群喂养，分群归集生产费用，并分群计算成本。一般分为基本猪群、2～4 个月幼猪群、4 个月以上育肥猪群。分群核算的主要指标有饲养头日成本、增重成本、活重成本等。

（1）饲养头日的计算　猪群饲养头日成本 = 该猪群本期饲养费用 ÷ 该猪群本期饲养头日数。猪群期内饲养头日数 = 期初存栏头数 × 本期日历天数 + 期内增加头数 × 增加日至期末日天数 - 期内减少头数 × 减少日至期末日天数。猪群期内减少头数及减少日至期末日的饲养头日数包括在总饲养头日中，应予扣除，这样才能计算出实际饲养头日数。

（2）增重量的计算　猪群增重量是反映当期饲养管理工作质量的重要指标之一，其中不应包括病死猪。因病死猪只能收回一些残值，其成本只能视为无效的投入，所以在计算增重量时必须扣除病死猪。

增重量 = 期末存栏总重 + 期内离群 （不含病死猪）活重 - 本期购入和转入的活重 - 期初存栏活重。

（3）分群核算的成本计算公式　①猪群的饲养头日成本 = 猪群本期的饲养费用 ÷ 猪群本期饲养头日数。猪群饲养头日数 = 期初存栏头数 × 本期日历天数 + 期内增加头数 × 增加日至期末日天数 - 期内减少头数 × 减少日至期末日天数。②猪群增重单位成本 = 本期饲养成本 ÷ 本期增重量 = ［本期饲养费用 - 副产品价值（含病死猪残值）］÷［期末存栏总重量 + 期内离群（不含病死猪）活重 - 本期购入和转入的活重 - 期初存栏活重］。③猪群活重单位成本 = 猪群活重生产总成本÷猪群活重=［期初存栏成本＋期内转入、购入成本＋本期饲养费用－副产品价值（含病死猪残值）］－［期末存栏活重＋本期离群活重（不含病死猪）］。

2.混群饲养及其成本核算

混群饲养即以猪的不同种类为核算对象，实行混群饲养，综合归集生产费用，计算综合成本。

（1）混群饲养及其成本 生产总成本应为生产过程中发生的应计入成本的全部费用之和，养猪业生产中既包括本期饲养成本，又包括期初结转和期内购入、调入的成本。

本期生产总成本=期初存栏成本＋期内调入、购入成本＋本期饲养成本=期末存栏成本＋期内离群成本。

本期离群成本=本期生产总成本－期末存栏成本。

本期销售成本=本期生产总成本－期末存栏成本－期内调出成本。

（2）混群饲养条件下的成本计算公式 ①猪群的生产总成本=期初存栏成本＋期内购入、调入猪群成本＋本期饲养费用－副产品价值（含病死猪残值）。②猪群本期销售成本=期初存栏成本＋期内调入、购入猪群成本＋本期饲养成本－期末存栏成本－期内调出猪群成本。③猪群期末存栏成本=期初存栏成本＋本期饲养成本＋期内购入、调入猪群成本－期内售出、调出猪群成本。

第四节
财务分析

现代规模化猪场的财务分析是指以财务报表和生产管理资料等为依据，采用专业的方法，系统分析和综合评估猪场过去和现在的经营结果、财务状况及其动态，目的是分析存在的问题、提出完善的对策、避免决策失误和提高经济效益。财务分析的方法有比较分析法和因素分析法两种。

一、比较分析法

比较分析法是选取2个或以上的有关可比数据进行对比的方法。可采用与本企业历史水平对比、与本企业计划对比、与同类企业水平对比等。财务比率的比较是最重要的比较分析方法，它们是相对数，排除了规模影响，使不同比较对象之间具有可比性。企业经营管理常用的财务比率主要有变现能力比率、资产管理比率、负债比率和赢利能力比率等 4 项。

1. 变现能力比率

变现能力是企业产生现金的能力，即短期偿债能力，主要有流动比率和速动比率。

流动比率 = 流动资产 ÷ 流动负债。

速动比率 = （流动资产 – 存货）÷ 流动负债。

一般认为，生产企业合理的最低流动比率为 2，正常的速动比率为 1。

（1）资产管理比率　是用来衡量企业在资产管理效率方面的财务比率，主要有存货周转率和应收财款周转率。

存货周转率 = 销售成本 ÷ 平均存货。

应收账款周转率 = 销售收入 ÷ 平均应收账款。

通常认为，存货周转率和应收账款周转率越高，说明流动资产的利用率越高，则可减少流动资产占用量，节省财务费用，增强企业盈利能力。

（2）负债比率　是指债务和资产、净资产的关系，反映企业偿付到期长期债务的能力，主要有资产负债率、产权比率。

产权负债率 = 负债总额 ÷ 资产总额 ×100%。

产权比率 = 负债总额 ÷ 所有者权益总额 ×100%。

从财务管理角度看，借款时应充分估计预期利润的偿债风险，当利润所得高于同期负债利息时，负债应是在可控的安全范围，但必须考虑盈利的持续能力与偿债期限。

2. 盈利能力比率

盈利能力是企业赚取利润的能力，主要有销售净利润率和净资产收益率。

销售净利润率 = 净利润 ÷ 销售收入 ×100%。

净资产收益率 = 净利润 ÷ 平均净资产 ×100%。

以上 2 个指标分别反映的是每 1 元销售收入和每 1 元平均净资产所创造的净利润。净利润的多少与企业资产规模、产品及其结构、经营管理水平等有着密切关系，根据以上指标可评价企业经济效益的高低及提高利润水平的潜力。

二、因素分析法

因素分析法是根据分析指标和影响因素的关系，从数量上确定各因素对指标的影响程度的方法。通常在比较分析的基础上，发现有重大异常变动时，则采用因素分析法。

利用以上财务分析方法，能够比较真实、客观地反映出猪场的财务运行状况及存在的问题，帮助管理者做出正确决策，提高猪场的经营管理水平。

第五节
猪场财务核算应建的会计账目

财务核算是现代规模猪场和养猪户的一种经常性的持续财务管理活动，它是提高经营管理水平、正确执行国家有关财税政策和纪律、获取盈利、维持或扩大再生产必不可少的重要管理环节，要充分认识做好这项工作的重要性和必要性。

目前，一般规模较大的猪场虽然都有会计岗位和专职会计人员，从事会计业务，但开展专业财务核算和财务分析的较少。而面广量大的小规模猪场和养猪户，一般无专职会计人员，大多数以记流水账代替财会工作，经营管理者普遍存在着重生产、轻管理（财务核算）的现象。这都不利于养猪生产的发展和效益的提高。先就小规模猪场和养猪户开展财务核算，必须建立的账目及其会计实务，摘要简述如下。

一、记账的主要科目

1. 设账目的

全面、正确地掌握养猪生产经营的收支和损益情况，加强经营管理。

2. 设账要求

会计科目设置简约、必需和实用；分类记账，便于分类汇总、分析，以充分发挥财务对生产经营的服务指导和监督功能。

本着上述宗旨，会计科目大体可归类为收入、支出和结存3类，一般可设下列主要科目，见表19-1。

表19-1　账户科目表

收入类	支出类	结存类
仔猪收入	饲料支出	现金
肉猪收入	买猪支出	存款
种猪收入	医疗费支出	固定资产

收入类	支出类	结存类
粪肥收入	配种支出	累计折旧
其他收入	人工及社保、福利支出	存货
借贷款	折旧支出	其他物资
预收款	运费支出	借贷款余额
	用具支出	
	税和利息支出	
	预付款	
	其他支出	

二、账户的主要分类

账户是会计日常核算的工具，它是反映生产经营活动中资金运作、物资消耗、财产变动等情况的分门别类的连续记录。按用途一般可分为总账户（总账）和明细账户（明细账）两类。

1. 总账

总账是反映全部养猪生产经营活动，以货币为计量单位，总括归类登记的账簿，见表19-2。它定期按记账凭证进行登记汇总，供核算本月或本生产期的发生额合计和余额，是明细账的汇总，并受其制约，余额用于试算平衡。它随时登记，方法简便。

表19-2　总账

年　月　第　页

科目	摘要	月初余额	凭证号码	收入	支出	月末余额
……						
仔猪收入				√		
饲料支出					√	
……						

2. 明细账

明细账是会计科目的分类账户，它为总账提供详细、具体的资料，采取货币和实物计量法。每次既登记数量（种猪需记明品种、性别、头数和重量）又登记金额，可同时用来进行实物、价值形式的核算，简明扼要。

三、常用的记账方法

在明确会计科目和建账之后，就按收入类、支出类、结存类中的各科目分别编入账簿。记账的方法有多种，适宜小规模猪场和养猪户的记账方法是复式记账法的收付记账法，见表19-3、表19-4。其特点是：

1. 以现金、实物的收支作为核算对象

如猪产品销售收入，借入资金，购买饲料、用具等，均可以钱、物的收支形式反映在收付账户上。记账时，用"收""付"二字作为记账符号。

2. 以存货变现的收支核算

存货变现以同收、同付或有收有付的形式作为记账规则。如出售肉猪的收入，须在收入类和结存类科目中同时记收入栏（如出售肉猪款）和支出栏（减少肉猪库存）；生产费用的支出，也须同时在支出类和结存类账户中对应记入。

3. 平账结算

用收入（余额）－支出（余额）＝结存（余额），作为平账结算的公式。

这种记账方法与实际经济活动中的"收""支""存"的概念相符，道理简明，方法简单。

表19-3是以饲料大类为单位的记账明细表，在饲料仓库账中，应另建以单项原料为单位的入库和出库数量明细表，以便及时反映各类饲料原料的存货动态。

表19-3 明细账（1）

凭证编号　　编号1　　名称：饲料　　第　页　　　年　月　日

摘要	收入				支出				结余			
	头数	重量	单价	金额	头数	重量	单价	金额	头数	重量	单价	金额
购入玉米						√	√	√				
购入大麦						√	√	√				
出售豆饼		√	√	√								
购入米糠						√	√	√				

表19-4 明细账（2）

凭证编号 编号2 名称：饲料 第 页 年 月 日

摘要	收入				支出				结余			
	头数	重量	单价	金额	头数	重量	单价	金额	头数	重量	单价	金额
购入仔猪					√	√	√	√				
出售肉猪	√	√	√	√								

四、记账的基本原则和要求

会计记账是把发生的一切经济活动情况（收、支、贷、存等）按时间顺序分类归口分别在账簿上进行登记，它必须遵循一定的原则和要求，才能做到准确、及时、完整、可靠。其原则和要求是：记账和凭证要真实无误；记账的凭证日期、数量、金额等必须与原始凭证完全相符；总账与明细账的记载必须相符；做到逐笔登记，切忌遗漏，字迹清楚，数字不跨位空格，前后页要连续登记；发现错处，用红笔画掉，以示注销更正；无收支凭证时，可自制凭证；先记明细账，后记总账；收入在收入栏和结存栏内同时记"收"，支出在支出栏和结存栏同时记"付"；必须定期将明细账余额与总账余额进行核对。

第六节
猪场的主要财务报表

规模化猪场的主要财务报表有流动资产盘存表、主营业务收入表（表19-5）、主管业务成本表（表19-6）、资产负债表（表19-7）和损益表（表19-8）。会计人员必须及时、准确地做好实务工作，及时编制财务报表。一般情况下，须每月将资产负债表和损益表报送当地财税部门和猪场场长（业主）；大型猪场还需编制现金流量表。

表 19-5　主营业务收入表

日期	编号	摘要	头数	重量	单价	金额	备注

表 19-6　主管业务成本表

日期	编号	摘要	头数	重量	单价	金额	备注

表 19-7　资产负债表

编制单位　　　　　　　　　　编制日期

资产	行次	年初数	年末数	负债及所有者权益	行次	年初数	年末数
一、流动资产				五、流动负债			
现金	1			短期借贷款	19		
银行存款	2			应付账款	20		
应收账款	3			预收账款	21		
预付账款	4			其他应付款	22		
存货	5			应付工资	23		
其他流动资产	6			应付福利费	24		
流动资产合计	7			其他未交（付）款	25		
二、固定资产				预提费用	26		
固定资产原值	8			其他流动负债	27		
减：累计折旧	9			流动负债合计	28		

续表

资产	行次	年初数	年末数	负债及所有者权益	行次	年初数	年末数
固定资产净值	10			六、长期负债			
	11				29		
	12			负债总计	30		
三、无形及递延资产				七、所有者权益			
	13			实收资本	31		
	14			资本公积	32		
	15			盈余公积	33		
四、其他资产				本年利润	34		
	16			未分配利润	35		
	17			所有者权益合计	36		
资产总计	18			负债及所有者权益总计	37		

表 19-8 损益表

编制单位： 编制日期： 单位：元

项目	行次	本月量	本年度	合计
一、主营业务收入	1			
减：营业成本	2			
营业费用	3			
营业税及附加	4			
二、主营业务利润	5			
加：其他业务利润	6			
减：管理费用	7			
财务费用	8			
	9			
	10			

续表

项目	行次	本月量	本年度	合计
三、营业利润	11			
加：投资收益	12			
营业外收入	13			
减：营业外支出	14			
	15			
四、利润总额	16			
减：所得税	17			
五、净利润	18			

第七节
猪场的采购

猪场的采购是一个相对薄弱的环节，同时也是最关键的环节。猪场70%～80%的资金都是从这个地方流走的，猪生长的物质基础好坏也在此环节，决策者应给予重视。

一、采购内容

猪场采购包括饲料原料、成品料、兽药、疫苗、器械、生活及办公用品。一个优秀的养殖企业的成本比例大致如下：饲料费66.58%，兽药费1.42%，疫苗费1.16%，销售费用1.58%，能源费1.79%，人员费9.47%，折旧7%，余下为其他费用。

二、采购单价与饲养成本

饲料费用最大，每种原料的变化对每头肥猪成本变化如下：玉米价格每上下浮动1%，肥猪相应浮动4%；豆粕100元/吨，肥猪15元/头；4%预混料差1 000元/吨，每头猪差6元。如果这些主要原料能做好，可使每头肥猪成本降低25元或更多，年出栏1万头肥猪的猪场至少多盈利25万元。

兽药、疫苗的采购也是猪场重要的方面之一，花钱不是太多但影响巨大，如果失误后果不堪设想。在兽药、疫苗的采购上必须做到质量第一。

三、采购原则

1. 和供应商建立友好合作关系

猪场要与供应商一起实现原料的需求，注意"商业伙伴"理念。在商业活动中要么双赢，要么不成交，双方培养成长期合作伙伴关系，可配合猪场降低成本，提高质量，实现效益最大化。

2. 在采购中与供应商的技术、市场分享

猪场在长期封闭的状态下工作，技术和信息相对滞后，这就需要借助外界力量，定期让饲料服务专家进场与生产技术人员交流，以弥补猪场技术等方面的不足。

3. 反对任何形式的回扣

回扣不是促销而是犯罪，它腐蚀着企业的肌体，使政策不能贯彻到底，措施不能落实到位，使人心涣散，企业损失巨大，进而使企业走向衰落。

4. 采购人员向领导汇报的所有材料必须客观实际

表现出诚实，不能编造信息，更不能向领导封锁信息，也不能把企业信息拿来作为个人收益的手段。

四、采购的五大要求

1. 合适的地点

合适的地点主要是指合适的供应商，要分析供应商是否有知识，是否勤奋、诚实，是否正道行事，给猪场的东西能否满足企业需要，品质是否合格，价格是否合理，供货是否稳定。由不断开发新的供应商，以应对价格压力，发展成为减少供应商数量，稳定供应商，建立双赢联盟。

2. 合适的时间

采购人员的工作就是要缩短供应商前置期及周期时间，以配合使用单位的生产安排，达到及时供货的目的，让生产线得以顺利运转，保证持续供货，不使生产线停产是采购人员的职责。采购人员还应该根据产品的生产时间及保质期等做出敏锐的反应。

3. 合适的数量

一是需要多少就采购多少，以保持最低库存量，一般以保持 2 周为宜。二是采购人员要能结合原料价格变化、企业资金和库存条件等采购合适的数量。

4. 合适的质量

一方面，质量达不到要求坚决不要，在合适的范围内可以变通使用。另一方面，质量规格要求特别高，价格也会很高，质量过剩使成本无益地提高，也是无价值的浪费。企业在采购中要求品质的一致性，同一个品种供应商的货物应没有明显的外观和内部差异，即质量稳定。

5.合适的价格

在传统的采购中要求价格最低，而战略技术性质的采购要求最科学合理，终端效益最佳。总之，持久的采供关系只有一个基础：采购方深信特定供应的产品最符合使用需求，综合价值也高。

第二十章
养猪生产中常用的宏观指标

规模化猪场的生产统计数据庞大而复杂，建立一个高效的生产数据统计体系尤为重要。因此，要配备专职或专门兼职的统计人员，并保证统计人员的相对稳定性，才能确保统计数据的真实性及数据分析的正确性。统计工作要根据猪场实际，不断优化数据逻辑关系，不断优化计算方法，不断完善统计制度，以充分发挥生产统计及数据分析对生产管理、计划管理、成本核算和工资计件的基础作用，为猪场及上层管理人员及时发现问题、解决问题、提高生产性能、提高生产成绩、降低消耗成本等提供强有力的数据支撑。

第一节
规模化猪场数据收集与分析

数据收集与分析在规模化猪场中占有重要地位，它是做好生产计划、确保生产井然有序的先决条件，也是猪场重大决策的支撑点，体现生产成果的载体，对生产过程进行控制的着手点，分析成本与效率的依据，挖掘生产潜力、发现潜在浪费的有力工具。就疾病控制而言，恰当的数据分析还能预警疾病的发生发展，防患于未然，从而极大地减少疾病带来的损失。而数据的收集、管理与分析是一个有机整体，数据的设置是否恰当、数据的管理是否有效、数据的分析是否深入到位都将直接影响整体功能的发挥。规模化猪场如何开展此项工作呢？目前尚缺乏统一的标准或模式，现以某集团公司为例，对此进行探讨。

一、猪场常用的数据

一般规模化猪场有隔离舍、后备舍、配种怀孕舍、分娩保育舍、生长测定舍、公猪站等，现分述如下：

1. 隔离舍 / 后备舍

常用的数据有：①后备猪隔离天数，为疾病控制需要，需要足够的隔离时间，通常需要 45 天以上。②后备猪死淘率，以批次为单位计算引入的后备猪死亡、淘汰比例。③ 10 月龄猪利用率，后备猪达到 10 月龄已怀孕的比例，也是按批次计算，逐头统计每一头后备母猪达 10 月龄以后的状态来计算。猪场可根据自己的标准调整为 8 月龄猪或 9 月龄猪利用率。④超期未发情比例，以一定日龄（比如 300 天）为标准判定母猪是否为超期不发情母猪，统计此类母猪占引入（或者去掉死淘）的后备猪的比例。

2. 配种怀孕舍

常用的数据有：①断奶 7 天发情率，同一批次断奶后 7 天内发情配种的比例。②配种分娩率，某一时间段内配种的母猪最后分娩的比例。没有分娩的称为失配，可统计失配率。③空怀返情流产率，统计某段时间内配种的母猪出现空怀、返情、流产的比例。配种 60 天以后没有怀孕的母猪称空怀，小于 60 天算返情。看到流产物视为流产。④妊娠死亡淘汰率，以整个怀孕舍或某批猪为基础统计怀孕母猪死亡淘汰的比例。⑤胎龄结构，以怀孕猪或基础母猪群统计各胎母猪所占的比例。本次配种完成至下次配种前为同一胎次。⑥断奶、怀孕期料量，可统计整个配种前、怀孕期的平均料量或不同时间段的平均料量。

3. 分娩保育舍

常用的数据有：①胎均总仔，某一段时间内所产总仔数（含死胎、木乃伊胎）/对应窝数。②胎均健仔，某一段时间内所产健仔数（总仔去掉死胎、木乃伊、弱小仔、畸形仔）/对应窝数。③胎均无效仔比例，某一段时间内所产死胎、木乃伊、弱小仔、畸形仔总数/总仔数。④胎均断奶活仔，某一段时间内断奶仔猪数量/对应窝数。⑤胎均转保正品苗，某一段时间内转保加上市正品仔猪数量/对应窝数。⑥猪苗上市正品苗率，同一批次上市正品猪苗/当批次断奶或转保总数。⑦产房仔猪死亡率，某段时间内产房死亡的仔猪数/同期产房仔猪存栏数。⑧保育仔猪死亡率，某段时间内保育舍死亡的仔猪数/同期保育仔猪存栏数。⑨哺乳母猪日均采食量，统计产房单元母猪每天平均采食量，可统计每条线整个产房，也可统计每一个单元。⑩仔猪采食量，统计不同日龄阶段仔猪的平均每头采食量。

母猪年分娩胎次。①用繁殖周期来计算：繁殖周期 = 母猪平均妊娠期 + 产房平均哺乳期 + 母猪断奶至配种平均天数。年分娩窝数（胎次）=365/繁殖周期。②用电脑统计：电脑统计本年度总分娩窝数/生产母猪数（凡有配种、分娩记录的母猪都算）。一般说来，用电脑统计的数值会比用繁殖周期计算得更低，因为前者包含了补充的后备母猪、提前淘汰的经产母猪，而它们常常只分娩了1次。但对于均衡生产的猪场，用电脑统计计算更有实际意义，可以体现空耗猪的影响。

单头母猪年上市正品猪苗数量 = 每年上市正品猪苗数量/年基础母猪数量。

4. 公猪站

常用的数据有：①后备公猪利用率，引入的后备公猪调教利用的比例。②公猪精液合格率，所采精液合格的比例，可以以月、年度为单位进行统计合格率。

5. 生长舍

常用的数据有：①料肉比，饲料消耗量/增重。②生长舍成活率，生长舍上市的猪数/转生长舍猪数。可以统计多栋猪舍，也可只统计一栋猪舍或某一批猪。③上市正品率，上市正品猪数/（上市正品猪数 + 上市 B 级猪数）。④上市日龄，上市猪的平均日龄，可以按猪舍或按批次统计。⑤上市均重，上市猪的平均体重。可以按猪舍或按批次统计。原种、扩繁场关键数据还有各阶段窝均选留数，原种场还有测定比例、遗传指数等。

二、数据收集

1. 数据的收集过程

猪场印制各类报表，交给各级员工填写，定期上报，由专人负责录入专门的电脑系统，再由相关人员从系统获取各类汇总分析报表。

2. 常用的数据表格

以配种怀孕舍为例：有日报表、周报表、月报表等，见表20-1至表20-4。以全场为例：常用周报表，月报表、季度表、半年表、年度表（格式一致）。

表20-1　配种怀孕舍日报表

年　　月　　日　　单位：头

舍号	妊娠母猪				空怀母猪				后备母猪				种公猪				配种记录	
	转入	转出	死淘	存栏	转入	转出	死淘	存栏	转入	转出	死淘	存栏	转入	转出	死淘	存栏	初配	复配
合计																		

负责人：

表20-2　配种妊娠舍周报表

（　　）周　　年　　月　　日　　单位：头

项目 / 星期	配种情况				变动情况												存栏情况						
					转入				转出				死淘										
	断奶♀	返情♀	后备♀	小计	断奶♀	成年♂	后备♀	后备♂	妊娠♀	成年♂	后备♀	后备♂	基础♀	成年♂	后备♀	后备♂	妊娠♀	空怀♀	成年♀	成年♂	后备♀	后备♂	合计
一　D																							
一　Y																							
一　L																							
一　LY																							

续表

星期	项目	配种情况				变动情况												存栏情况						
		断奶♀	返情♀	后备♀	小计	转入				转出				死淘				妊娠♀	空怀♀	成年♂	成年♀	后备♀	后备♂	合计
						断奶♀	成年♂	后备♀	后备♂	妊娠♀	成年♂	后备♀	后备♂	基础♀	成年♂	后备♀	后备♂							
二	D																							
	Y																							
	L																							
	LY																							
合计																								

负责人：

表 20-3 配种怀孕舍月报表

（ ）周　　　年　　月　　　日　　单位：头

公猪存栏变动情况						配种怀孕舍存栏变动情况											配种情况					
月初存栏♂	转入♂	死亡♂	淘汰♂	转出♂	月末存栏♂	成年母猪					后备母猪						配种数	返情	流产	空怀	怀孕死亡	怀孕淘汰
						月初存栏	转入	死亡	淘汰	转出	月末存栏	月初存栏	转入	死亡	淘汰	转出	月末存栏						
合计																							

负责人：

表 20-4　全场生产情况周报（月）统计报表

年　　月　　日

配种妊娠车间	转入后备公/母（头）		保育车间	转入仔猪（头）	
	转入断乳母猪（头）			转出仔猪（头）	
	转出怀孕母猪（头）			转出均重（千克）	
	配种/返情复配（头）			耗料（千克）	
	母猪流产/阴道炎（头）			料肉比	
	淘汰公/母猪（头）			转出仔猪成活率	
	死亡公/母猪（头）			死亡（头）	
	周（月）末存栏母猪空怀/配种（头）			周（月）末存栏（头）	
	预产（窝）			转入保育猪（头）	
分娩车间	实产（窝）		生长猪车间	转出生长猪（头）	
	产健仔总数（头）			转出均重（千克）	
	产畸形/弱仔总数（头）			耗料（千克）	
	死胎（头）			料肉比	
	哺乳仔猪病死/机械死亡（头）			转出猪成活率	
	断奶仔猪（头/窝）			死亡（头）	
	断奶仔猪平均重（千克）			周（月）末存栏（头）	
	断奶仔猪成活率		育肥猪车间	转入生长猪（头）	
	母猪淘汰/死亡（头）			出栏育肥猪（头）	
	转出仔猪数（头）			出售育肥猪（头）	
	转出仔猪均重（千克）			耗料（千克）	
	转出成活率			料肉比	
	存栏哺乳仔猪（头）			出栏猪成活率	
	存栏断乳仔猪（头）			死亡（头）	
	存栏母猪分娩/待产（头）			周（月）末存栏（头）	
	周（月）末存栏（头）				

负责人：

三、数据管理

规模化猪场的数据是十分庞大而复杂的，为了让数据充分发挥作用，需要建立强大的数据管理体系，从而确保数据的真实性、及时性，分析方法的正确性。具体操作简述如下：

1. 确保真实性

①每类报表逐级层层核对。为此一些关键报表需要多联制，便于取出复写表格核对。②组内现场核对。定期不定期进行现场盘点，抽查饲养员数据填写的真实性。③组间关联数据核对，历史关联数据核对，场部从另一个侧面核对数据的真实性。④分公司再次核对。分公司组织人力对一些关键数据进行盘点核对。⑤总公司职能部门不定期抽查。⑥电脑数据录入系统，利用逻辑关系对数据真实性进行判定。

2. 确保及时性

①根据各类报表的及时性需求，对不同报表的录入时间进行规定，尤其是月底（或财务月末）及时录入。②对数据录入人员进行规定，确保休假有人顶班，必要时设立专门数据录入人员。

3. 计算方法到位

在数据录入电脑系统以后，常常需要简单加工才能形成各类报表，有的甚至需要很复杂的关联计算才能得到最终结果，这些都需要系统的科学合理的计算方法。需要不断对系统输出数据进行核对，对计算方法进行优化，甚至建立交叉检验方法验证数据处理结果的有效性，做到公平反映各单位的生产情况。好的计算方法更易于发现隐性问题。

四、数据分析方法

通过电脑的帮助与处理，输出各类表格供从业者分析问题。而直接的数据常常只代表一个时间点，并不能对数据的优劣做出判定。为了便于发现问题，需要建立一套数据分析对比的方法。常用的生产数据分析方法有很多，列举几个常用的方法。

1. 与生产标准比较

为各类生产指标设立标准，将输出数据与标准比较，从而发现生产的优缺点，这是临床生产中最常用的方式。比如为胎均总仔数、胎均断奶活仔数、产房死淘率、保育死淘率等建立标准警示范围，超出则视为异常。

2. 同比、环比

所谓同比，即与往年同月进行比较；所谓环比，即与本年度往期比较（常常比较上个月情况）。与往年同月比较，是考虑每年的气候相对恒定，理论上生产成绩受气候的影响是一致的，从而看出今年的生产水平优劣；与前几个月比较，是考虑生产的延续性，生产成绩不可能一下子大变化，通常有一个梯度变化的规律，分析这种规律，可以衡量气候的影响，也可以大致判断生产的走势，从而判定生产的状况。比如分析本月配种分娩率，可以与去年同期比，也可与上月比较。

3. 横向对比

横向对比即与兄弟单位对比，大家处于同样的气候条件下，同样的生产模式，生产成绩是否也一致，如果不同，原因是什么？通过横向比较，常常容易发现本单位的不足，也能快速找到生产操作中存在的问题，明确未来努力的方向，并学习优秀单位的做法，快速改进本单位的生产成绩。

4. 分析数据变化趋势

比如逐周、逐月分析数据走势，预测未来生产可能的变化规律。常常可以借用往年同期或前几个月的数据变化规律，预测当前的生产状况。比如分析胎均总仔数的变化趋势，根据往年逐月的变化规律，是 6～9 月最低，其中 7 月为最低谷，然后逐步上升，3～4 月为最高峰，那么今年的情况是否也如此？高峰和低谷是否不如往年？从这些情况可以判定今年的生产水平，进而分析出工作的主要矛盾。

5. 与计划数对比

年初或月初制订了各类生产计划，而当前猪场的实际执行情况如何？哪些因素影响了计划进程，下一步如何改进？通过此类分析可实现生产的正确导向，避免方向偏差。当然，要充分发挥本分析方法的作用，需要生产单位善于制订各类计划，将计划做准做细，而不是搞平均主义。应根据情况不断微调生产计划，比如 2 月少 2 天，计划应略作更改；比如夏天生产成绩下降，相应指标也应调整，为确保出栏数，配种数需要增加，相应引种数要提前准备到位等。

6. 与社会同行对比

一个公司常常代表一个系统，其操作方法与运行模式是固定的，一般说来其生产水平是局限的。如果知道社会同行的生产水平，常常可以提醒"局内人"跳出圈子看问题，及时发现问题，明确努力方向，挖掘生产潜力。当然，最好能学到社会同行的先进管理经验，从而系统性提高公司的生产水平。一般说来，需要一定的中介才能实现上述目标，因为只是简单地听取数据可能不真实，也会丢失许多重要的侧面信息，从而容易走错方向。

第二节
养猪生产中常用的宏观指标和计算公式

在对养猪生产数据进行统计分析时，现代化猪场可以直接通过软件得到想要的结果，但并不知其因，为了知其所以然，现对养猪生产中常用的宏观指标公式进行解读，一则有助于理解得到的结果；二则可以据此有针对性地改进工作，提高生产成绩。

一、有关母猪的综合指标计算

1. 某一阶段的日均母猪饲养数

某阶段的日均母猪饲养头数 = 阶段内每天饲养母猪头数的总和 / 阶段的天数。

举例：1 年的日均母猪饲养数等于 1 年内每天的饲养母猪数相加除以 365 天。

2. 某阶段的母猪死亡率

某阶段的母猪死亡率（%）= 阶段内死亡的母猪数 / 此阶段的日均母猪数 ×100%。

3. 某阶段的母猪淘汰率

某阶段的母猪淘汰率（%）= 阶段内淘汰的母猪数 / 此阶段的日均母猪数 ×100%。

4. 母猪年产胎次

母猪年产窝数（胎次）=365 天 / 繁殖周期（天）。

注：繁殖周期（天）= 母猪妊娠期 + 仔猪哺乳期 + 母猪断奶至再配种时间。

5. PSY（每头母猪年提供的断奶仔猪数）

PSY =1 年提供的断奶仔猪头数 / 日均母猪头数。

6. 每头母猪年提供的出栏数

每头母猪年提供的出栏数 =1 年内提供的出栏猪头数 / 日均母猪头数。

7. 每头母猪年提供的肉产量（千克）

每头母猪年提供的肉产量（千克）=1 年内提供的所有出栏猪的重量（千克）/ 日均母猪头数。

二、有关繁殖的指标计算

1. 配种率

配种率（%）= 配种母猪头数 / 待配母猪头数 ×100%。

注：指某阶段而言，如情期、周数、月数、年度等。以下的繁殖指标相同。

2. 受胎率

受胎率（%）= 受胎母猪头数 / 配种母猪头数 ×100%。

3. 分娩率

分娩率（%）= 分娩母猪头数 / 配种母猪头数 ×100%。

4. 返情率

返情率（%）= 返情母猪头数 / 配种母猪头数 ×100%。

5. 流产率

流产率（%）= 流产母猪头数 / 配种母猪头数 ×100%。

三、各阶段成活率的计算

成活率可以按时间的阶段计算，也可按批次、猪舍进行计算。

1. 哺乳期成活率

哺乳期成活率 = 断奶数 / 产活仔数 ×100%。

2. 保育期成活率

保育期成活率 = 转出生长舍猪数 / 转入生长舍的猪数 ×100%。

3. 生长期成活率

生长期成活率 =（销售猪数 + 转出猪数）/ 转入生长舍的猪数 ×100%。

注：销售猪数 = 销售种猪数 + 销售肥猪数 + 销售的残猪数。

4. 阶段存活率

（1）计算方法（一）　月存活率（%）=（上月存栏数 + 转入或出生数 – 目前存栏数）/（上月存栏数 + 转入或出生数）。

（2）计算方法（二）　月存活率（%）=（本月存栏数 – 上月存栏数）/ 该月日均饲养头数。

注：日均饲养头数 = 该月中每天饲养数总和 / 该月天数。

5. 年存活率

（1）计算方法（一） 年存活率（％）= 全年死亡数 /（期初存栏数 + 全年产活数或转入数）。

（2）计算方法（二） 年存活率（％）=1 – 死亡数总和 / 年日均饲养头数。

注：年日均饲养头数 = 每天饲养数总和 / 365 天。

6. 出栏率

出栏率（％）= 全年出栏商品猪数 / 年初存栏数 ×100％。

四、有关生长和饲料报酬的计算

可以计算单头猪或群体的日增重和料肉比，也可以计算某个阶段的增重、料肉比。

1. 日增重

日增重（克）= 某阶段增加的重量（克）/ 此阶段的天数。

2. 料肉比

料肉比 = 消耗的饲料总量（千克）/ 猪增重总和（千克）。

3. 生长期料肉比（指从保育阶段到出栏）

生长期料肉比 =[保育期消耗的饲料总量（千克）+ 生长期消耗的饲料总量（千克）]/[保育期猪增重总和（千克）+ 生长期猪增重总和（千克）]。

注：①保育期猪的增重总和（千克）= 转出保育舍猪总重 + 保育期死亡猪的增重总和 – 转入保育舍的猪总重。②生长期猪的增重总和（千克）= 销售的种猪的总重 + 销售的肥猪的总重 + 销售的残猪的总重 + 生长期死亡猪的增重总和 – 转入生长舍的猪的总重。

4. 全群料肉比（包括母猪、公猪和哺乳猪、保育猪和生长猪）

全群料肉比 =[母猪消耗的饲料总量 + 公猪消耗的饲料总量 + 哺乳期消耗的饲料总量 + 保育期消耗的饲料总量 + 生长期（后备期）消耗的饲料总量]/[哺乳期增重 + 保育期增重 + 生长期增重]。

其中：哺乳期增重 = 断奶重总和 – 出生重总和；保育期增重和生长期增重同上。

五、各阶段成本的计算

1. 仔猪出生成本

仔猪出生成本 =（1 头母猪 1 年所需饲料 + 人工 + 水电 + 防疫 + 消毒 + 保健 + 治疗 + 公猪分摊 + 母猪购买成本 + 猪场投资折旧分摊）/ 当年生产的活仔

数量。

2. 保育成本

保育成本 = 饲料 + 电费 + 工资 + 防疫 + 消毒 + 保健 + 治疗 + 仔猪死亡分摊 + 猪场投资折旧分摊。

3. 育肥成本

育肥成本 = 饲料 + 工资 + 水电 + 防疫 + 消毒 + 保健 + 治疗 + 保育猪死亡分摊 + 猪场投资折旧分摊。

4. 出栏肥猪成本

出栏肥猪成本 =（仔猪出生成本 + 保育成本 + 育肥成本）/ 出栏重量 + 0.1% 不可预见费用。

六、胴体性能的计算

1. 屠宰率

屠宰率（%）= 胴体重（千克）/ 宰前活重（千克）× 100%。

2. 眼肌面积

眼肌面积（平方厘米）= 眼肌长度（厘米）× 眼肌宽度（厘米）× 0.7。

3. 腿臀比例

腿臀比例 = 腿臀重（千克）/ 胴体重（千克）。

注：将左半胴体置于半台上，呈自然姿势状态，沿腰荐椎结合处垂直切下，就是腿臀部。

4. 胴体瘦肉率

胴体瘦肉率（%）= 瘦肉重 /（瘦肉重 + 脂肪重 + 皮重 + 骨重）× 100%。

5. 皮脂率

胴体皮脂率（%）=（脂肪重 + 皮重）/（瘦肉重 + 脂肪重 + 皮重 + 骨重）× 100%。

注：皮和脂肪一般很难分清楚，以皮脂率的计算较为普遍。

6. 分割肉比例

分割肉定义：将剥去板油和肾脏的左半胴体置于平台上，切割并分离成四部分：颈背肉（Ⅰ号肉）、前腿肉（Ⅱ号肉）、大排肉（Ⅲ号肉）和后腿肉（Ⅳ号肉）。具体切割部位为：

第一刀从 5～6 肋间垂直斩下颈背和前腿肉（Ⅰ号肉和Ⅱ号肉）。

第二刀从腰荐结合处垂直斩下腿臀部分（Ⅳ号肉）。

第三刀在距椎骨 4～6 厘米处与背中线平行斩下脊背部分（Ⅲ号肉）。

剩余的肋部、腹部和兼部肉为等位级肉。注意等位级肉中的瘦肉不计入瘦肉重。

分割肉比例 =（Ⅰ号肉 +Ⅱ号肉 +Ⅲ号肉 +Ⅳ号肉瘦肉总量）/（Ⅰ号肉 +Ⅱ号肉 +Ⅲ号肉 +Ⅳ号肉的总量 + 等位级皮骨肉脂总量）。

七、 肉质性能指标

1. 失水率或滴水损失

失水率或滴水损失（%）=［压前肉重（克）- 压后肉重（克）］/ 压前肉重（克）×100%。

注：宰后 2 小时内，取胸腰椎处后部的背最长肌样品（压前重），对其施加压力后，立即称肉样重（压后重），加压前后重量的差异，为失水率。

2. 系水力

系水力（%）=1 -［压前肉重（克）- 压后肉重（克）］/ 压前肉重（克）×100%。

注：系水力指肌肉受外力（加压、加热、冷冻等）作用时保持其原有水分和添加水分的能力，也称为持水性或保水力。测定方法主要有两种，一是在磨宰后 24 小时内在 13～14 肋间取背最长肌的肉样，测定其在一定机械压力作用下在一定时间内的重量损失率，此即为肌肉失水率。二是取同样的肉样，将其悬挂后测定其在自重力作用下在一定时间内的失水率，也称为滴水损失。

3. 储存损失

储存损失（%）=［压前肉重（克）- 压后肉重（克）］/ 压前肉重（克）×100%

注：指肌肉在储存过程中的损失百分率。在屠宰后 2 小时内测定。具体测定方法：将第二至第三腰椎处背最长肌横切成 2 厘米厚的薄片，修整成长 5 厘米、宽 3 厘米、厚 2 厘米的长方体后在电子秤上称重。用铁丝钩住肉样一端，肌纤维垂直向下，装塑料袋中，吹气使肉样不与袋壁接触，用胶圈封口，在 4℃冰箱中吊挂 24 小时后称重。

4. 熟肉率

熟肉率（%）= 蒸后重 / 蒸前重 ×100%。

注：在宰后 2 小时内取腰大肌中段约 100 克肉样，用感应量为 0.1 克的天平称重（蒸前重），在铝锅的蒸格上用沸水蒸 30 分。取出后，置于室内无风阴凉处晾 15 分后再称重（蒸后重）。

参考文献

〔1〕华利忠，冯志新，张永强，等．以史为鉴，浅谈中国非洲猪瘟的防控与净化〔J〕．中国动物传染病学报，2019，27（2）：96-104．

〔2〕罗玉子，孙元，王涛，等．非洲猪瘟—我国养猪业的重大威胁〔J〕．中国农业科学，2018，51（21）：4177-4187．

〔3〕戈胜强，李金明，任炜杰，等．非洲猪瘟在俄罗斯的流行与研究现状〔J〕．微生物学通报，2017，44（12）：3067-3076

〔4〕戈胜强，吴晓东，李金明，等．巴西非洲猪瘟根除计划的经验与借鉴〔J〕．中国兽医学报，2017，37（5）：961-964．

〔5〕陈腾，张守峰，周鑫韬，等．我国首次非洲猪瘟疫情的发现和流行分析〔J〕．中国兽医学报，2018，38（9）:1831-1832．

〔6〕王琴．猪瘟与非洲猪瘟对养猪业的重大冲击〔J〕．中国农业科学，2018，51（21）:4143-4145．

〔7〕徐伟楠，刘芳，何忠伟．中国非洲猪瘟疫情影响分析及其防控对策〔J〕．农业展望，2018，14（12）:54-59．

〔8〕王君玮，张玲，王志亮，等．非洲猪瘟传入我国危害风险分析〔J〕．中国动物检疫，2009，26（3）：63-66．

〔9〕邓俊花，林祥梅，吴绍强．非洲猪瘟研究新进展〔J〕．中国动物检疫，2017，34（8）：66-71．

〔10〕王华，王君玮，徐天刚，等．非洲猪瘟的疫情分布和传播及其控制〔J〕．中国兽医科学，2010，40（4）：438-440．

〔11〕张利，郑业鲁，王众，等．非洲猪瘟对国内生猪市场的影响〔J〕．农业展望，2018，（10）：13-17．

〔12〕聂赟彬，乔娟．非洲猪瘟发生对我国生猪产业发展的影响〔J〕．中国农业科技导报，2019，21（1）：11-17．

〔13〕祖立闯，沈志强，王文秀．非洲猪瘟传入中国的风险分析及诊断方法研究进展〔J〕．家畜生态学报，2017，38（10）：87-90．

〔14〕施增斌．发生非洲猪瘟猪场复养准备及操作建议〔J〕．兽医导刊，2019，（9）：17-19．

〔15〕张吉鹍.运用猪营养工程技术,高效实施精准营养〔J〕.中国猪业,2018,13（7）：24-28.

〔16〕陈冲,刘星桥,黄邵春,等.国内外家猪精细养殖研究进展〔J〕.江苏农业科学,2019,47（6）：1-4.

〔17〕朱军,麻硕士,慕厚春,等.种猪自动精细饲喂系统设计与试验〔J〕.农业机械学报,2010,41（12）：174-177.

〔18〕王腾,杨姗霞,李旺东,等.福利养殖的必要性及其在养猪生产中的应用〔J〕.猪业科学,2019,36（2）：116-117.

〔19〕余德谦.福利养猪理念在现行条件下的实践探讨〔J〕.广东畜牧兽医科技,2014,39（2）4-6.

〔20〕李涛.浅谈数据化管理与现代养猪生产经营〔J〕.广东饲料,2017,26（10）,15-17.

〔21〕吴俊辉,翁士乔,刘艳婷,等.母猪定时输精与批次化管理〔J〕.猪业科学,2017,34（1）52-54.

〔22〕翁士乔,裘永浩,张宏,等.定时输精技术对经产母猪繁殖性能的影响〔J〕.今日养猪业,2015,（9）：84-86.

〔23〕党龙,韩玉帅,邱河辉,等.现代化猪场的批次生产与可视化管理体系的建立与应用〔J〕.猪业科学,2016,33（9）：112-114.

〔24〕赵鸿璋,曹广芝,朱相师.规模化高效养猪12讲[M].北京：化学工业出版社,2015.

〔25〕邓莉萍,谈松林.清单式管理猪场现代化管理的有效工具[M].北京：中国农业出版社,2016.